CONTAGEM REGRESSIVA

Shanna H. Swan
com Stacey Colino

CONTAGEM REGRESSIVA

Como o mundo moderno está ameaçando a contagem de espermatozoides, alterando o desenvolvimento reprodutivo feminino e masculino e pondo em risco o futuro da espécie humana

Tradução de
Renato Marques de Oliveira

Contagem Regressiva

Copyright © 2023 da Starlin Alta Editora e Consultoria Eireli.
ISBN: 978-85-7881-625-4

Translated from original Get in Trouble. Copyright © 2020 by Shanna H. Swan. ISBN 978-0-8129-8649-5. This translation is published and sold by permission of Imprint of Simon & Schuster, Inc, the owner of all rights to publish and sell the same. PORTUGUESE language edition published by Starlin Alta Editora e Consultoria Eireli, Copyright © 2023 by Starlin Alta Editora e Consultoria Eireli.

Impresso no Brasil — 1ª Edição, 2023 — Edição revisada conforme o Acordo Ortográfico da Língua Portuguesa de 2009.

```
Dados Internacionais de Catalogação na Publicação (CIP)
            (Câmara Brasileira do Livro, SP, Brasil)

    Swan, Shanna H.
       Contagem regressiva : Como o mundo moderno está
    ameaçando a contagem de espermatozoides, alterando
    o desenvolvimento reprodutivo feminino e masculino e
    pondo em risco o futuro da espécie humana / Shanna H.
    Swan, Stacey Colino ; tradução Renato Marques de
    Oliveira. -- 1. ed. -- São Paulo : Alaúde Editorial,
    2023.

       Título original: Count down : how our modern world
    is threatening sperm counts, altering male and female
    reproductive development, and imperiling the future
    of the human race
       Bibliografia.
       ISBN 978-85-7881-625-4

       1. Fertilidade 2. Homens - Comportamento sexual
    3. Mulheres - Comportamento sexual 4. Orgãos
    genitativos, Feminino 5. Reprodução humana
    6. Saúde reprodutiva masculina I. Colino, Stacey.
    II. Título.

22-131924                                        CDD-612.6
             Índices para catálogo sistemático:

       1. Reprodução humana : Fisiologia : Ciências médicas
          612.6
```

Todos os direitos estão reservados e protegidos por Lei. Nenhuma parte deste livro, sem autorização prévia por escrito da editora, poderá ser reproduzida ou transmitida. A violação dos Direitos Autorais é crime estabelecido na Lei nº 9.610/98 e com punição de acordo com o artigo 184 do Código Penal.

A editora não se responsabiliza pelo conteúdo da obra, formulada exclusivamente pelo(s) autor(es).

Marcas Registradas: Todos os termos mencionados e reconhecidos como Marca Registrada e/ou Comercial são de responsabilidade de seus proprietários. A editora informa não estar associada a nenhum produto e/ou fornecedor apresentado no livro.

Erratas e arquivos de apoio: No site da editora relatamos, com a devida correção, qualquer erro encontrado em nossos livros, bem como disponibilizamos arquivos de apoio se aplicáveis a obra em questão.

Acesse o site **www.altabooks.com.br** e procure pelo título do livro desejado para ter acesso às erratas, aos arquivos de apoio e/ou a outros conteúdos aplicáveis à obra.

Suporte Técnico: A obra é comercializada na forma em que está, sem direito a suporte técnico ou orientação pessoal/exclusiva ao leitor.

A editora não se responsabiliza pela manutenção, atualização e idioma dos sites referidos pelos autores nesta obra.

Produção Editorial
Grupo Editorial Alta Books

Diretor Editorial
Anderson Vieira
anderson.vieira@altabooks.com.br

Editores
José Ruggeri
j.ruggeri@altabooks.com.br

Cristiane de Mutüs
crismutus@alaude.com.br

Gerência Comercial
Claudio Lima
claudio@altabooks.com.br

Gerência Marketing
Andréa Guatiello
andrea@altabooks.com.br

Coordenação Comercial
Thiago Biaggi

Coordenação de Eventos
Viviane Paiva
comercial@altabooks.com.br

Coordenação ADM/Finc.
Solange Souza

Direitos Autorais
Raquel Porto
rights@altabooks.com.br

Assistente Editorial
Caroline David

Produtores Editoriais
Illysabelle Trajano
Maria de Lourdes Borges
Paulo Gomes
Thales Silva
Thiê Alves

Equipe Comercial
Adenir Gomes
Ana Carolina Marinho
Ana Claudia Lima
Daiana Costa
Everson Sete
Kaique Luiz
Luana Santos
Maira Conceição
Natasha Sales

Equipe Editorial
Ana Clara Tambasco
Andreza Moraes
Arthur Candreva
Beatriz de Assis
Beatriz Frohe

Betânia Santos
Brenda Rodrigues
Erick Brandão
Elton Manhães
Fernanda Teixeira
Gabriela Paiva
Henrique Waldez
Karolayne Alves
Kelry Oliveira
Lorrahn Candido
Luana Maura
Marcelli Ferreira
Mariana Portugal
Matheus Mello
Milena Soares
Patricia Silvestre
Viviane Corrêa
Yasmin Sayonara

Marketing Editorial
Amanda Mucci
Guilherme Nunes
Livia Carvalho
Pedro Guimarães
Thiago Brito

Atuaram na edição desta obra:

Tradução
Renato de Oliveira

Copidesque
Cacilda Guerra

Revisão Gramatical
Denise Himpel

Diagramação
Cesar Godoy

Capa
Marcelli Ferreira

Editora afiliada à:

Rua Viúva Cláudio, 291 – Bairro Industrial do Jacaré
CEP: 20.970-031 – Rio de Janeiro (RJ)
Tels.: (21) 3278-8069 / 3278-8419
ALTA BOOKS
GRUPO EDITORIAL
www.altabooks.com.br — altabooks@altabooks.com.br
Ouvidoria: ouvidoria@altabooks.com.br

Para nossos filhos, filhas, netos e netas

Sumário

Prólogo 9

Parte I: A mudança na paisagem do sexo e da fertilidade 15
1. Choque reprodutivo: Caos hormonal em nosso meio 17
2. O macho diminuído: Que fim levou todo aquele
   bom esperma? 27
3. Não dá para dançar tango sozinho: O lado feminino
   da história 47
4. Fluidez de gênero: Além do masculino e feminino 67

Parte II: As fontes e o fator tempo dessas mudanças 85
5. Janelas de vulnerabilidade: O tempo certo é tudo 87
6. Íntimo e pessoal: Hábitos de estilo de vida que podem
   sabotar a fertilidade 103
7. Ameaças silenciosas e onipresentes: Os perigos dos
   plásticos e produtos químicos modernos 121

Parte III: Consequências e repercussões reverberantes 143
8. O longo alcance das exposições: Efeitos reprodutivos
   em cascata 145
9. Pondo o planeta em perigo: Não tem a ver apenas com
   os humanos 159

10. Inseguranças sociais iminentes: Desvios demográficos
e o desmanche das instituições culturais 173

Parte IV: O que podemos fazer a respeito......................................189
    11. Um plano de proteção pessoal: Eliminando nossos
    hábitos nocivos...191
    12. Reduzindo as pegadas químicas em casa: Transformando
    seu lar em um refúgio mais seguro 199
    13. Imaginando um futuro mais saudável: O que precisa
    ser feito..213

Conclusão...229
Agradecimentos...234
Para saber mais 237
Glossário de siglas e termos técnicos 240
Bibliografia selecionada...245
Índice remissivo..281

Prólogo

Não é novidade que os seres humanos invariavelmente dão as coisas como favas contadas. A fertilidade não é exceção – a menos que as pessoas descubram que têm um problema nessa área. Assim como ter acesso a meios para suprir necessidades básicas e a certas liberdades fundamentais, muita gente considera como fato consumado que será capaz de ter filhos no momento que julgar propício e ajudará a perpetuar a espécie. Todas essas pressuposições são regidas pela noção de que nem sempre damos importância ao que temos, mas só reconhecemos o valor das coisas depois que acabam, como a cantora/compositora *folk* Joni Mitchell sugeriu em uma de suas canções de sucesso, "Big Yellow Taxi".[1]*

Homens e mulheres que enfrentam distúrbios reprodutivos ou problemas de fertilidade têm dificuldade para aceitar que talvez não sejam capazes de gerar filhos. Hoje em dia há uma adversidade ainda maior, à medida que os seres humanos coletivamente são forçados a encarar algumas realidades desalentadoras. Nos países ocidentais, a contagem de espermatozoides e os níveis de testosterona masculina diminuíram drasticamente nas últimas quatro décadas, o que minha própria pesquisa e as de outros estudiosos constataram. Ademais, um

---

1 Na canção de 1970, Mitchell canta *"Don't it always seem to go/ That you don't know what you' ve got/ Til it's gone?"* ["Não parece que é sempre assim:/ Você não sabe o que tem/ Até não ter mais?"]. (N. da T.)

número cada vez maior de meninas está entrando na puberdade precocemente, e mulheres adultas estão perdendo óvulos de boa qualidade numa idade muito abaixo do esperado, além de sofrerem mais abortos espontâneos. Quando se trata de reprodução humana, as coisas não são mais como antes.

Outras espécies também estão sofrendo. Verificou-se um aumento de órgãos genitais anormais em animais selvagens, como pênis excepcionalmente pequenos em jacarés, panteras e *visons*, bem como um maior número de peixes, sapos, pássaros e tartarugas-mordedoras com gônadas masculinas e femininas ou genitália ambígua. À primeira vista, esses problemas podem parecer anomalias bizarras ou cruéis truques da Mãe Natureza, mas todos eles são sinais de que algo muito errado está acontecendo ao nosso redor. A identificação do exato culpado continua a ser tema de calorosos debates, mas as evidências que apontam para prováveis suspeitos estão se acumulando com certa frequência.

Uma coisa está muito clara: o problema não é que há algo de inerentemente errado com o corpo humano em sua evolução ao longo do tempo; o xis da questão é que os produtos químicos em nosso meio ambiente e as práticas de estilo de vida pouco saudáveis do nosso mundo moderno estão destroçando nosso equilíbrio hormonal, causando variados graus de destruição reprodutiva, capazes de prejudicar a fertilidade e resultar em problemas de saúde de longo prazo mesmo depois que o indivíduo já passou pelos anos férteis. Efeitos semelhantes vêm ocorrendo em outras espécies, somando-se a um generalizado choque reprodutivo. Para simplificar: estamos vivendo em uma era de juízo final reprodutivo, cujos efeitos reverberam em todo o planeta.

Se essas tendências alarmantes se mantiverem irrefreáveis, é difícil prever como será o mundo daqui a cem anos. O que esse acentuado declínio na contagem de espermatozoides pressagia se permanecer em sua trajetória atual? Sinaliza o início do fim da espécie humana – ou que estamos à beira da extinção? A emasculação ambiental de animais selvagens sugere que a Terra está realmente se tornando muito menos habitável? Estamos prestes a vivenciar uma crise existencial global?

São boas perguntas, e não temos respostas definitivas para elas, pelo menos não ainda. Mas as peças do quebra-cabeça estão sendo montadas, como você verá nos capítulos seguintes. Você aprenderá mais sobre a amplitude dessa assustadora redução na contagem de espermatozoides e outros aspectos da função reprodutiva, bem como os fatores que, de acordo com pesquisas científicas, provavelmente são responsáveis por esses efeitos desastrosos nos seres humanos e em outras espécies.

Há algo que é de uma clareza cristalina: o atual estado de coisas da questão reprodutiva não pode continuar por muito mais tempo sem ameaçar a sobrevivência humana. Os atuais níveis de contagem e concentração de espermatozoides e a diminuição da fertilidade já representam sérias ameaças às populações ocidentais, em ambas as extremidades do espectro da expectativa de vida humana: a infertilidade está ligada a um aumento do risco de certas doenças e de morte precoce em homens e mulheres, ocasionando uma diminuição do número de nascimentos ao longo do tempo. Obviamente, não é um cenário saudável para o *Homo sapiens* (tampouco para outras espécies ameaçadas ou em perigo). Alguns países com distribuições de idades problemáticas já se veem às voltas com populações cada vez mais reduzidas, e um número crescente de idosos sendo sustentados por menos pessoas mais jovens.

É uma paisagem bastante sombria, admito. Porém, é importante estarmos cientes, porque, a menos que tomemos medidas para reverter essas influências nocivas, as espécies do planeta correm grave perigo. Neste exato momento, importantes medidas que poderiam amenizar a situação não estão sendo postas em prática. A publicação, em 2017, da minha metanálise sobre o declínio da contagem de espermatozoides nos países ocidentais colocou o problema na tela do radar, ganhando manchetes e cobertura televisiva em todo o mundo. Mas as descobertas não se traduziram na formação de comissões de pesquisa, em alterações nas políticas ambientais, nem na fabricação de produtos químicos mais seguros, tampouco na implementação de outros esforços combinados com o intuito de resolver as causas suspeitas ou proteger nosso futuro coletivo.

Algumas pessoas negam a realidade e a gravidade do problema, sem falar nas que dão de ombros, alegando que a Terra está superpovoada. Outras reconhecem o declínio da contagem de espermatozoides e a probabilidade de uma estagnação ou diminuição da população global em um futuro próximo, mas o envolvimento delas não vai muito além de torcer as mãos de aflição. De certa forma, o declínio da contagem de espermatozoides ocupa no debate público lugar semelhante ao do aquecimento global quarenta anos atrás – era relatado, mas invariavelmente negado ou ignorado. Em algum momento entre o lançamento, em 2006, do documentário vencedor do Oscar *Uma verdade inconveniente*, roteirizado por Al Gore, e agora, a crise climática foi aceita – ao menos pela maioria das pessoas – como uma ameaça concreta. Minha esperança é que o mesmo aconteça com a turbulência reprodutiva que paira sobre nós. Cada vez mais a ameaça é consenso entre os cientistas; agora, precisamos que a opinião pública leve esse problema a sério.

Na condição de destacada pesquisadora em saúde reprodutiva e meio ambiente, sinto que é meu dever chamar a atenção para essas alarmantes mudanças no desenvolvimento e na função sexuais. Meu interesse nos efeitos dos fatores ambientais sobre a saúde reprodutiva teve início na década de 1980, quando investiguei uma série de abortos espontâneos no condado de Santa Clara, Califórnia, tendência que no fim das contas foi vinculada a resíduos tóxicos de uma fábrica de semicondutores que vazaram na água potável consumida pela comunidade. Aos poucos, passei a me interessar cada vez mais por investigar os potenciais efeitos dos produtos químicos ambientais no desenvolvimento reprodutivo, sexual e relacionado a gênero, em homens, mulheres e crianças. Nos últimos trinta anos, tenho realizado estudos sobre todos os tipos de fatores, das origens de anomalias genitais em recém-nascidos à influência do estresse pré-natal no desenvolvimento reprodutivo da prole; dos efeitos do elevado número de horas que as pessoas passam diante da tela da TV sobre a função testicular à conexão entre a alta exposição a produtos químicos chamados de ftalatos e o baixo interesse na atividade sexual; e muitos outros temas relacionados à saúde reprodutiva.

Reverter os vários efeitos da sabotagem da reprodução que estamos vivenciando exigirá mudanças fundamentais, entre as quais drásticas modificações nos tipos e volumes de produtos químicos que são fabricados e despejados no meio ambiente. Para que isso aconteça, importantes aspectos políticos e econômicos precisarão ser superados, perspectiva que é assustadora, mas necessária e urgente, na minha opinião. Ainda assim, acredito que isso pode ser feito.

É aí que entra este livro. Na parte I, você aprenderá mais sobre as mudanças que estão acontecendo no desenvolvimento reprodutivo e sexual de humanos e de outras espécies. A parte II detalha as fontes dessas mudanças – ou seja, meio ambiente, hábitos de estilo de vida e fatores sociológicos que estão contribuindo para essas tendências – e a parte III investiga os efeitos em cascata que as mudanças exercem sobre a saúde e a sobrevivência a longo prazo. Na parte IV, guiarei você, leitor, em direção a maneiras inteligentes de proteger a si mesmo e a seus futuros filhos, bem como a outras atitudes que pode tomar para ajudar a remediar o mal que ameaça as espécies humana e animal. É hora de começarmos a alterar essas trajetórias alarmantes e retomarmos o futuro. Considere este livro uma convocação para que todos nós façamos o que pudermos para salvaguardar nossa fertilidade, o destino da humanidade e o planeta.

PARTE I

A Mudança na Paisagem do Sexo e da Fertilidade

1
CHOQUE REPRODUTIVO:
Caos Hormonal em Nosso Meio

A AMEAÇA DO APOCALIPSE DOS ESPERMATOZOIDES

No final de julho de 2017, a impressão era a de que todos os meios de comunicação do mundo estavam obcecados com a situação da contagem de espermatozoides humanos. O portal da revista *Psychology Today* bradou: "Dou-lhe uma, dou-lhe duas, dou-lhe três? Declínio na contagem de espermatozoides humanos", enquanto a BBC declarou: "A queda na contagem de espermatozoides pode levar os humanos à extinção" e o jornal *Financial Times* anunciou: "Alerta urgente para a saúde dos homens: despenca a contagem de espermatozoides". Um mês depois, a revista *Newsweek* publicou uma extensa reportagem de capa sobre o assunto: "Quem está matando o esperma dos Estados Unidos?"

No final do ano, meu artigo científico "Temporal Trends in Sperm Count: A Systematic Review and Meta-Regression Analysis" [Tendências Temporais na Contagem de Espermatozoides: Revisão Sistemática e Análise de Metarregressão, em tradução livre], o gatilho que havia desencadeado essas matérias – e centenas de outras ao redor do planeta –, figurou na 26ª posição no ranking dos *papers* mais referenciados em todo o mundo, de acordo com o relatório de 2017 da Altmetric.

Em meio ao silêncio, foi de fato o ruído do alfinete caindo que o mundo inteiro ouviu.

Hoje em dia, o mundo como o conhecemos parece estar mudando na velocidade da luz. O mesmo poderia ser dito sobre o status da espécie humana. Não é somente o fato de que a contagem de espermatozoides despencou 50% nos últimos quarenta anos; é também que essa alarmante taxa de declínio pode significar que a espécie humana não será capaz de se reproduzir caso essa tendência continue. Como indaga meu colaborador de estudos, o médico e pesquisador em saúde pública Hagai Levine:

> O que vai acontecer no futuro? A contagem de espermatozoides chegará a zero? Existe o risco de esse declínio levar à extinção da espécie humana? Tendo em vista a extinção de múltiplas espécies, invariavelmente associada à devastação ambiental causada pelo homem, isso é sem dúvida possível. Mesmo que seja baixa a probabilidade de tal cenário, diante das horríveis implicações temos que fazer o máximo que pudermos para evitá-lo.

Isso é especialmente preocupante porque o declínio da contagem de espermatozoides que vem ocorrendo nos países ocidentais é implacável; é acentuado, significativo e crescente, sem sinais de redução gradual. Nas palavras do pesquisador e médico dinamarquês Niels Skakkebaek, a primeira pessoa a alertar a comunidade científica para o papel dos fatores ambientais na queda da concentração de espermatozoides, "é uma mensagem inconveniente, mas a espécie está sob ameaça, e isso deve ser um alerta para todos nós. Se as coisas não mudarem em uma geração, nossos netos e os filhos deles herdarão uma sociedade tremendamente diferente". Com efeito, se o declínio continuar na mesma velocidade, em 2050 muitos casais precisarão recorrer à tecnologia – como reprodução assistida, embriões congelados e até mesmo óvulos e espermatozoides criados em laboratório a partir de outras células (sim, isso está realmente sendo feito) – para se reproduzir.

UM FUTURO DISTÓPICO?

Algumas das coisas que consideramos ficção – histórias como a contada no romance *O conto da aia*[1] e em filmes como *Filhos da esperança*[2] – estão rapidamente se tornando realidade. No inverno de 2017, apresentei minhas descobertas sobre as baixas contagens de espermatozoides na conferência One Health, One Planet [Uma saúde, um planeta, em tradução livre], com foco nas interconexões entre a saúde de diferentes espécies do planeta, os danos infligidos ao meio ambiente por nossa tresloucada "industrialização" e seus devastadores efeitos em sapos, pássaros, ursos polares e outras espécies. Depois de apresentar os resultados da nossa análise, que deixaram a plateia perplexa, falei pela primeira vez sobre o que a queda na contagem de espermatozoides pode significar para o *Homo sapiens*. Nessa noite, acordei de um sonho sentindo-me incrivelmente ansiosa ao me dar conta, de súbito, de todas as implicações da história que eu havia construído: devido às quedas nas contagens de espermatozoides e nos níveis de testosterona e ao aumento na quantidade de produtos químicos hormonalmente ativos que estão sendo expelidos no meio ambiente, de fato *estamos* em uma situação perigosa para a humanidade e a fertilidade mundial.

Para mim, já não era mais apenas uma questão de estudo científico. Senti medo e permaneci genuinamente *em pânico* com essas descobertas, em um nível pessoal.

De certa forma, o cenário fica ainda pior quando investigamos mais a fundo a questão, porque não se trata de um problema exclusivo dos homens. O desenvolvimento e a função reprodutivos de mulheres,

---

[1] Publicado originalmente em 1985, o romance distópico *O conto da aia*, de Margaret Atwood, é ambientado em Gilead, república teocrática totalitária em que foram extintos jornais, revistas, livros, filmes e universidades. Anuladas pela opressão, as mulheres de Gilead não têm direitos, passam a ser propriedade do Estado e são divididas em categorias, cada qual com uma função muito específica. Depois que uma catástrofe nuclear tornou estéril um grande número de pessoas, as "aias" existem unicamente para procriar: entregues a algum homem casado do alto escalão do exército, são obrigadas a fazer sexo com ele até engravidar. (N. da A.)

[2] Filme britânico-americano de 2006 dirigido por Alfonso Cuarón e livremente adaptado do romance *The Children of Men*, de P. D. James (1992). Em 2027, duas décadas depois que a infertilidade humana em massa deixou a sociedade à beira do colapso, imigrantes ilegais buscam refúgio na Inglaterra, onde o último governo em funcionamento impõe leis opressivas sobre a imigração. (N. da T.)

crianças e outras espécies também estão sendo empurrados à força numa direção disfuncional. De um extremo a outro do mundo, verifica-se que em alguns países, entre os quais os Estados Unidos, está em curso uma descomunal deterioração do ímpeto sexual, resultado da diminuição da libido e do interesse das pessoas pela atividade sexual; homens, incluindo os mais jovens, também apresentam maiores taxas de disfunção erétil. Em animais, houve mudanças no comportamento de acasalamento, com mais relatos de tartarugas macho copulando com outras tartarugas macho e fêmeas de peixes e sapos se masculinizando depois de serem expostas a certos produtos químicos.

Somadas, essas tendências estão levando cientistas e ambientalistas a se perguntar: como e por que isso pode estar acontecendo? A resposta é complexa. Embora tais anomalias interespécies possam parecer incidentes distintos e isolados, o fato é que todas compartilham várias causas subjacentes. Em especial, a onipresença de substâncias químicas traiçoeiramente nocivas no mundo moderno está ameaçando o desenvolvimento e a funcionalidade reprodutivos de humanos e outras espécies. Os piores vilões: os produtos químicos que interferem nos hormônios naturais do nosso corpo. Esses produtos químicos que atuam como desreguladores endócrinos (DEs)[3] estão arruinando os elementos fundamentais do desenvolvimento sexual e reprodutivo. No mundo moderno, estão por toda parte – e dentro de nosso corpo, o que é problemático em muitos níveis.

Aqui está o porquê: são os hormônios – sobretudo, dois dos hormônios sexuais, o estrogênio e a testosterona – que tornam possível a função reprodutiva. Tanto a quantidade de cada um deles quanto a proporção entre os dois são importantes para ambos os sexos. Os pontos ideais dessas proporções são diferentes para cada sexo: dependendo se você é homem ou mulher, seu corpo precisa de quantidades perfeitas de estrogênio e testosterona – não pode ser demais nem de menos. Para complicar ainda mais as coisas, o momento da liberação dos hormônios pode alterar o desenvolvimento e a funcionalidade reprodutivos, e seu transporte também pode ser um problema – se não chegarem ao lugar

---

[3] Em língua inglesa autores vêm usando o termo *endocrine disrupting chemicals* (EDCs); no Brasil e nesta tradução, além de *desreguladores endócrinos*, usam-se terminologias como *disruptores endócrinos*, *interferentes endócrinos*, *produtos químicos desreguladores do sistema endócrino*, *substâncias químicas desreguladoras do sistema endócrino* e *produtos químicos de desregulação endócrina*. (N. da T.)

certo na hora certa, processos essenciais, como a produção de espermatozoides ou a ovulação, não serão iniciados. Os produtos químicos de desregulação endócrina, bem como fatores ligados ao estilo de vida – entre os quais alimentação, atividades físicas, tabagismo e uso de álcool ou drogas – podem alterar esses parâmetros, deteriorando os níveis desses hormônios fundamentais.

PREOCUPAÇÕES DE ALTA ALTITUDE

Outra questão, não menos importante e complicada, é a seguinte: o que essas mudanças reprodutivas significam para o destino da espécie humana e o futuro do planeta? Não é uma questão apenas de sobrevivência – se os humanos continuarão a ser capazes de se reproduzir ou se a espécie humana perecerá em um cenário do tipo *Filhos da esperança*. Esses problemas têm consequências mais sutis e pessoais também. Tenha em mente as baixas contagens de espermatozoides: do ponto de vista estatístico, esse fenômeno anda lado a lado com muitas outras vicissitudes para os indivíduos do sexo masculino, como aumento no risco de doenças cardiovasculares, diabetes e mortalidade prematura (você aprenderá mais sobre esses riscos à saúde no capítulo 8).

E, diga-se mais uma vez, isso não diz respeito apenas aos homens. A fertilidade das mulheres não só está sendo afetada, ainda que de forma menos óbvia ou drástica, como a qualidade do esperma pode ser alterada por mudanças que ocorrem quando fetos masculinos ainda estão no útero. Nesse momento, o feto sofre os efeitos das escolhas e hábitos da mãe, o que significa que as mulheres podem servir como canais para a exposição a produtos químicos potencialmente nocivos. Ao contrário do que antes se acreditava, o útero *não* protege o feto contra o ataque químico, e um feto em desenvolvimento tem poucas defesas contra a infiltração de substâncias químicas. Visto de outra forma, os eventos mais importantes na vida do homem, em termos de desenvolvimento sexual e reprodutivo, ocorrem enquanto ele ainda está no útero. Recém-nascidos e crianças são mais vulneráveis que os adultos a esses ataques químicos, mas os mais vulneráveis são aqueles que ainda não nasceram.

A queda na contagem de espermatozoides sinaliza mudanças que afetam a todos.

Como afirmam alguns cientistas e especialistas em população, há no horizonte "uma bomba-relógio demográfica" – as futuras gerações não serão capazes de suprir as necessidades financeiras e de cuidados de um número cada vez maior de idosos e trabalhadores aposentados, dada a queda da taxa de fertilidade. E as mudanças no desenvolvimento sexual que agora ocorrem em todo o mundo parecem vir acompanhadas por um aparente aumento na fluidez de gêneros,[4] o que não é um desdobramento negativo, a meu juízo. Meu argumento é que a sexualidade e a sociedade humanas estão em constante processo de mudança, e esse fluxo afeta todos nós. É como se o globo de neve tivesse sido chacoalhado, alterando-se a paisagem reprodutiva em seu interior – exceto que isso está acontecendo na vida real.

O que vem à mente quando você vê uma referência ao "efeito do 1%", expressão comum no léxico cultural? A maioria das pessoas pensa no topo da pirâmide do status socioeconômico, ou seja, uma posição no clube dos 1% mais ricos dos Estados Unidos, por exemplo. Eu, não. Penso no fato de que a taxa de alterações reprodutivas adversas em indivíduos do sexo masculino está aumentando em cerca de 1% ao ano. Isso inclui as decrescentes taxas de contagem de espermatozoides e de níveis de testosterona, a elevação da incidência de câncer testicular e o projetado aumento mundial na prevalência de disfunção erétil. No lado feminino da equação, as taxas de aborto espontâneo também estão aumentando em cerca de 1% ao ano. *Coincidência?* Acho que não.

QUESTIONANDO OS PROBLEMAS

Se você encara tudo isso com ceticismo, tudo bem. Eu também já pensei assim. Talvez por ser uma cientista tarimbada ou uma cética nata,

---

[4] Em muitos países verificam-se aumentos nas questões relacionadas à identidade de gênero, fluidez de gênero e disforia de gênero. A *disforia de gênero* se refere à sensação de que a identidade emocional e psicológica de um indivíduo como homem ou mulher está fora de sincronia com seu sexo biológico (você lerá mais sobre isso no capítulo 4.) (N. da A.)

sempre acreditei firmemente na afirmação de Albert Einstein de que "o respeito irrestrito à autoridade é o maior inimigo da verdade". Esse axioma respaldou todas as minhas pesquisas sobre influências ambientais na saúde dos seres humanos – como os efeitos de produtos químicos desreguladores do sistema endócrino, a contaminação da água e fármacos – bem como minha interpretação das pesquisas de outras pessoas. Assim, quando em 1992 o *British Medical Journal* publicou um estudo de acordo com o qual as contagens de espermatozoides em todo o mundo haviam caído significativamente nos cinquenta anos anteriores – o que foi uma bomba de grandes proporções –, achei que se tratava de uma bomba atordoante, mas tive dúvidas significativas acerca da validade dos resultados.

Depois de ler e reler o que veio a ser conhecido como "o artigo de Carlsen" – assim chamado em homenagem à autora principal, Elisabeth Carlsen –, eu estava entre os incrédulos que questionaram a metodologia e a seleção de amostras, e pensei em muitos potenciais vieses que poderiam ter distorcido as conclusões. Admito que nem de longe estava sozinha; o artigo recebeu uma enxurrada de críticas e foi alvo de comentários e editoriais. Todavia, de uma perspectiva de saúde pública, as constatações desse estudo foram tão importantes que eu não conseguia tirá-las da cabeça, embora estivesse ocupadíssima fazendo pesquisas sobre o risco de defeitos congênitos e abortos espontâneos em decorrência de solventes na água potável. Por mais dúvidas que tivesse acerca das descobertas desse estudo específico, sabia que certos produtos químicos ambientais *poderiam* estar diminuindo a contagem de espermatozoides, por isso quis investigar; a questão me parecia ter um quê de caso detetivesco.

Em 1994, fui nomeada para a Comissão de Agentes Hormonalmente Ativos no Meio Ambiente da Academia Nacional de Ciências, que logo depois solicitou que eu informasse se as conclusões do artigo de Carlsen se justificavam. Durante seis meses, vasculhei a literatura a fim de encontrar todas as críticas que haviam sido apontadas em relação ao artigo e, em seguida, de modo a tentar responder a essas críticas, revisei os 61 estudos que a equipe da Carlsen tinha abarcado em sua análise. No rol de questionamentos específicos que esquadrinhei constavam: os primeiros estudos incluíram homens mais jovens e mais saudáveis do que os estudos posteriores? Os estudos posteriores incluíram mais homens fumantes ou obesos, o que criaria uma imagem distorcida do que estava acontecendo? O método de contagem de espermatozoides mudou ao longo de cinquenta anos de tal forma que tornou mais baixas as contagens mais recentes?

Para chegar ao cerne desse mistério, arregimentei dois colegas, Laura Fenster e Eric Elkin, que estavam dispostos me ajudar. Os resultados foram uma surpresa assombrosa: após seis meses processando dados e levando em consideração potenciais vieses e fatores de confusão, nossa conclusão geral concordou, com precisão quase cirúrgica, com os resultados da equipe de Carlsen. Como tínhamos contabilizado a localização geográfica nos vários estudos, descobrimos que a contagem de espermatozoides *realmente* estava diminuindo nos Estados Unidos e na Europa. Mas e quanto ao resto do mundo?

Depois que essas descobertas foram publicadas em 1997, julguei que precisávamos indagar se as contagens de espermatozoides eram diferentes em diferentes lugares, uma vez que isso apontaria para a ação de fatores ambientais. Passei os últimos vinte anos basicamente tentando responder a essa pergunta. Depois de realizar muitos outros estudos sobre a qualidade do sêmen, o declínio na contagem de espermatozoides e fatores relacionados, tenho a impressão de que respondi a ela. Se de início eu tinha dúvidas, agora estava totalmente convencida da ocorrência de um acentuado declínio na contagem de espermatozoides. Descobri também que vários fatores de estilo de vida e exposições ambientais podem estar agindo em conjunto ou de forma cumulativa para impulsionar o declínio.

Avanço rápido para o verão de 2017, quando meu artigo mais recente sobre o tema, escrito em conjunto com meu colega Hagai Levine e cinco outros empenhados pesquisadores, viralizou.

As novidades que meus colegas e eu descrevemos em nossa metanálise: entre 1973 e 2011, a concentração de espermatozoides (o número de espermatozoides por mililitro de sêmen) caiu mais de 52% entre homens aleatórios nos países ocidentais; entretanto, a contagem total de espermatozoides caiu mais de 59%. Chegamos a essas conclusões após examinar os resultados de 185 estudos envolvendo 42.935 homens e realizados durante esse período de 38 anos. Para dizer com clareza: esses homens não foram selecionados com base em seu status de fertilidade; eram homens normais, comuns.

Uma vez que essas descobertas dizem respeito sobretudo a países ocidentais, pode vir à tona a impressão de que se trata de um problema exclusivamente de Primeiro Mundo, mas não é. Pelo contrário, suspeito que o mais provável é que as sociedades nas quais as pessoas estão mais propensas a começar a ter filhos quando ainda são relativamente jovens são menos afetadas pelos efeitos nocivos à fertilidade resultantes da presença de produtos químicos tóxicos no meio ambiente e da ação de agentes estressores. Em nossa metanálise, havia uma quantidade muito menor de dados sobre contagens de espermatozoides de homens da América do Sul, da Ásia e da África; no entanto, relatórios de pesquisas mais recentes apontam uma diminuição também nessas regiões.

LEVANDO AS COISAS PARA O LADO PESSOAL

Em que medida isso se relaciona conosco? Quando ouvem falar em ameaças à sua fertilidade, as pessoas as sentem como um grande golpe para seu ego, seu senso de potência e sua confiança em termos de serem capazes de perdurar como família, como cultura e como espécie. É surpreendente e assustador você se dar conta de que o número de filhos que pode ser capaz de ter é ligeiramente menor do que a metade do que seus avós conseguiriam conceber. Também é impressionante o fato de que, em algumas partes do mundo, a mulher comum de 20 e poucos anos de hoje é menos fértil do que sua avó era aos 35.

A abrupta queda na contagem de espermatozoides é exemplo de uma situação de "alerta de perigo". Em outras palavras, esse declínio pode ser a forma de a Mãe Natureza pôr a boca no trombone e chamar a atenção para o pérfido dano que os seres humanos causaram tanto no mundo natural quanto no mundo construído.

O que nos leva a uma terceira questão, também crucial, acerca de tudo isso: o que podemos fazer a respeito disso? Existem medidas que podemos tomar, individualmente e como sociedade, a fim de nos mantermos saudáveis e proteger nosso desenvolvimento sexual. Mas a primeira coisa que devemos fazer é aprender mais sobre a natureza desses problemas. A maioria das pessoas fora da comunidade científica desconhece totalmente essas perturbadoras tendências, e como pesquisadora empenhada em identificar as causas ambientais de problemas de saúde reprodutiva, sinto que é meu dever chamar a atenção para elas.

Seja devido a nosso estilo de vida, seja por meio dos contaminantes químicos que trouxemos ao mundo, nós, como seres humanos, inadvertidamente desencadeamos esses problemas. No ritmo atual, é difícil saber como será o futuro, a menos que tomemos providências conscientes, ponderadas e cuidadosas para nos proteger e refrear a ação dos produtos químicos que se infiltram diariamente em nossa vida. Chegou a hora de pararmos de jogar roleta-russa com nossas capacidades reprodutivas.

2

O MACHO DIMINUÍDO:
Que Fim Levou Todo Aquele Bom Esperma?

UM ENCONTRO COM A DOAÇÃO
E O DESTINO

As segundas-feiras costumam ser dias monótonos e tranquilos no banco de sêmen Fairfax Cryobank, na Filadélfia, especialmente em comparação com as sextas-feiras, quando a agenda é cheia e homens de 18 a 39 anos fazem fila e ocupam todos os horários reservados em uma das duas salas privativas (em que a recomendação é "Traga tudo de que você pode precisar" – por exemplo, material pornográfico) para consumar o ato de doar sêmen. Há um motivo simples para que as segundas-feiras não sejam tão movimentadas: doadores são aconselhados a se abster de atividade sexual por 72 horas, privação que lhes permite fornecer uma amostra ideal de sêmen – a abstinência afeta a concentração e o volume da amostra –, e poucos homens estão dispostos a fazer isso no fim de semana. "Queremos ver espécimes de boa qualidade, e, com cerca de 72 horas de abstinência, a maioria dos caras terá a melhor porcentagem de espermatozoides móveis", explica Michelle Ottey, diretora do laboratório e diretora de operações do Fairfax Cryobank. "Às vezes eles têm, às vezes não. Nem sempre ouvem nossa recomendação sobre as horas de abstinência."

Os espermatozoides sempre foram uma mercadoria preciosa, devido ao papel decisivo que desempenham na geração de uma nova vida. Mesmo uma mudança relativamente pequena na sua contagem típica tem um impacto substancial na porcentagem de homens que serão classificados como inférteis ou subférteis. Não é questão apenas do número de espermatozoides, entretanto; certas qualidades, entre as quais os padrões de movimento desses pequenos nadadores, também são essenciais para que sejam capazes de saracotear e ziguezaguear contra a corrente a fim de encontrar o óvulo dos seus sonhos.

Depois que o homem começa a produzir espermatozoides no início da adolescência, está sob o risco contínuo de potencial dano a seus nadadores, vulnerabilidade que dura para o resto da vida. Isso porque a espermatogênese, a produção de esperma, que ocorre nos túbulos seminíferos que formam a maior parte de cada testículo, começa no início da puberdade (quando o menino tem entre 10 a 12 anos) e continua ao longo da vida. Em um homem saudável e fértil, os testículos produzem diariamente de 200 milhões a 300 milhões de espermatozoides, dos quais apenas cerca de 50% se tornam viáveis. Demora cerca de 65 a 75 dias para os espermatozoides amadurecerem, e um novo ciclo de produção se inicia aproximadamente a cada dezesseis dias. Quando eles amadurecem, deixam os túbulos e entram no epidídimo, órgão tubular e contorcido que se estende pela borda posterior dos testículos.

Aqui, o espermatozoide maduro aprende a "nadar" e ajusta seu movimento. Seu aspecto se assemelha ao de um girino microscópico: tem uma cabeça – chamada de acrossoma ou acrossomo e revestida por uma membrana composta por enzimas –, uma cauda (ou flagelo) e uma porção mais fina da cauda, chamada de parte final. Uma vez dentro do epidídimo, o espermatozoide maduro espera para ser ejaculado dentro da vagina (ou em algum outro lugar) – não muito diferente da cena retratada no filme *Tudo o que você sempre quis saber sobre sexo, mas tinha medo de perguntar*, de Woody Allen, em que os espermatozoides ficam a postos e aguardam sua vez de "saltar de paraquedas" para fora de uma aeronave e completar sua missão. Em média, cada vez que o homem ejacula, libera de 2 mililitros a 6 mililitros – mais ou menos uma colher de chá – de sêmen, que contém até 100 milhões de espermatozoides. Os espermatozoides mais saudáveis e em melhor forma não param no caminho para pedir instruções; uma porcentagem relativamente pequena deles nada na direção correta – ou seja, rumo a um óvulo que acena para chamar sua atenção. Se o homem não ejacular, o espermatozoide morrerá e será reabsorvido pelo corpo. A realidade é que os espermatozoides tendem a viver rápido e morrer jovens.

CURSO DE INTRODUÇÃO AO ESPERMA

O estudo dos espermatozoides começou de forma bastante bizarra. Em 1677, Antoni van Leeuwenhoek, comerciante holandês e cientista autodidata fascinado por microscópios, coletou o próprio sêmen após fazer sexo com a esposa e examinou o material ao microscópio: viu, nadando e se contorcendo no fluido, milhões de minúsculas formas, as quais chamou de "animálculos" (pequenos animais). Acreditava que cada espermatozoide continha um ser humano em miniatura pré-formado que desabrocharia e se desenvolveria dentro da mãe depois de ser nutrido pelo óvulo.

Essa teoria, obviamente, foi ridicularizada e desmentida há muito tempo. Mas o que van Leeuwenhoek observou sob o microscópio é o mesmo que vemos hoje, quando examinamos uma amostra ampliada de sêmen de um homem fértil: um espermatozoide saudável é composto de uma cabeça cujo formato semelhante a um torpedo contém ácido desoxirribonucleico (DNA, na sigla em inglês), uma peça ou seção intermediária carregada de mitocôndrias, que fornecem energia para seu deslocamento, e uma cauda relativamente longa que impulsiona o esperma para a frente. Os espermatozoides são minúsculos – têm aproximadamente 0,05 milímetro ou 0,002 polegada (ou 50 micrômetros) de comprimento –, pequenos demais para serem vistos a olho nu.

No mundo científico, os protocolos de pesquisa costumam se alterar com o tempo, mas, quando o assunto é contagem de espermatozoides, o método endossado pela Organização Mundial da Saúde (OMS) não mudou muito desde a década de 1930. Ele ainda se utiliza do hemocitômetro, instrumento inventado em 1902 pelo anatomista francês Louis-Charles Malassez e originalmente usado para contar células sanguíneas. O dispositivo consiste em uma espessa lâmina de vidro com uma depressão retangular que cria uma câmara que contém uma grade gravada a laser de linhas perpendiculares com marcações em quadrados ou quadrantes chamados de malhas de leitura. Para avaliar a concentração de espermatozoides de um homem em um banco de sêmen ou outro laboratório, uma gota de sêmen é depositada em uma lâmina e examinada sob um microscópio, e um técnico treinado realiza a contagem determinando o número de espermatozoides presentes no volume de fluido daquela área específica da malha de leitura.

Em seres humanos, a concentração normal de espermatozoides[1] varia de 15 milhões a mais de 200 milhões de espermatozoides por mililitro de sêmen. A OMS considerou oficialmente que uma concentração de menos de 15 milhões por mililitro é "baixa". Porém, de acordo com um estudo dinamarquês muito citado, homens cuja concentração de espermatozoides é inferior a 40 milhões por mililitro têm sua capacidade de conceber prejudicada, ou seja, perda de potencial reprodutivo (minha própria pesquisa constatou que em 1973 o homem médio nos países ocidentais tinha uma concentração espermática de 99 milhões por mililitro; em 2011, esse número caiu para 47,1 milhões por mililitro. Mas voltaremos a esse tema em breve).

Para a fertilidade, não é apenas o número de espermatozoides que importa; também conta seu formato e como eles se movem. Ou seja, são capazes de nadar de maneira progressiva, deslocando-se para a frente através do sistema reprodutor feminino, de forma que se sugere que provavelmente serão capazes de alcançar um óvulo não fertilizado e penetrá-lo? Se os espermatozoides nadam em círculo (o que é chamado de motilidade não progressiva, ou seja, movimentam-se aleatoriamente, mexem a cauda, mas não se deslocam), não é bom sinal; é o equivalente a acelerar o motor do carro em ponto morto – você não vai chegar a lugar nenhum. Se não se mexem de jeito nenhum, permanecendo imóveis, paradões feito uma pessoa sedentária viciada em TV e de ressaca, isso também é problema, uma vez que essa imobilidade tende a persistir. Espermatozoides que se movem muito devagar ou com progressão arrastada e preguiçosa – uma capacidade de se deslocar para a frente de menos de 25 micrômetros por segundo –, simplesmente não chegarão ao alvo pretendido.

A motilidade considerada normal ou aceitável varia consideravelmente entre as espécies. O homem deve ter motilidade espermática total maior que 50% para ser considerado normal; por outro lado, para serem aprovados em um exame de saúde para reprodução, recomenda-se que garanhões tenham motilidade maior que 60%, ao passo que

---

[1] "Contagem de espermatozoides" é um termo abrangente que se refere tanto à concentração de espermatozoides quanto à contagem do número total deles. A concentração é expressa em milhões de espermatozoides por mililitro, ao passo que a contagem do número total é igual à concentração de espermatozoides vezes o volume da amostra ejaculada, e é expressa em milhões de espermatozoides. (N. da A.)

para os cães o ideal é terem mais de 70% de espermatozoides móveis e progressivos, aqueles que se movem progressivamente, ou seja, que realmente se deslocam para a frente.

Os parâmetros usados para avaliar a qualidade do esperma sob um microscópio incluem *concentração* (a densidade dos espermatozoides em uma unidade de volume de sêmen); *vitalidade* (a porcentagem de espermatozoides vivos); *motilidade* (a capacidade de movimentação ou natação do espermatozoide); e *morfologia* (o tamanho e o formato do espermatozoide). Todas essas métricas são importantes, e, tomando-se por base as recentes avaliações desses elementos, a *qualidade* do esperma humano está diminuindo, bem como a quantidade.

Exceto pela ausência completa de espermatozoides na ejaculação (chamada de azoospermia),[2] nenhum parâmetro sozinho pode prever que o homem será completamente infértil, embora estejam todos relacionados às chances de alcançar uma gravidez. Os "três grandes" padrões – concentração, motilidade e morfologia do espermatozoide – são rotineiramente usados para avaliar a qualidade e a fertilidade do sêmen. Estudos constataram que, quando especialistas em medicina reprodutiva examinaram as três principais medidas de qualidade do sêmen em cerca de 1.500 homens, dos quais pouco mais da metade era fértil e pouco menos da metade era infértil com base nesses parâmetros, todos os três foram importantes para a identificação dos homens inférteis. Mas havia um efeito aditivo: quando qualquer *um* dos critérios de medida estava no intervalo de infertilidade, o homem era duas vezes mais propenso a ser infértil do que aquele sem nenhum desses indicadores na faixa de infertilidade; quando quaisquer *duas* das medidas estavam na faixa da infertilidade, eram seis vezes maiores as probabilidades de o homem ser infértil; e quando todos os *três* parâmetros caíam na faixa de infertilidade, a possibilidade de o homem ser infértil era dezesseis vezes maior.

---

[2]   A azoospermia pode acontecer se o testículo não produz nenhum espermatozoide, ou uma quantidade insuficiente para ser detectada em uma análise padrão de sêmen, ou ainda se os espermatozoides até são produzidos, mas não podem ser descarregados por conta de alguma obstrução no trato reprodutivo. (N. da A.)

DOAR NO ESCRITÓRIO

Quando o homem doa sêmen para um banco de esperma, seu material coletado precisa atender a certos níveis de referência, dos quais apenas um se relaciona com a contagem de espermatozoides. Os bancos de sêmen, cuja especialidade é, obviamente, coletar espermatozoides viáveis em grandes quantidades, estão enfrentando desafios cada vez maiores em virtude desses diferentes critérios. Em um estudo publicado em 2016 envolvendo 9.425 espécimes de sêmen de quase quinhentos homens, os pesquisadores constataram um significativo declínio, entre 2003 e 2013, na concentração, na motilidade e na contagem total das amostras de jovens adultos do sexo masculino que estavam cursando a faculdade ou haviam concluído recentemente os estudos universitários na área de Boston. Enquanto 69% dos aspirantes a doadores de esperma tiveram êxito e atenderam aos requisitos em 2003, apenas 44% satisfizeram às exigências e deram conta do recado em 2013. Isso a despeito do fato de o grupo mais recente de rapazes apresentar melhores variáveis de estilo de vida, como diminuição no uso de álcool, índices mais baixos de tabagismo e peso corporal e aumento na prática regular de exercícios físicos.

Da mesma forma, em um estudo mais recente envolvendo potenciais doadores de esperma com idade entre 19 e 38 anos de um extremo a outro dos Estados Unidos, os pesquisadores examinaram mais de 100 mil espécimes de sêmen e encontraram um declínio na contagem total de espermatozoides, concentração espermática e espermatozoides móveis entre 2007 e 2017. Tendências de queda estão ocorrendo também em outros países. Na China, por exemplo, entre os jovens que se inscreveram para ser doadores de esperma no Banco de Esperma Humano da Província de Hunan, a porcentagem de doadores qualificados caiu de 56% em 2001 para 18% em 2015, um declínio de dois terços.

Por qualquer critério, o esperma simplesmente não está se saindo muito bem nos dias de hoje. E a maioria dos homens nem sequer percebe isso.

Embora o Fairfax Cryobank tenha registrado um aumento no número de doadores de esperma nos últimos anos, graças ao incremento de seus esforços de recrutamento, o banco de sêmen verificou uma queda na contagem e na motilidade de espermatozoides entre amostras de doações recentes. Antes de ser adequado para uso em inseminação intrauterina (IIU) ou fertilização *in vitro* (FIV), o esperma doado deve passar por um processo de lavagem, técnica que muitas vezes envolve força centrífuga – não a fim de deixar os espermatozoides brilhantes e lustrosos para seu grande encontro com um óvulo, mas para remover do sêmen produtos químicos, muco e espermatozoides não nadadores e para separar os espermatozoides do fluido seminal. Após o processo de lavagem, os espermatozoides são colocados em frascos. "Desde que comecei a trabalhar aqui em 2006, vimos uma diminuição no número de frascos por amostra de esperma que conseguimos obter – caiu pela metade", diz Michelle Ottey. Isso é especialmente significativo porque a maior parte das amostras é congelada para uso posterior – "Eles são literalmente congelados no tempo" – e cerca de 50% dos espermatozoides saudáveis e móveis coletados em uma amostra congelada não sobreviverão ao processo de congelamento-descongelamento; eles morrerão.

No entanto, enquanto o fornecimento de espermatozoides de alta qualidade está diminuindo em algumas partes do mundo, a demanda por espermatozoides saudáveis e viáveis aumentou. Os crescentes índices de volumes de espermatozoides anormais e inadequados certamente desempenham um papel relevante nisso, mas outro grande impulsionador é o ligeiro aumento nas solicitações de diferentes grupos demográficos: em particular, mais mulheres solteiras e casais do mesmo sexo desejam ter filhos – e para atingir seu objetivo precisam de espermatozoides de alta qualidade. Pais e mães potenciais podem usar o esperma de um amigo ou parente (muitas vezes chamado de "doador conhecido") – e alguns o fazem –, mas, por razões óbvias, isso pode ser problemático do ponto de vista emocional. A outra opção é recorrer a uma pessoa desconhecida (um "doador anônimo"), selecionada depois de atender a critérios extremamente rigorosos, por meio de um banco de esperma ou clínica de fertilidade – e é aí que a demanda é a mais alta. Em 2018, o mercado global de bancos de esperma foi avaliado em 4,33 bilhões de dólares; espera-se que chegue a 5,45 bilhões em 2025. Uma estimativa alardeada com estardalhaço aponta que de 30 mil a 60 mil crianças são concebidas por meio da doação de esperma a cada ano apenas nos Estados Unidos.

O JOGO DA TROCA DE ACUSAÇÕES SOBRE A INFERTILIDADE

Por que esses detalhes de oferta e demanda de espermatozoides são importantes? Porque, além dos hipotéticos cenários de iminente calamidade que ganham as manchetes, muitas vezes o fardo psicológico e médico de lidar com problemas de fertilidade tem sido jogado diretamente sobre os ombros da mulher. Isso não é apenas incorreto no nível mais básico, visto que criar uma gravidez requer não apenas um óvulo saudável, mas também espermatozoides viáveis; é especialmente errado agora, quando está claro que se pode apontar que uma alta proporção dos problemas de infertilidade é responsabilidade do homem.

É notório que apenas recentemente cientistas e médicos começaram a avaliar até que ponto a fertilidade depende da saúde e das condições ambientais *tanto do parceiro masculino quanto do feminino*, bem como das interações entre ambos. Em termos históricos, a fertilidade quase sempre foi um conceito aplicado apenas à mulher. Uma razão é que os demógrafos tradicionalmente definiam a taxa de fertilidade como o número médio de nascidos vivos por mulher em idade reprodutiva. Sabe-se que a mulher perde preciosos óvulos à medida que envelhece e, como resultado, na mídia e em outros lugares aparecem lembretes constantes sobre o preocupante tique-taque do relógio biológico feminino e o impacto que certas práticas de estilo de vida podem ter sobre a fertilidade. Muitas mulheres estão cientes dessas realidades, e algumas se sentem pressionadas a, depois de atingir certa idade, sossegar o facho e ter filhos. *Os homens?* Nem tanto.

Nas últimas décadas, assistimos a uma substancial mudança de perspectiva, pelo menos na comunidade científica, uma vez que tem se tornado cada vez mais reconhecido o fato de que os homens contribuem para uma proporção de casos de infertilidade maior do que antes se acreditava. Atualmente, considera-se que problemas reprodutivos masculinos causam cerca de um quarto a um terço dos casos de infertilidade, quinhão igual à proporção de dificuldades reprodutivas femininas. Os casos de infertilidade restantes resultam de uma combinação de fatores masculinos e femininos – talvez a mulher seja ligeiramente subfértil (porque tem padrões ovulatórios irregulares, por exemplo) e talvez seu parceiro também seja um pouco subfértil (devido a uma redução da motilidade dos espermatozoides), e por isso o casal tem problemas para conceber. Mas se um deles estiver com um parceiro incrivelmente fértil (sim, algumas pessoas de fato são), conseguir engravidar não é uma batalha tão árdua.

A LACUNA NO CONHECIMENTO SOBRE A FERTILIDADE

Apesar dessas realidades, a maioria dos homens não tem noção de que a qualidade de seus espermatozoides pode afetar suas chances de concretizar uma gravidez. Se ejaculam um bocado de sêmen, pensam que estão prontos para o que der e vier, o que não é necessariamente verdade. Um estudo canadense de 2016 constatou que, enquanto a maioria dos 701 homens participantes se considerava pelo menos um pouco bem informada acerca de reprodução e fertilidade masculinas, muitos não conseguiram identificar fatores de risco – como obesidade, diabetes, consumo de álcool e colesterol alto – associados à infertilidade do homem.

De modo geral, os homens têm uma atitude despreocupada em relação à concepção: simplesmente presumem que, se e quando quiserem ter filhos, serão capazes de engravidar com bastante facilidade sua parceira. Mas nem sempre é o caso, sobretudo em nosso mundo moderno.

À guisa de exemplo, leve em conta a história de Megan e James, que nos tempos de faculdade eram atletas de múltiplas modalidades esportivas e agora ainda estão fisicamente em forma: ambos achavam que seria moleza engravidar tão logo estivessem prontos para constituir família. Não foi. Aos 34 anos, Megan, consultora nutricional, e James, bancário de 32 anos, passaram um ano tentando engravidar, sem sucesso, momento em que ambos começaram a questionar o nível de fertilidade *dela*. Então Megan foi ao seu ginecologista obstetra e fez uma bateria de exames físicos e exames de sangue que indicaram que tudo parecia estar em ordem. Quando James foi a um urologista para um abrangente e completo check-up, descobriu que sua contagem e sua taxa de motilidade de espermatozoides estavam ligeiramente baixas e que ele tinha um estreitamento do caminho através do qual o sêmen viaja antes de ser ejaculado. James se sentiu pego de surpresa com a notícia, sobretudo porque, graças a seu histórico de atleta, sempre tinha se considerado viril e supersaudável.

Quando o urologista perguntou a James sobre seus hábitos de estilo de vida, basicamente imaculados, descobriu que ele costumava relaxar em uma banheira de hidromassagem ou numa sauna depois de jogar squash ou treinar na academia de musculação, quatro ou cinco vezes por semana. O urologista lhe recomendou que evitasse esses ambientes quentes, porque se sabe que o calor intenso é tóxico para os espermatozoides. Depois de manter distância desses suadouros durante várias semanas, James e a esposa conseguiram conceber naturalmente. Ficaram empolgados, é claro, mas James estava se sentindo desconcertado: como podia ter convivido com aquele problema de fluxo de esperma por tantos anos sem saber? Por que ninguém nunca dissera a ele que a exposição frequente ao calor poderia prejudicar seus nadadores? "As mulheres recebem muitas informações sobre como preparar o corpo para fazer um bebê; por que os homens não?", questionou.

Ele descobriu que não é incomum que homens não façam a menor ideia de que há um problema com seus espermatozoides ou com o sistema de transporte de seu esperma, e só descobrem isso no momento em que tentam fazer um bebê. Foi o que aconteceu com Daniel, de 40 anos, e sua esposa, Laura, de 35, que durante um ano tentaram engravidar, em vão. Depois que ambos fizeram exames, ele recebeu o diagnóstico de infertilidade porque seus espermatozoides tinham formato anormal – poucos tinham todas as partes componentes. Pelo menos parcialmente, isso era causado por um problema chamado varicocele, uma dilatação das veias no escroto, o que pode diminuir a contagem de espermatozoides e reduzir sua qualidade.[3] "Quando o médico disse que eu provavelmente nunca teria filhos biológicos, fiquei arrasado", lembra Daniel, que é advogado. "Até hoje não faço ideia de como ou por que tive esse problema, e de por que nem fiquei sabendo." Mas ele não estava disposto a perder as esperanças, então passou por um

---

[3] A propósito, um estudo envolvendo mais de 1,3 milhão de meninos adolescentes em Israel constatou que a incidência de varicocele mais do que dobrou entre 1967 e 2010, por razões que ainda precisam ser determinadas. (N. da A.)

procedimento para corrigir a varicocele, o que melhorou a qualidade do seu sêmen e espermatozoides durante seis meses. Hoje o casal tem gêmeos de 4 anos.

DERROTADO PELA CONTAGEM

Diante do declínio nas contagens de espermatozoides e outros parâmetros de medida da qualidade do esperma nos países ocidentais, a cota masculina nos casos de infertilidade pode estar aumentando. Um estudo recente envolvendo pacientes que se apresentaram para atendimento em centros de infertilidade em Nova Jersey e na Espanha constatou que a proporção de homens com contagem total de espermatozoides móveis maior que 15 milhões por mililitro diminuiu aproximadamente 10% entre 2002 e 2017, o que sugere uma acentuada queda no número de espermatozoides até mesmo entre os "homens subférteis". Uma lastimável forma de dupla penalidade, a implicação é que homens subférteis podem estar se tornando ainda mais subférteis.

A proporção do uso do método de injeção intracitoplasmática de espermatozoides (ICSI, na sigla em inglês) – que, como o nome indica, consiste em injetar o espermatozoide selecionado diretamente em um óvulo humano maduro por meio de uma agulha finíssima, procedimento guiado pelo embriologista com o auxílio de um microscópio – para todos os procedimentos de FIV tem aumentado em muitos países; isso poderia sugerir que a infertilidade do fator masculino está aumentando, de acordo com o pesquisador e clínico dinamarquês Niels Skakkebaek. O uso da ICSI, disponível desde 1991, mais que dobrou de 1996 a 2012, entre os novos ciclos de FIV nos Estados Unidos. Uma das principais dádivas que o método propiciou foi ter tirado do esconderijo a infertilidade do fator masculino, permitindo que ela fosse tratada como um problema médico em vez de "um problema de masculinidade".

Nesse meio-tempo, o valor de referência da Organização Mundial da Saúde para a menor concentração de espermatozoides compatível com a fertilidade – ou seja, quando leva menos de um ano para o homem e sua parceira conseguirem uma gravidez – diminuiu nos últimos trinta anos. Os médicos tendem a usar esse número como um valor de corte ao decidir se devem encaminhar o homem para um tratamento de fertilidade completo. O xis da questão é que nossa ideia do que é uma concentração de espermatozoides "boa o suficiente" realmente diminuiu. Era de 40 milhões por mililitro, mas a OMS reduziu para 20 milhões por mililitro em 1980 e para 15 milhões por mililitro em 2010. Para efeito de comparação, na década de 1940 a contagem de espermatozoides considerada adequada era de 60 milhões por mililitro.

Essas mudanças podem ter consequências involuntárias. Pelo lado positivo, o corte mais baixo alivia a carga nas clínicas de fertilidade e pode levar os homens com concentrações de espermatozoides relativamente baixas – de acordo com os padrões anteriores – a se sentirem melhor. Mas não lhes faz nenhum favor em termos de fecundidade. E quando o homem é informado de que sua concentração de espermatozoides vai muito bem, obrigado, é mais provável que espere até ficar mais velho para tentar engravidar a parceira – e a idade avançada do homem pode dificultar ainda mais as coisas em termos de gravidez.[4] Embora não seja um aspecto amplamente conhecido, as mulheres não são as únicas a passar por um processo de declínio da fertilidade relacionado à idade. Com o avanço da idade, vários parâmetros do esperma decaem, sendo as mudanças mais marcantes a perda de volume do esperma, a diminuição da motilidade dos espermatozoides e o aumento da fragmentação do DNA, a presença de material genético anormal dentro do esperma. Basicamente, à medida que os homens envelhecem, diminuem a qualidade *e* a quantidade do esperma, o que dificulta todos os aspectos da fertilidade.

Nos últimos anos, a OMS determinou reduções semelhantes nos valores de referência de motilidade, volume, vitalidade e morfologia dos espermatozoides. Todos esses fatores estão correlacionados com a fertilidade: se o homem apresenta baixa contagem, está mais propenso a ter espermatozoides que não são bons nadadores ou não têm o formato certo. E tenha em mente que, mesmo na melhor das hipóteses, com um homem adulto saudável que lança dezenas de milhões de espermatozoides a cada ejaculação, pouquíssimos deles – talvez apenas

---

[4] A função reprodutiva do homem também diminui com a idade, de maneiras que comprometem a fertilidade. Conforme envelhecem, os homens têm naturalmente uma diminuição nos níveis de testosterona e na contagem de espermatozoides, além de ficarem sujeitos a mais ocorrências de disfunção erétil e disfunção ejaculatória, fatores que podem tornar mais difícil cumprir sua parte na concepção de uma gravidez. (N. da A.)

um em 1 milhão – conseguirão se conectar com o óvulo; ainda assim, toda pequena queda na quantidade ou qualidade do esperma reduz potencialmente a chance de gravidez. Como diz a letra da canção "Every Sperm Is Sacred" do filme *O sentido da vida*, do grupo de comédia britânico *Monty Python*: "Cada espermatozoide é sagrado. Todo espermatozoide é formidável..."

DESVENTURAS EM SÉRIE

Um elemento oculto na imagem da infertilidade masculina que muitas vezes passa despercebido: baixos índices de testosterona. Como já se mencionou aqui, os níveis de testosterona vêm diminuindo – 1% ao ano desde 1982, de acordo com pesquisa realizada nos Estados Unidos e em vários países europeus. Na equação da fertilidade masculina tolhida, isso faz sentido, uma vez que a quantidade adequada de testosterona é necessária para produzir espermatozoides saudáveis, e muitos dos fatores que podem reduzir a contagem de espermatozoides podem afetar também os níveis de hormônios masculinos. São manifestações paralelas de uma fonte comum de distúrbio.

Diante do declínio da testosterona, não surpreende que, nos últimos dez anos, o uso da terapia de reposição desse hormônio tenha quadruplicado entre homens de 18 a 45 anos e triplicado entre homens mais velhos. Afinal, muitos homens estão cientes de que os baixos níveis de testosterona podem preparar o terreno para perda muscular, aumento da gordura abdominal, enfraquecimento ósseo e problemas de memória, humor e energia, sintomas que grande parte deles deseja desesperadamente evitar; no entanto, muitos não percebem que amiúde a baixa testosterona se correlaciona com uma contagem de espermatozoides mais baixa. Aqui está o fato surpreendente e contraintuitivo da vida: a terapia de reposição de testosterona acarreta suas próprias desvantagens, entre elas... veja só... baixa contagem de espermatozoides!

A coisa acontece da seguinte maneira: quando o homem usa um adesivo de testosterona ou aplica testosterona em gel, o hormônio entra em sua corrente sanguínea e seus níveis sobem. Até aqui, parece muito bom, certo? Mas o cérebro dele interpreta esse aumento como um sinal de que há bastante testosterona, o que dispara sinais para os testículos pararem de fabricar mais; isso, por sua vez, causa um declínio na produção de espermatozoides. O resultado pode levar a uma espécie de círculo vicioso, no qual homens com baixa testosterona e baixa qualidade de esperma podem optar pelo tratamento com testosterona e acabar com esperma de qualidade ainda mais baixa. Na verdade, a terapia de reposição de testosterona tem sido estudada como um método de controle de natalidade porque, durante o tratamento, em 90% dos homens a contagem de espermatozoides pode cair para zero.

QUANDO OS MAUS HÁBITOS CRESCEM, ADIVINHE O QUE NÃO CRESCE?

Somando-se a essas frustrações sexuais, um número cada vez maior de homens jovens se vê às voltas com um problema que há muito tempo é considerado uma tribulação de homens mais velhos: a disfunção erétil (DE). Acredite ou não, hoje em dia, 26% dos homens que apresentam algum grau de disfunção erétil têm menos de 40 anos. Em um estudo que avaliou quase oitocentos homens em busca de ajuda pela primeira vez para a disfunção erétil, os pesquisadores constataram que a idade média dos homens que procuram atendimento médico por não "darem no couro" diminuiu sete anos entre 2005 e 2017.

Seja por fatores de estilo de vida pouco saudáveis, como tabagismo e elevado consumo de álcool ou drogas, seja por taxas de ansiedade mais altas ou um aumento no consumo de pornografia (o que pode esgotar as reservas de dopamina devido à superestimulação), o resultado pode ser o mesmo: dificuldade em obter ou manter a ereção durante relações sexuais na vida real. Além disso, evidências preliminares sugerem que a exposição a certos agentes ambientais, como pesticidas e solventes, assim como o arsênico na água de poço, pode comprometer a função erétil. *Adicione esses ingredientes à lista dos riscos sexuais no mundo moderno!*

VERDADES DURAS, EMOÇÕES DOLOROSAS

Apesar do fato de que o declínio na contagem de espermatozoides representa uma tremenda ameaça tanto para homens como para casais, quase sempre existe uma relutância em aceitar essa realidade, mesmo quando homens e mulheres estão cientes dela. Em outras palavras, há muitas vezes uma desconexão entre saber que existe um problema e estar disposto a aceitá-lo. Por exemplo, pesquisas sugerem que em muitos países "a infertilidade masculina continua sendo um problema trancado a sete chaves e extremamente estigmatizado, eivado de sentimentos de inadequação; muitas vezes a incapacidade do homem em produzir espermatozoides em quantidade suficiente e/ou que sejam viáveis é descrita, de maneira depreciativa, como 'disparo em seco', 'tiro com bala de festim', e isso leva a sentimentos de emasculação", observa Marcia C. Inhorn, docente de antropologia e relações internacionais na Universidade Yale. Isso não é uma completa surpresa, já que historicamente a virilidade do homem tem sido considerada uma parte integrante de seu senso de masculinidade. Contudo, "muitas pessoas não têm absolutamente a menor ideia de que a infertilidade masculina é algo diferente da impotência masculina", ela acrescenta.

Durante trinta anos, Marcia Inhorn coordenou pesquisas sobre infertilidade masculina no Oriente Médio. Nessa parte do mundo, certos defeitos espermáticos genéticos e problemas de infertilidade do fator masculino são comuns, e muitas vezes hereditários. No entanto, mesmo quando se constata que o marido é infértil, com frequência a esposa é que leva a culpa, e às vezes as mulheres tentam ajudar seus maridos inférteis a salvar a honra alegando que elas é que têm algum problema de infertilidade, observa a professora. "Muitas vezes elas fazem isso por amor, porque não querem que o parceiro seja humilhado ou perca a credibilidade."

Verdade seja dita, muitas vezes é difícil para os homens aceitar a realidade de que não são tão viris como acreditavam, mesmo quando se veem diante de evidências de que esse é o caso. Em um estudo, pesquisadores do Reino Unido pediram a homens inférteis que compartilhassem seus pensamentos e sentimentos sobre a situação pela qual estavam passando. Todos caracterizaram seu desejo de procriar como "uma expectativa tida como favas contadas" e "parte do ser humano"; portanto, o mero ato de buscar ajuda para problemas de fertilidade era visto como um sinal de

42 Contagem regressiva

"fraqueza" e lhes causava vergonha e constrangimento. Depois de receberem o diagnóstico de infertilidade, subfertilidade ou espermatozoides defeituosos, eles diziam coisas como: "A gente quase sente que não é homem. Não consegue fazer a coisa biológica" e "Parte de ser homem é ser capaz de gerar filhos. [...] Quando dizem que você não pode, que seu sêmen não é bom, é como [...] arrancar um pouco da sua masculinidade." Ou: "Sei que é minha culpa e que o problema é meu, e minha parceira poderia ter filhos com outro [...] ela tem a opção. Já eu não tenho a opção de fazer isso."

Sharon Covington, mestre em trabalho social e planejamento comunitário, atuou durante 35 anos no campo da saúde mental reprodutiva, fornecendo aconselhamento especializado em fertilidade para indivíduos e casais na área metropolitana de Washington, DC. Organizadora do livro *Fertility Counseling: Clinical Guide and Case Studies* [*Aconselhamento em Fertilidade: Guia Clínico e Estudos de Caso*, em tradução livre], ela também é diretora de serviços de apoio psicológico na Shady Grove Fertility, a maior clínica de fertilidade nos Estados Unidos, com 32 centros espalhados por todo o país, e rotineiramente orienta homens e mulheres que vivenciam o estresse emocional decorrente de suas dificuldades de fertilidade. Embora esse tipo de notícia seja difícil para pessoas de ambos os sexos aceitarem, "é um verdadeiro choque quando o homem descobre que tem baixa contagem de espermatozoides ou algum outro problema de infertilidade do fator masculino", afirma Covington. A perplexidade decorre em parte do fato de que os homens não costumam procurar os serviços de saúde para cuidar de si, tampouco fazem visitas preventivas ao médico a fim de verificar sua função reprodutiva ou fertilidade pré-natal; só quando têm dificuldade para engravidar a parceira é que descobrem que podem ter algum problema de fertilidade.[5]

Quase sempre, as mulheres que enfrentam dificuldades de fertilidade procuram apoio imediatamente, ao passo que os homens são

---

[5] Como observou Cynthia Daniels, docente de ciência política na Universidade Rutgers, em seu livro *Exposing Men* [*Revelando os Homens*, em tradução livre]: "Politicamente, a necessidade de reforçar o mito da invulnerabilidade masculina resultou na falta de atenção às questões da saúde reprodutiva masculina." Fica claro, no contexto geral das coisas, que isso presta aos homens um grande desserviço. (N. da A.)

mais propensos a guardar para si mesmos a decepcionante notícia. "Não é o tipo de coisa que eles compartilham em um vestiário ou no bar, tomando cerveja com um amigo", diz Covington. "Torna-se uma experiência muito privada e isolada." Não surpreende que a falta de sinceridade e franqueza dos homens a respeito de sua infertilidade é um fator de risco para sintomas de depressão. Também em nada ajuda o fato de que homens com problemas de fertilidade têm uma vida sexual de qualidade significativamente inferior em comparação com parceiros masculinos sem problemas de fertilidade, conforme constatou um estudo.

Quando pesquisadores de Montreal examinaram o conteúdo dos fóruns de discussão on-line para homens com problemas de fertilidade, descobriram que os internautas que interagiam nesses fóruns procuravam e forneciam vários tipos de apoio social, entre os quais apoio emocional e informativo. Quando a causa da falta de filhos era a infertilidade masculina, os homens escreviam coisas como "Estou muito decepcionado e tenho a sensação de que minha esposa me responsabiliza por isso". Um dos caras escreveu: "O que mais odeio são os pensamentos que não consigo evitar sobre o que as pessoas pensam quando falam comigo. Sentem pena? [...] Estou tão desnorteado porque sei que sentiria a mesma coisa que elas se a situação se invertesse."

OS RISCOS DO JOGO DA ESPERA

Para aumentar ainda mais os obstáculos e desafios da fertilidade masculina, hoje em dia muitos casais nos países ocidentais estão esperando até os 30 e poucos anos para iniciar uma família. Assim, talvez só venham a descobrir que um ou ambos os parceiros têm problemas de fertilidade quando já contarem apenas com uma estreita janela de oportunidade para tirar proveito das vantagens da tecnologia de reprodução assistida (TRA), a exemplo da fertilização in vitro (FIV). Como não existe nenhum tratamento para melhorar a produção de espermatozoides em homens subférteis, a única opção eficaz é o casal se submeter à TRA, que não apenas é cara, mas também invasiva para a mulher.[6] Pronto para uma revelação ofensiva de tão chocante? A infertilidade do fator masculino é a única situação médica que é tratada por meio da aplicação de um procedimento doloroso na mulher por causa de um problema que aflige seu parceiro.

Outro potencial empecilho: um convincente *corpus* de pesquisa mostra que, à medida que os homens envelhecem, sobretudo quando passam dos 40 anos, seu esperma se torna mais suscetível à mutação, o que pode aumentar o risco de seus filhos nascerem com transtornos como autismo e esquizofrenia ou síndrome de Down. A idade do homem também pode afetar os riscos de aborto espontâneo de sua parceira. Estudos sugerem que as parceiras de homens com 40 anos ou mais estão sujeitas a um risco 60% maior de sofrer aborto espontâneo, em comparação com pais de menos de 30 anos; o risco de interrupção da gravidez parece ser maior no primeiro trimestre de gestação, em que há mais probabilidades de anormalidades cromossômicas. Isso mesmo – é maior a probabilidade de a mulher grávida sofrer aborto espontâneo quando o esperma do parceiro tem defeito, mas pode ser que nem ele nem ela percebam isso.

Infelizmente, não existe solução fácil para o problema do envelhecimento do esperma no que diz respeito à perspectiva de conseguir e manter uma gravidez. A tecnologia de reprodução assistida pode parecer o remédio para todos os males, mas não é uma panaceia.[7]

Nos últimos anos, os temores sobre o declínio da contagem de espermatozoides – e as preocupações acerca da inexistência de exames preventivos para a infertilidade do fator masculino – ocasionaram o desenvolvimento e a proliferação de vários testes de esperma caseiros que permitem ao homem coletar uma amostra de sêmen, colocá-la em um dispositivo giratório especial e obter uma leitura da contagem de espermatozoides

---

[6] Como sugeriu um artigo publicado em 2018 na revista *Prospect*, talvez uma "solução tecnológica" esteja no horizonte: "Pode chegar um dia em que até mesmo a incapacidade total de produzir espermatozoides viáveis nos testículos não seja um obstáculo para que um homem tenha um filho biológico. Em 2016, biólogos da Universidade de Kyoto divulgaram ter criado 'espermatozoides artificiais' a partir das células da pele de camundongos adultos, por meio da reprogramação delas". (N. da A.)

[7] Para começo de conversa, crianças concebidas por meio da TRA, especialmente a ICSI, apresentam um maior risco de ter transtorno do espectro autista e deficiência intelectual. (N. da A.)

na privacidade da própria casa. Mas, por serem tão novos, ainda falta determinar a precisão e a confiabilidade desses "espermogramas" caseiros – ademais, esses testes não avaliam outros fatores, como a motilidade ou a morfologia. Enquanto isso, serviços de bancos de armazenamento criogênico de esperma, como o Legacy, agora estão tornando possível que homens mais jovens estoquem seus potentes espermatozoides para o futuro, caso queiram ter filhos em algum momento, assim como os serviços de congelamento de óvulos (criopreservação) permitem que mulheres façam a sua parte.

Ao contrário da percepção da opinião pública, as dificuldades da fertilidade são um problema de oportunidades iguais entre os sexos, não um problema exclusivo da mulher. E o declínio na contagem e na qualidade dos espermatozoides que vem ocorrendo no mundo moderno não está ajudando em nada. É a mais pura verdade que, para dançar tango (ou foxtrote), são necessárias duas pessoas – para produzir uma gravidez viável e gerar uma prole saudável, também; não se faz nada sozinho. A diferença é: só porque o homem não ouve o tique-taque de seu relógio biológico não significa que este não está marcando o tempo.

3
NÃO DÁ PARA DANÇAR TANGO SOZINHO
O Lado Feminino da História

ERROS REPRODUTIVOS

Quando o romance *O conto da aia*, de Margaret Atwood, foi publicado em 1985, as pessoas reagiram principalmente à sua perturbadora representação do papel das mulheres, que viviam no que pode ser descrito como o pesadelo das feministas: um mundo em que, completamente despidas de sua individualidade, as mulheres ficam sob estrito controle patriarcal e social, proibidas de trabalhar ou ter o próprio dinheiro e divididas em várias classes – de esposas castas e sem filhos a empregadas domésticas e a criadas reprodutivas cujo propósito e dever é procriar engravidando dos homens em cujas casas elas moram, para em seguida entregar seus bebês às esposas "moralmente adequadas" desses homens. Na época, ninguém imaginou que os catastróficos declínios das taxas de natalidade poderiam estar relacionados a produtos químicos tóxicos despejados no ar e na água; de alguma forma, *aquilo* parecia uma licença poética por parte da autora. Agora, porém, o romance e a série de TV nele baseada parecem perturbadoramente proféticos.

Juntamente com a vertiginosa queda nas contagens de espermatozoides e nas taxas de fertilidade em países ocidentais, a taxa de barriga de aluguel gestacional, uma versão consensual do cenário descrito em *O conto da aia*, tem aumentado de forma constante – cerca de 1% ao ano entre 1999 e 2013. Essa tendência reflete uma queda na fertilidade. Enquanto a acentuada diminuição das contagens de espermatozoides é um fator importante na queda da fertilidade que vem sendo registrada em muitas partes do mundo, também estão ocorrendo mudanças na função reprodutiva das mulheres, e muitas têm ligações com o mesmo estilo de vida e os mesmos culpados ambientais que afetam o status reprodutivo dos homens.

Antes de falar deles, vamos a alguns fatos para ilustrar o quadro mais amplo. A fertilidade mundial caiu 50% entre 1960 e 2015, e em alguns países o declínio foi ainda mais drástico. Por exemplo, entre 1901 e 2014 a taxa de fertilidade total na Dinamarca caiu de 4,1 filhos por mulher para 1,8 filho por mulher. À primeira vista, é fácil atribuir o declínio a tendências sociais, como a opção das mulheres pela primeira gravidez em idades mais avançadas e o desejo dos casais de formar famílias menores. Sem dúvida esses fatores contribuem para a mudança. Mas a questão não é tão simples, porque os índices de fertilidade diminuíram *em todas as faixas etárias* durante esse mesmo período. E, de modo surpreendente, o declínio na capacidade de conceber e levar a gravidez até o fim – o que é chamado de fecundidade reduzida – foi na verdade mais drástico em mulheres mais jovens.[1] E aqui está a notícia verdadeiramente chocante: na primeira década do século XX, mulheres dinamarquesas com mais de 30 anos tinham níveis de fertilidade mais altos do que os de mulheres com menos de 30 anos entre 1949 e 2014. Olhando-se por outro ângulo, a mulher dinamarquesa de 20 e poucos anos de hoje em dia é menos fértil do que a avó dela era aos 35. *No bueno!*

O cenário é quase tão desolador nos Estados Unidos, onde o total de nascimentos por mulher caiu mais de 50% entre 1960 e 2016. Não está claro em que medida essa escassez de recém-nascidos é resultado de fatores econômicos, educacionais, sociológicos ou ambientais, mas uma coisa é inegável: em 2017, a taxa de natalidade total para mulheres nos Estados Unidos era de 16% abaixo do que se considera necessário para que nossa população se reponha ao longo do tempo. O que é obviamente motivo de preocupação – isso era verdade em 2017 e continua

---

[1] Quando um colega e eu examinamos as mudanças nas taxas de fecundidade reduzida pelo critério da idade das mulheres no período de 1982 a 1995, ficamos surpresos ao constatar que as mulheres de 14 a 24 anos, as mais jovens, tiveram um aumento de 42% na fecundidade reduzida, enquanto no caso das mulheres de 35 a 44 anos houve um aumento de apenas 6%. Isso sugere que alguma coisa além do envelhecimento e do adiamento da gravidez está afetando a fecundidade. (N. da A.)

sendo verdade nos tempos de pandemia de COVID-19. Para pegar emprestada uma frase de *Hamlet*, de William Shakespeare, essas tendências sugerem que há algo de podre (ou pelo menos problemático) no Estado da Dinamarca, nos Estados Unidos e em outros lugares.

Com efeito, há evidências convincentes de que a diminuição da reserva ovariana (DRO) (ou reserva ovariana reduzida) – em que o número e a qualidade dos óvulos são menores do que o esperado para a idade biológica da mulher – está ocorrendo com mais frequência do que em gerações anteriores, e que o risco de aborto espontâneo (interrupção da gravidez antes de vinte semanas de gestação) vem aumentando entre mulheres de todas as idades.

Ainda que o recente aumento dos problemas reprodutivos entre as mulheres possa não ser exatamente tão acentuado quanto as dificuldades reprodutivas dos homens, talvez não estejamos recebendo a história completa com relação ao que está acontecendo. Em primeiro lugar, existem mais estudos sobre a funcionalidade reprodutiva masculina, em parte porque, *bem*, realizam-se mais estudos médicos sobre homens – e ponto final (sim, há uma lacuna de gênero quando se trata de pesquisa médica, bem como quando o assunto é igualdade de remuneração, oportunidades de emprego, tabela de preços das lavanderias a seco e outros elementos em nosso mundo moderno). No que diz respeito a pesquisas sobre saúde reprodutiva, pode haver um elemento de praticidade em curso aqui: os órgãos genitais masculinos são plenamente visíveis, e é possível obter uma amostra de esperma a partir de uma ejaculação fornecida pelo homem sem muito esforço ou dificuldade.

No caso das mulheres, ao contrário, nenhuma oferta de fluido pode revelar seu potencial reprodutivo ou suas limitações reprodutivas. Nelas, os mecanismos de funcionamento da capacidade reprodutiva são mais complicados e estão ocultos. Por exemplo, não há maneira fácil de contar o número de óvulos que a mulher tem de reserva.[2] E mesmo que tenha uma porção de óvulos sobrando e ovule com regularidade, ela não tem meios de saber se suas tubas uterinas

---

[2] Para estimar a reserva ovariana, os médicos costumam medir os níveis sanguíneos de hormônio folículo-estimulante (FSH, na sigla em inglês), de estradiol, de inibina B ou de hormônio antimülleriano (AMH, na sigla em inglês), mas eles não são considerados indicadores confiáveis. O que significa que os resultados podem fornecer falsas esperanças ou incutir preocupações desnecessárias. (N. da A.)

(anteriormente chamadas de trompas de Falópio) estão bloqueadas, se seu útero é hospitaleiro a um óvulo fertilizado ou se os hormônios certos serão liberados nas quantidades certas na hora certa para fornecer um refúgio seguro a um embrião – até o momento em que ela tentar engravidar. Portanto, avaliar as chances potenciais e prováveis de uma mulher aparentemente saudável gerar um bebê é uma tarefa mais complicada e enganosa do que avaliar as possibilidades do homem.

NÃO ENTENDO MUITO DE BIOLOGIA

Apesar de o corpo feminino ser o primeiro lar do bebê, muitas mulheres sabem menos do que se poderia esperar sobre os macetes, manhas e meandros da saúde reprodutiva. Não se trata apenas de um problema educacional; é algo que tem implicações reais e práticas para o sucesso reprodutivo. Uma série de estudos chegou à conclusão de que entre mulheres é espantosamente baixo o conhecimento acerca da fertilidade. Na média, elas respondem corretamente a 50% das perguntas sobre as causas e prevalência de infertilidade; estudantes de medicina se saem apenas um pouco melhor, normalmente ganhando uma nota 2 em vez de um retumbante -1. Em um estudo envolvendo mil mulheres de 18 a 40 anos nos Estados Unidos, 40% das participantes expressaram preocupação sobre sua capacidade de conceber, mas um terço delas não tinha conhecimento sobre os efeitos adversos que infecções sexualmente transmissíveis, obesidade ou ciclos menstruais irregulares podem exercer em sua capacidade de procriar. Ainda mais alarmante: 40% não tinham nenhuma familiaridade com a fase ovulatória de seus ciclos menstruais, que é o único momento em que a fertilização pode ocorrer.

Tendo em vista tamanha confusão sobre a ovulação, eis aqui uma breve recapitulação: a ovulação ocorre por volta do 14º dia em um ciclo menstrual de 28 dias (o dia 1 é o primeiro dia da menstruação), quando um agudo aumento no hormônio luteinizante (LH, na sigla em inglês) faz com que um dos ovários libere um óvulo maduro (embora o ciclo médio tenha 28 dias de duração, qualquer coisa entre 21 e 45 dias é considerado normal, e menstruações normais duram de dois a oito dias). Para identificar quando está prestes a ovular, a mulher pode monitorar várias coisas. Primeiro, mudanças em seu muco cervical: imediatamente antes da ovulação, essa secreção se torna fina, transparente e com uma consistência bastante elástica feito clara do ovo. Ou pode monitorar sua temperatura corporal basal – logo de manhã, antes de sair da cama, porque essa temperatura vai subir cerca de meio grau quando ocorrer a ovulação. Ou pode usar um *kit* de teste de ovulação – capaz de prever a ovulação com doze a 24 horas de antecedência – depois de fazer xixi na tira ou pipeta (observe que essas técnicas estão longe de ser infalíveis como métodos anticoncepcionais; são mais úteis para um casal que está tentando engravidar).

Depois que é liberado, o óvulo desce lentamente pela tuba uterina mais próxima em direção ao útero, cujo revestimento foi preparado para a possibilidade de gravidez, graças ao aumento dos níveis do hormônio progesterona. Se espermatozoides saudáveis nadaram contra a corrente da vagina através do colo do útero tuba uterina adentro, um deles pode completar sua missão e fertilizar o óvulo ali. (Surpreendentemente, após a relação sexual os espermatozoides podem permanecer vivos no trato reprodutivo da mulher por pelo menos cinco dias, sobretudo se estiver protegido por muco cervical fértil. O que significa que o casal não precisa ter relações sexuais desprotegidas no dia exato da ovulação para engravidar; há uma janela de oportunidade de mais ou menos três dias antecedendo a ovulação.) Assim que é fertilizado, o óvulo viaja para dentro do útero, e se tudo der certo a implantação ocorrerá no revestimento uterino; se isso não acontecer, o óvulo não fertilizado se desprenderá das paredes do útero e sairá do corpo da mulher durante a menstruação.

Esses são os fatos básicos da função reprodutiva da mulher – e eles não mudaram com o passar do tempo. Porém, nas últimas décadas houve algumas mudanças desconcertantes com relação ao desenvolvimento reprodutivo, à saúde e à fertilidade femininos. Entre outras, verificou-se uma queda no desejo sexual de homens e mulheres de todas as idades, conforme já mencionado aqui. A baixa libido é o problema sexual mais comum entre mulheres de meia-idade, afetando 69% das que têm mais de 40 anos, de acordo com um estudo. Em uma lamentável desgraça dupla, entre as mulheres na pós-menopausa a baixa libido está quase sempre associada à disfunção erétil em seus parceiros homens. Se essa queda do impulso sexual é resultado de estresse, uso de medicamentos, exposição a substâncias químicas[3] ou outros fatores, não há como negar que é algo brochante na cama.

UM CRONOGRAMA ACELERADO

Em uma inesperada reviravolta, em algumas partes do mundo, entre as quais os Estados Unidos, meninas estão amadurecendo mais cedo e passando pelo processo que se chama de puberdade precoce; ou seja, o desenvolvimento das mamas e o início da menstruação ocorrem mais cedo, às vezes antes dos 8 anos. O alarme soou pela primeira vez sobre essa questão em 1997, quando um estudo mostrou que, por volta dos 7 anos, 27% das meninas afro-americanas e 7% das meninas brancas apresentavam sinais de desenvolvimento de mamas e/ou pelos pubianos. Os pesquisadores descobriram que, em média, as afro-americanas estavam entrando na puberdade entre os 8 e os 9 anos, e as brancas aos 10 anos – entre seis meses a um ano mais cedo do que as meninas em estudos anteriores.

Em 2006, meninas da Dinamarca desenvolveram tecido mamário glandular (a marca registrada da puberdade) um ano antes de meninas nascidas na mesma região em 1991. Da mesma forma, a idade em que elas tiveram a primeira menstruação também diminuiu; no estudo dinamarquês, meninas menstruaram pela primeira vez três meses e meio mais cedo do que suas mães. No Japão, o início da menstruação passou de 13,8 anos em meninas nascidas na década de 1930 para 12,8 anos no

---

[3] Curiosamente, um estudo de que participei constatou que mulheres na pré-menopausa que tinham as maiores concentrações urinárias de um metabólito di-(2-etilhexil) ftalato (ou ftalato de di-(2-etilexila), DEHP) (por exposição a um plastificante químico) eram duas vezes e meia mais propensas a relatar que sempre ou quase sempre tinham desinteresse em atividade sexual. Pode ser que isso ocorra porque os ftalatos como o DEHP são conhecidos por ter efeitos antiandrogênicos, como a redução da testosterona, que desempenha um papel fundamental no impulso sexual de homens e mulheres; também podem interferir na produção de estrogênio em mulheres, suprimindo assim a libido. (N. da A.)

caso de meninas nascidas na década de 1950 e para 12,2 anos em garotas nascidas nas décadas de 1970 e 1980.[4]

Essas diferenças podem não parecer impactantes, mas para quem vivencia esse processo, são significativas. Poucas meninas na escola primária se sentem entusiasmadas com a perspectiva de ter que carregar absorventes íntimos externos ou internos, coletores menstruais ou esponjas absorventes em suas mochilas com temas de desenho animado. Meninas que passam pela puberdade precoce estão sujeitas a apresentar mudanças de humor repentinas antes de seus pares, o que pode levar a isolamento social, sintomas depressivos e consumo de substâncias ilícitas como álcool e drogas recreativas. E como essas meninas costumam parecer mais velhas do que de fato são, a atenção sexual pode ser dirigida a elas antes de estarem emocionalmente prontas para lidar com isso. Todos esses elementos podem levar a uma perda prematura da inocência.

O grau com que essas mudanças precoces incomodam as meninas varia consideravelmente, mas estar à frente da curva puberal é muitas vezes desconfortável, como Kate se lembra muito bem. Depois de desenvolver seios aos 9 anos e menstruar pela primeira vez aos 10, ela sentiu na pele as implacáveis provocações dos meninos na escola, que muitas vezes a chamavam de "Brenda Starr"[5] ou "casa de tijolos", referindo-se a seu corpanzil e sua silhueta voluptuosa. "Sem dúvida recebi mais atenção dos meninos, e às vezes eu gostava, porque era louca por meninos, mas uma parte do bullying não era agradável, especialmente os beliscões e apelidos", recorda Kate, agora com 45 anos, cuja filha também passou pela puberdade precoce. "Para mim, a pior parte foi

---

[4] As tendências em marcos reprodutivos de mulheres continuam a mudar em todo o mundo. Um metaestudo envolvendo mais de meio milhão de mulheres de dez países constatou que as nascidas entre 1970 e 1984 começaram a menstruar um ano mais cedo do que aquelas nascidas antes de 1930. Outra mudança digna de nota: a prevalência de nunca dar à luz (condição chamada de nuliparidade) aumentou de 14% entre as mulheres nascidas entre 1940 e 1949 para 22% entre as nascidas entre 1970 e 1984. (N. da A.)

[5] Brenda Starr, personagem criada pela cartunista norte-americana Dale Messick (1906-2005), era uma repórter que vivia aventuras profissionais e amorosas e levava uma vida de independência profissional e liberdade sexual. Dona do próprio nariz, era constantemente instigada por seus sedutores a abandonar o jornalismo e a se dedicar inteiramente à função de esposa, papel que ela sempre recusava. Seu auge se deu na década de 1950, quando suas histórias chegaram a ser publicadas em cerca de 250 jornais nos Estados Unidos. (N. da T.)

que ganhei 5 quilos no verão em que completei 10 anos, e as minhas oscilações de humor eram fora do normal." O único aspecto positivo, no que diz respeito a Kate, foi que ela se tornou uma espécie de "mentora menstrual" para as amiguinhas que começaram a menstruar e a usar sutiãs depois dela e que buscavam seus conselhos.

Por mais complicada que a puberdade precoce possa parecer para a menina enquanto dura essa fase, muitas vezes há efeitos em cascata duradouros, a exemplo de níveis mais elevados de sofrimento psicológico e problemas e insatisfação com a imagem corporal na idade adulta. Há também implicações potenciais de longo prazo para a saúde física da mulher. Digno de nota é que o início da menstruação em idade precoce foi associado a um risco aumentado de câncer de mama e endometrial, porque a probabilidade de desenvolver esses tipos de câncer aumenta com o número de ciclos menstruais que a mulher tem ao longo da vida.

PROBLEMAS FEMININOS NO DEPARTAMENTO DE FERTILIDADE

Outras mudanças preocupantes estão ocorrendo na esfera reprodutiva das mulheres. Depois de passar anos ou mesmo décadas tentando *não* engravidar, a mulher que quer ter um bebê pode presumir que vai engravidar rapidamente fazendo sexo desprotegido e no momento propício. Mas as coisas não correm às mil maravilhas assim para todas, principalmente hoje em dia. A verdade é que a reprodução humana é bastante ineficaz, sobretudo em comparação com a maioria das espécies de mamíferos. Durante determinado ciclo menstrual, as pessoas têm – na melhor das hipóteses, a depender da idade – uma probabilidade de cerca de 30% de concepção fazendo sexo desprotegido e na ocasião apropriada.[6]

Para ser fértil, a mulher precisa ter ovários funcionando, uma reserva de óvulos saudáveis, tubas uterinas saudáveis e um útero saudável. Qualquer problema médico que afete esses órgãos pode contribuir para a infertilidade feminina. Uma dessas doenças é a síndrome

---

[6] Por sua vez, roedores têm 95% de probabilidade de engravidar e coelhos, 96%. Sorte deles! (N. da A.)

do ovário policístico (SOP), distúrbio endócrino e metabólico caracterizado por períodos menstruais irregulares (anovulação), excesso de pelos faciais ou corporais, acne, ganho de peso e múltiplos cistos nos ovários; com a SOP também podem ocorrer obstruções ou cicatrizes das tubas uterinas. Outro problema médico que afeta a fertilidade é a endometriose, distúrbio quase sempre doloroso em que o endométrio, tecido que normalmente reveste o interior do útero, se desloca e cresce fora da cavidade uterina, ou seja, em outros órgãos da pelve. Fibromas uterinos, também conhecidos como miomas, crescimentos benignos do músculo e do tecido fibroso que se desenvolvem no útero, também podem diminuir a chance de a mulher conceber. E há sinais de que todos esses distúrbios reprodutivos estão aumentando.

Por exemplo, um estudo retrospectivo de quase 7 mil mulheres no Canadá constatou um aumento de mais de três vezes, entre 1996 e 2008, no número de mulheres com idade entre 18 e 24 anos com diagnóstico recente de endometriose. À primeira vista, é difícil dizer se esse aumento no número de diagnósticos de endometriose se deve ao fato de a doença estar ocorrendo com maior frequência ou se os médicos simplesmente se tornaram mais aptos a reconhecer os sintomas e identificar corretamente o problema. Desconfio de que seja um pouco de cada.

De maneira espantosa, aos 32 anos, Isabel, assistente social de uma escola na cidade de Nova York, passou um ano tentando engravidar, sem sucesso, quando por fim descobriu que tinha endometriose em estágio IV, a forma mais grave. E isso só depois que fez uma tomografia computadorizada e uma cirurgia exploratória para investigar por que estava tendo problemas para engravidar.

Durante o procedimento, os cirurgiões removeram o máximo de tecido endometrial que puderam encontrar e retiraram as tubas uterinas danificadas. Depois disso, Isabel conseguiu engravidar por meio de fertilização in vitro e agora tem um filho de 2 anos.

Ainda hoje ela se pergunta como e por que desenvolveu endometriose, já que ninguém mais em sua família teve esse problema. "Trabalho com dez outras mulheres que recentemente passaram por tratamento de fertilidade, e muitas vezes conversamos sobre o que pode estar acontecendo em nosso meio ambiente que anda causando tantos problemas de fertilidade", diz Isabel. "Talvez haja algo na água ou na nossa comida. *Quem sabe?!* Nos dias de hoje, tenho a sensação de que nada mais é saudável."

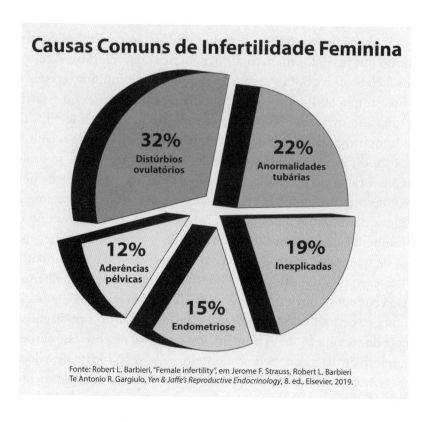

Fonte: Robert L. Barbieri, "Female infertility", em Jerome F. Strauss, Robert L. Barbieri Te Antonio R. Gargiulo, *Yen & Jaffe's Reproductive Endocrinology*, 8. ed., Elsevier, 2019.

EXPECTATIVAS DE ÓVULOS FRUSTRADAS

De todos os potenciais fatores inibidores da fertilidade, os distúrbios da ovulação são responsáveis pela maior proporção de causas femininas de infertilidade, e o avanço da idade desempenha nisso um papel primordial. Por incrível que pareça, a mulher nasce com o maior número de óvulos que terá durante toda a vida – aproximadamente de 1 milhão a 2 milhões, quantidade que é muito maior do que ela jamais precisará. Quando atinge a puberdade, restarão cerca de 300 mil óvulos, todos os quais – exceto um – permanecem dormentes, inativos e ociosos ao longo do mês (normalmente, apenas um óvulo é liberado durante a ovulação, mas alguns medicamentos para fertilidade estimulam o ovário a liberar mais de um, razão pela qual os tratamentos com eles costumam resultar em nascimentos múltiplos).

Com o passar das décadas, o suprimento de óvulos que a mulher armazena diminui de forma constante até chegar a uma média de 25 mil aos 37 anos; em seguida, o declínio é ainda mais acentuado, caindo para mil aos 51 anos (a idade média da menopausa nos Estados Unidos). Assim como ocorre com os espermatozoides, não se trata apenas de uma questão de estatísticas, no entanto. Além desse declínio relacionado à idade na *quantidade* de óvulos, há também uma diminuição substancial na *qualidade* dos óvulos saudáveis e viáveis no corpo da mulher à medida que ela se aproxima dos 40 anos.

Para as mulheres mais velhas sempre foi mais difícil engravidar. Mas isso não costumava ser um grande problema, porque antes as mulheres tinham filhos quando ainda eram bem jovens. Agora, cada vez mais elas estão postergando a maternidade. E embora isso possa ser uma coisa boa de uma perspectiva social, do ponto de vista reprodutivo não é. É irônico que, no momento da vida em que é biologicamente mais fácil engravidar e dar à luz, muitas mulheres ainda não estão pensando em ter filhos. Infelizmente, a Mãe Natureza não acompanhou as mudanças nos desejos femininos no departamento de fabricação de bebês e não estendeu de forma correspondente nossa expectativa de vida reprodutiva.

Sabe-se que existem variações substanciais na velocidade com que os óvulos morrem ou mantêm sua qualidade, com base em fatores genéticos, ambientais e de estilo de vida. Não é apenas um efeito linear à medida que os aniversários se sucedem. Isso sempre foi verdade, mas novos atores no cenário ambiental e na arena do estilo de vida podem estar impactando essas taxas. Chegarei lá em breve.

Em primeiro lugar, é interessante notar que, embora a idade média da menopausa *não* esteja diminuindo, há evidências de que a diminuição da reserva ovariana (DRO) vem ocorrendo com frequência maior do que em gerações anteriores. Entre 2004 e 2011, a prevalência de DRO aumentou de 19% para 26% entre mulheres que buscam tratamentos de tecnologia de reprodução assistida (TRA) nos Estados Unidos; isso equivale a um aumento de 37% em apenas sete anos. Embora seja possível para a mulher com DRO conceber de modo natural, é muito mais difícil, e muitas descobrem que têm reserva ovariana reduzida somente no momento em que enfrentam dificuldades para engravidar.

Vez por outra, esse tipo de problema parece vir do nada, sem mais nem menos. Por exemplo, ao completar 31 anos, Elissa, uma esguia advogada acostumada a disputar provas de corrida de 10 quilômetros, tinha dado à luz dois meninos saudáveis com três anos de diferença. Aos

34 anos, ela e o marido decidiram ter um terceiro filho e esperavam que isso acontecesse com a mesma facilidade que no caso dos dois primeiros. Não deu certo. Depois de nove meses tentando engravidar, Elissa se submeteu a uma avaliação de fertilidade e foi informada de que tinha "óvulos velhos": em termos simples, seus óvulos haviam envelhecido de maneira prematura, e a qualidade dos óvulos restantes era relativamente ruim, considerando sua idade biológica. Ao se dar conta de sua sorte por já ter tido dois filhos, Elissa tentou fazer piada sobre seus "óvulos podres", mas admite: "Por dentro, eu me senti arrasada". Não conseguia entender por que isso havia acontecido com ela.

Para melhorar suas chances, o casal optou por se submeter ao tratamento de fertilização in vitro, e, depois de dois ciclos de FIV malogrados, o terceiro ciclo foi bem-sucedido. Infelizmente, Elissa sofreu um aborto espontâneo com onze semanas de gravidez e começou a se perguntar o que poderia ter feito para prejudicar a gestação.

Isso não é raro, afirma Alice Domar, psicóloga-chefe do setor de FIV do Beth Israel Deaconess Medical Center, em Boston, e autora de *Finding Calm for the Expectant Mom* [*Encontrando a Calma para a Futura Mamãe*, em tradução livre]. Depois de um aborto espontâneo, não é incomum que mulheres reconstituam sua história recente a fim de tentar identificar o que deu errado. "As pessoas precisam encontrar um motivo; é difícil aceitar que algo terrível aconteceu com elas de maneira aleatória", explica a psicóloga. Mas abortos espontâneos raramente ocorrem por causa de algo que a mulher tenha feito.[7] Na maioria das vezes, a interrupção involuntária da gravidez está ligada a anomalias cromossômicas.

---

[7] Pesquisas descobriram que entre 50% e 66% das gestações que terminaram em aborto espontâneo eram cromossomicamente anormais. A taxa de anomalias cromossômicas em abortos espontâneos nos primeiros estágios da gravidez, antes mesmo que a mulher saiba que está grávida, é provavelmente ainda maior. Como você deve se lembrar das aulas de biologia do ensino médio, os cromossomos são as estruturas que contêm genes dentro do núcleo de cada célula. Nos humanos, cada célula normalmente contém 23 pares de cromossomos. Durante a fertilização, quando um óvulo e um espermatozoide se fundem, os dois conjuntos de cromossomos (os do homem e os da mulher) se juntam. Se o óvulo fertilizado tiver um número anormal de cromossomos – ou se houver cromossomos duplicados, ausentes ou incompletos –, podem ocorrer problemas com a implantação do embrião ou aborto espontâneo precoce. (N. da A.)

QUANDO O TEMPO É O INIMIGO

A verdade é que a idade não está do lado da mulher quando se trata de ter ou manter uma gravidez saudável. À medida que envelhece, ela tende a sentir na pele uma desgraça tripla, o aumento nos riscos de três resultados reprodutivos adversos inter-relacionados – infertilidade, aborto espontâneo e anomalias cromossômicas (entre as quais a trissomia do cromossomo 21, que é a presença de três cópias do cromossomo 21 em vez de duas, também conhecida como síndrome de Down). Para ver as coisas de forma objetiva, tenha em mente o seguinte: entre as idades de 25 e 35 anos, as mulheres têm cerca de 25% a 30% de chance de engravidar fazendo sexo desprotegido e no momento propício em um dado mês, um risco de 10% de sofrer aborto espontâneo e uma chance de 1 em 900 de dar à luz um bebê com síndrome de Down. Já mulheres de 40 anos têm 10% de possibilidade de engravidar fazendo sexo desprotegido e na ocasião oportuna em um dado mês, uma taxa de aborto espontâneo de 40% e uma chance de 1 em 100 de ter um bebê com síndrome de Down. As probabilidades jogam contra, em várias frentes.

Uma vez que 80% de todos os abortos espontâneos ocorrem nas primeiras semanas de gravidez, algumas mulheres seguem a regra das doze semanas e esperam até o segundo trimestre para divulgar a notícia; nesse ponto, não estão completamente fora de perigo, mas o risco de perda gestacional diminui quando as mulheres entram no segundo trimestre. A exceção: todo o perfil de risco continua a aumentar juntamente com a idade da mulher.

Jogando com os Riscos

À medida que a mulher envelhece, fica mais difícil conceber e ter um bebê saudável.

Idade	Índice de gravidez por mês	Índice de aborto espontâneo	Índice de síndrome de Down
25–35	25–30%	10%	1/900
35	20%	25%	1/300
37	15%	30%	1/200
40	10%	40%	1/100
45	5%	50%	1/50
50	1%	60%	1/10

Fonte: <http://marinfetilitycenter.com/new-getting-started/infertility-basics>.

Uma proporção substancial da infertilidade percebida pelas mulheres à medida que ficam mais velhas é resultado de abortamentos espontâneos não detectados – ou seja, a mulher perde o embrião antes mesmo de notar que está grávida. Essas interrupções precoces de gravidez se devem em grande medida a anomalias cromossômicas – para as quais contribuem o homem, a mulher ou ambos os parceiros – no óvulo fertilizado. A única maneira de a mulher descobrir que está grávida é testar sua urina para detectar níveis elevados do hormônio gonadotrofina coriônica humana (hCG), o qual não pode ser detectado na urina até seis ou sete dias após a concepção; no entanto, muitas mulheres esperam o atraso menstrual para fazer o teste, momento em que já podem ter perdido a gravidez, sobretudo se já passaram dos 40 anos. Talvez essa seja uma das razões pelas quais Juan Balasch, ginecologista obstetra da Universidade de Barcelona, sugeriu que a fertilidade feminina "tem um prazo de validade que expira aos 35 anos", enquanto para os homens a vida útil da fertilidade se estende até os 45 ou 50 anos (e às vezes além).

MISTÉRIOS DO ABORTO ESPONTÂNEO

Mesmo quando as mulheres de qualquer idade conseguem engravidar, nos dias de hoje sua gestação parece estar cada vez mais ameaçada. Nos últimos anos, o índice de abortos espontâneos tem aumentado nos Estados Unidos, independentemente da idade da futura mãe. De 1990 a 2011, seu risco aumentou 1% ao ano entre as grávidas no país, de acordo com um estudo de 2018 da agência Centros de Controle e Prevenção de Doenças (CDCs, na sigla em inglês).[8] É importante notar que o índice é idêntico ao declínio na contagem de espermatozoides e à queda da fertilidade geral nos países ocidentais. Todas essas taxas relacionadas à fertilidade estão caindo aproximadamente no mesmo ritmo – o novo "efeito do 1%" é real e preocupante e não tem nada a ver com renda!

Como é de esperar, muitas mulheres apresentam sintomas de depressão e/ou ansiedade após um aborto espontâneo. De acordo com

---

[8] Órgão ligado ao Departamento de Saúde dos Estados Unidos (equivalente ao Ministério da Saúde no Brasil). (N. da T.)

Alice Domar, "no minuto em que a mulher constata que está grávida, para ela é um nenezinho – ela começa a pensar em nomes e em um quarto de bebê. Portanto, se ocorrer um aborto espontâneo, existe a possibilidade de que seja percebido como uma morte, e o processo de luto pode ser intenso." Oferecendo uma revigorante dose de realidade, a ex-primeira-dama dos Estados Unidos Michelle Obama revelou em seu livro de memórias, *Minha história*, que depois de sofrer um aborto espontâneo, "algo solitário, doloroso e desmoralizante quase em nível celular", ela e o marido, Barack, confiaram na fertilização in vitro para conceber as filhas, Malia e Sasha. Nas palavras de Michelle, "a fertilidade não é algo que se conquiste".

Como sequela de um aborto espontâneo, as mulheres muitas vezes se sentem traídas pelo próprio corpo, tendo sido criadas com a noção de que o corpo feminino está condicionado a produzir bebês. Quando a mulher não se torna mãe, "invariavelmente há a sensação de que seu corpo é defeituoso em alguns aspectos, o que pode ter um profundo efeito sobre sua autoimagem, sua imagem corporal e sua autoestima", observa Sharon Covington, mestre em trabalho social e planejamento comunitário e diretora de serviços de apoio psicológico da clínica de fertilidade Shady Grove Fertility. Mesmo as mulheres que têm a sorte de conceber novamente podem ser mais vulneráveis à depressão um mês depois de darem à luz um bebê saudável. Para as mulheres que passam pela experiência de abortos espontâneos recorrentes, os efeitos emocionais da perda gestacional podem ser intensos e duradouros. Da mesma forma, problemas contínuos de fertilidade podem ter efeitos em cascata substanciais, não apenas na vida cotidiana de um casal, mas também no estado de espírito e no bem-estar sexual da mulher.

Depois de sofrer dois abortos espontâneos, Diane, de 40 anos, ficou empolgada quando sua gravidez progrediu facilmente para dezesseis semanas. Considerando sua idade e o elevado risco de ter um bebê com anomalias cromossômicas, como síndrome de Down, Diane marcou uma consulta para um exame de amniocentese, procedimento pré-natal em que uma pequena quantidade de líquido amniótico é retirada do útero para identificar alterações cromossômicas e detectar possíveis infecções fetais (a amniocentese é feita rotineiramente em mulheres grávidas com mais de 35 anos). O médico que realizou o procedimento enfrentou problemas para extrair o fluido amniótico, porque a placenta de Diane estava situada na parede frontal de seu útero, e teve que reinserir a agulha várias vezes para obter uma amostra de fluido adequada. Diane saiu da consulta sentindo-se abalada – até que recebeu a notícia de que estava grávida de uma menina saudável. Ela e o marido escolheram o nome da filha, Ella Rose, e já se imaginaram segurando-a no colo com um macacãozinho aconchegante; os dois filhos de Diane de um casamento anterior imaginaram a mesma coisa.

No exame pré-natal seguinte, o obstetra de Diane não conseguiu identificar os batimentos cardíacos do bebê. Um ultrassom confirmou a devastadora notícia de que Ella Rose morrera no útero. Diane teve que esperar até que seu corpo estivesse pronto para expelir naturalmente o bebê falecido, por causa do substancial risco de hemorragia caso os médicos induzissem o trabalho de parto. "Foram as três semanas mais longas da minha vida", recorda ela. Não foi possível determinar se o problema decorreu da idade de Diane ou da amniocentese – o procedimento representa de 0,1% a 0,3% de risco de aborto espontâneo –, mas foi algo profundamente perturbador. "Minha preocupação era que, se eu não fosse capaz de dar um filho a meu marido, isso poria meu casamento em risco, porque ele queria muito ser pai", diz Diane. "Eu me senti inadequada."

Apenas muitos anos depois, Diane soube que o problema que causava seus abortos espontâneos recorrentes (ou abortamentos espontâneos de repetição), tecnicamente definidos como a perda consecutiva de três ou mais gestações até a vigésima semana (quinto mês), podia ter sido do marido, e não dela.

De fato, pesquisas recentes descobriram que, em casais que apresentam experiências de abortos espontâneos recorrentes, os homens têm o dobro do nível de fragmentação de DNA nos espermatozoides e níveis quatro vezes maiores de espécies reativas de oxigênio no sêmen, o que pode causar danos ao DNA dos espermatozoides, em comparação com homens cujas parceiras não têm histórico de abortos espontâneos repetidos. Em casais com quadro de perda gestacional recorrente, verificou-se que os homens tinham também morfologia e motilidade espermáticas reduzidas, em comparação com seus pares. À medida que a qualidade do sêmen diminui, o risco de aborto espontâneo aumenta por causa dos espermatozoides ruins, que, como você já leu, são cada vez mais comuns. E, na maioria das vezes, é a mulher quem arca com o peso do sofrimento emocional, porque é ela quem carrega o embrião, e não se reconhece o papel do homem nos abortos espontâneos. É prática comum que mulheres que tiveram abortos espontâneos recorrentes sejam enviadas para avaliações reprodutivas a fim de tentar descobrir os motivos da perda consecutiva dos bebês; as descobertas científicas mais recentes sugerem que seus parceiros masculinos também devem ser examinados.[9]

Alguns dados indicam também que as perdas gestacionais recorrentes podem estar em alta. Entre 2003 e 2012, a incidência de abortos recorrentes aumentou 74% em um conjunto de 6.852 mulheres de 18 a 42 anos na Suécia. Trata-se de um rápido aumento em um período de apenas nove anos! Por essa razão, os pesquisadores especularam que esse fato pode se dever, pelo menos em parte, a fatores ambientais, embora não tenham se arriscado a dar um palpite sobre quais deles são os culpados.

FALSAS ESPERANÇAS DE FAMOSAS BARRIGAS DE GRÁVIDA

A mídia costuma dar notícias sobre celebridades que têm filhos depois de já estarem na casa dos 40 anos (pense nas atrizes Rachel Weisz, Nicole Kidman e Halle Berry e na cantora Janet Jackson) –, e essas famosas agem como se isso não fosse grande coisa, apenas mais um ditoso dia em Hollywood. É ótimo para elas, mas é potencialmente enganoso para as mulheres comuns, porque raramente ficamos sabendo se as celebridades contaram com alguma ajudinha no departamento da fertilidade. Algumas tomaram medicamentos para fertilidade, foram submetidas a tratamentos de fertilização in vitro ou usaram óvulos de doadores – mas a história por trás dos fatos nem sempre é contada. É bem verdade que isso não é da conta do público em geral, mas essas omissões podem levar mulheres mais jovens a pensar que elas também podem adiar a maternidade até os 40 anos.

---

[9] Nos últimos anos, surgiu a teoria de que o rei Henrique VIII pode ter sido a razão pela qual várias de suas esposas – duas delas, sabe-se, ele mandou executar – sofreram abortos espontâneos recorrentes. (N. da A.)

As mulheres superestimam enormemente a chance de gravidez em todas as idades. Uma pesquisa junto a quase 2.100 mulheres nos Estados Unidos e na Europa revelou que 83% das norte-americanas disseram subestimar a quantidade de tempo que levariam para conseguir engravidar. Da mesma forma, as mulheres em idade reprodutiva pouco sabem acerca dos efeitos do envelhecimento sobre a fertilidade e a gravidez, e muitas delas não estão familiarizadas com os índices de sucesso dos tratamentos para infertilidade ou do alto risco de abortos espontâneos. Em um estudo da Universidade Northwestern, os pesquisadores pediram a trezentas mulheres de 20 a 50 anos que estimassem a probabilidade da gravidez por meio da concepção natural e com tecnologia de reprodução assistida em cinco idades (25, 30, 35, 40 e 45 anos). A idade de 35 anos foi o ponto de inflexão, em que as estimativas se mostraram significativamente equivocadas; por exemplo, nas avaliações das participantes a probabilidade de a mulher engravidar aos 40 anos sem recorrer a tratamentos e procedimentos especializados em reprodução humana assistida era quase 50% maior do que sugerem as pesquisas científicas publicadas.

Como os fatores ambientais e o avanço da idade continuam a influenciar as chances de engravidar e levar a gestação até o fim, é importante que as mulheres sejam realistas com relação ao que é possível nessa esfera. Pode ser doloroso demais simplesmente lançar os dados e torcer por um êxito. Ter conhecimento e expectativas sensatas pode em tese mitigar algumas das dificuldades reprodutivas que mulheres e homens enfrentam hoje em dia. Infelizmente, pode recair sobre os ombros das mulheres a tarefa de se educar sobre essas questões, porque até mesmo as residentes em obstetrícia e ginecologia não estão muito bem familiarizadas com as questões de fertilidade relacionadas à idade. Elas tendem ou a superestimar a idade em que a fertilidade feminina diminui e/ou superestimar a probabilidade de sucesso do uso de TRA. Um estudo com alunas de pós-graduação da Universidade Duke constatou que 70% delas acreditam que a mídia passa a impressão de que a maternidade é possível depois dos 40 anos. Às vezes é, mas às vezes simplesmente não é.

Nos últimos anos, algumas mulheres mais jovens estão cada vez mais conscientes dessa realidade discrepante, razão pela qual o congelamento eletivo de óvulos humanos está em ascensão – permite que as mulheres tenham mais liberdade para adiar a maternidade. O congelamento de óvulos é um pouco como ter uma apólice de seguro reprodutivo. Mas mesmo aqui a idade continua a ser um fator relevante: quanto mais cedo a mulher congela seus óvulos, mais eficaz é a criopreservação. A janela ideal é antes dos 35 anos, idade em que a fertilidade ainda está perto de seu pico; mas muitas mulheres só passam a levar em consideração o procedimento ao se aproximarem dos 40 anos ou quando já passaram dessa marca, fase que coincide com a diminuição da qualidade dos óvulos e a queda da capacidade reprodutiva. Assim, embora não haja exatamente uma corrida para se reproduzir, existe um limite de tempo para a oportunidade de a mulher engravidar ou guardar os óvulos no gelo.

Independentemente do motivo, nos últimos anos mais mulheres têm feito uso da tecnologia de reprodução assistida. De 2000 a 2010, houve um aumento de quase 80% nas doações de óvulos para fertilização in vitro em centros de fertilidade nos Estados Unidos – um salto de 10.801 para 18.306 por ano. Em 2017, estima-se que o mercado de TRA em todo o mundo era um negócio que movimentava 21 bilhões de dólares, e espera-se que ele aumente 10% anualmente até 2025. Nas últimas décadas, viu-se até mesmo uma tendência chamada de "acinzentamento" dos serviços de infertilidade, por meio do qual um número cada vez maior de mulheres acima dos 40 anos – grisalhas, portanto – busca a fertilização in vitro na esperança de que isso as ajude a vencer seu desafio de fazer os próprios bebês. Mas a tecnologia não consegue resolver todos os problemas de fertilidade feminina. À medida que as mulheres envelhecem, os ciclos de TRA (envolvendo novos embriões de óvulos novos não pertencentes a doadores) que progridem para a gravidez têm menos chances de resultar no nascimento de um bebê vivo, porque aumenta a porcentagem de gestações que terminam em aborto espontâneo.[10]

Mesmo com o admirável mundo novo de avançados tratamentos de fertilidade – que incluem a sopa de letrinhas de TRA, FIV, IIU, ICSI e

---

[10] Além disso, as chances de complicações na gravidez, como restrição de crescimento fetal, hipertensão e nascimento prematuro, também aumentam com a idade da futura mãe. E crianças nascidas de casais mais velhos correm mais riscos de problemas de desenvolvimento neurológico, como esquizofrenia e transtorno do espectro autista (TEA). (N. da A.)

outros tantos –, pode haver um ponto em que nem sequer a ciência seja capaz de compensar os óvulos ou tubas uterinas danificados decorrentes de práticas de estilo de vida pouco saudáveis, ou a presença cada vez maior de sequestradores hormonais ambientais, ou a idade avançada. O que não muda com a idade ou o estilo de vida: os gastos financeiros e o desconforto dos tratamentos de fertilidade.

É notório que o potencial reprodutivo feminino não está em apuros tão terríveis quanto o cenário retratado em *O conto da aia*. Pelo menos, ainda não. Contudo, as crescentes prevalências de puberdade precoce, endometriose, síndrome do ovário policístico, abortos espontâneos e diminuição das reservas ovarianas são, sem dúvida, fatores problemáticos e possivelmente ameaçadores para o futuro. Os vínculos cada vez mais intensos entre a saúde reprodutiva da mulher e os riscos gerais para sua saúde deram origem inclusive a um movimento para que o status de fertilidade seja considerado o sexto sinal vital. Afinal, perdas prematuras de óvulos e menopausa precoce têm sido associadas a um risco aumentado de desenvolvimento de doenças cardiovasculares no futuro. Encontraram-se fortes ligações entre a SOP e um risco aumentado de desenvolver diabetes e doenças cardiovasculares. Um histórico de anovulação está associado a um aumento do risco de câncer uterino, ao passo que a endometriose e a infertilidade por fator tubário se tornaram sinais de perigo para um elevado risco de câncer de ovário. Esses distúrbios reprodutivos, todos os quais parecem estar em ascensão, tornaram-se previsões para tempestuosos problemas de saúde no futuro.

4
FLUIDEZ DE GÊNERO:
Além do Masculino e Feminino

Como escreveu o renomado biólogo e sexólogo Alfred C. Kinsey em 1948, "o mundo vivo é um *continuum* em todos e em cada um dos seus aspectos. Quanto mais cedo aprendermos isso a respeito do comportamento sexual humano, mais cedo alcançaremos um bom entendimento das realidades do sexo." Nunca se escreveram palavras mais verdadeiras, mas as realidades do comportamento sexual, da expressão de gênero e da identidade de gênero estão se tornando cada vez mais complexas.

As questões científicas sobre o que torna alguém homem, mulher ou não binário, hétero, gay, bissexual ou assexual são complexas, polêmicas e fascinantes – e responder a elas não é fácil. As pessoas há muito se perguntam se identidade de gênero e orientação sexual são determinadas por fatores genéticos ou influenciadas por fatores ambientais – se são uma questão de natureza ou criação, de inato ou adquirido. Na terapia, "pacientes gays quase sempre têm dúvidas sobre por que são gays", observa Jack Drescher, professor de psiquiatria da Universidade Columbia que atuou no Grupo de Trabalho do *DSM*[1]-5 sobre Transtornos de Identidade Sexual e de Gênero da Associação

---

[1] *DSM: Diagnostic and Statistical Manual of Mental Disorders* (traduzido no Brasil como *Manual Diagnóstico e Estatístico de Transtornos Mentais*), publicado pela APA numa tentativa de abordar o diagnóstico de doenças mentais por meio de definições e critérios padronizados. (N. da T.)

Americana de Psiquiatria (APA, na sigla em inglês). "Pacientes heterossexuais não fazem perguntas sobre por que são heterossexuais."

A questão de saber se existe um "gene gay" tem sido alvo de acalorados debates há décadas. A resposta: não é tão simples. Como escreve o médico Siddhartha Mukherjee em seu livro *O gene: Uma história íntima*,

> Depois de quase uma década de buscas intensivas, o que os geneticistas descobriram não foi um "gene gay", e sim algumas "localizações gays" [em uma região cromossômica]. [...] O "gene gay" talvez nem sequer seja um gene, ou pelo menos não no sentido tradicional. Poderia ser um trecho de DNA que regula um gene nas proximidades dele ou que influencia algum gene bem distante.

Em outras palavras, é complicado. Mas isso não quer dizer que fatores genéticos não desempenham um papel importante no que se refere a influenciar a orientação sexual; sem dúvida, influenciam, sim.

Lançada em 2011, a música "Born This Way" ["Nasci assim", em tradução livre], de Lady Gaga, disparou para o topo das paradas e foi rapidamente encampada por pessoas de várias sexualidades, em parte por promover os direitos e a aceitação cultural dos gays, em parte por sua batida estilo discoteca. Mas alguns membros da comunidade LGBTQ (lésbicas, gays, bissexuais, transgêneros e queer/questionando) rejeitam a descrição "nasci assim", em grande medida porque ela não necessariamente se aplica a pessoas cuja sexualidade e/ou gênero são fluidos – uma população que continua a crescer. De acordo com uma pesquisa do instituto Gallup de 2017 com mais de 340 mil adultos nos Estados Unidos, o aumento foi impulsionado em grande parte pelos *millennials*, a "geração do milênio", nascida entre 1980 e 1999, 8,1% dos quais se identificavam como LGBT em 2017, em comparação com os 5,8% que o faziam em 2012.

SEXUALIDADE VERSUS IDENTIDADE DE GÊNERO

Assim como se reconhece cada vez mais que a sexualidade existe em um espectro — o que significa que muitas pessoas não são atraídas exclusivamente por um sexo ou outro, que sua orientação existe fora de categorias binárias e às vezes é um alvo móvel –, o mesmo se pode dizer acerca do gênero. Para deixar claro: gênero e sexo não são a mesma coisa, embora as pessoas muitas vezes confundam os dois conceitos. O sexo da pessoa é determinado pela biologia (com base na presença de certos cromossomos, hormônios e órgãos reprodutivos com os quais ela nasce), ao passo que o gênero depende do eu interior fundamental do indivíduo, bem como dos sentimentos, comportamentos e atitudes que vêm a reboque. Nos últimos tempos, tornou-se mais amplamente aceito que, com relação ao gênero, podem existir consideráveis variações de identidade entre os polos do sexo masculino e feminino. Mas alguns especialistas divergem do conceito de *continuum* de gênero, apontando que ele não permite a miríade de possibilidades no estabelecimento do gênero pessoal do indivíduo. Em seu livro *Gender Born, Gender Made* [*O Gênero com que Nasci, o Gênero que Criei*, em tradução livre], a psicóloga Diane Ehrensaft prefere usar o termo *"rede de gênero*, em que existem caminhos intrincados e matizados em três dimensões, lado a lado, para cima e para baixo".

Na verdade, algumas pessoas transgênero não vivenciam uma consistência de identidade em termos de gênero, como registra Jacob Tobia, escritor e produtor não conforme de gênero residente em Los Angeles, em seu livro de memórias, *Sissy: A Coming of Gender Story* [*Maricas: Uma História de Descobertas de Gênero*, em tradução livre]: "Há muitas coisas que eu sempre soube a meu respeito, mas meu gênero simplesmente não é uma delas. Eu não sabia que era menina [...], mas também não tinha certeza de que *não era menino.*" Tobia "acabou aceitando que meu gênero é tipo uma cebola" – com múltiplas camadas, mas nenhum núcleo definido.

Em geral, a fluidez de gênero reflete a ideia de que o indivíduo é um amálgama ou mistura de nossas noções culturais de masculinidade e feminilidade. A extensão dessa fluidez pode variar de pessoa para pessoa. "Para alguns, é a noção de que seu gênero muda ao longo do decorrer da vida; para outros, muda com mais frequência, talvez diariamente ou de hora em hora", explica Ritch Savin-Williams, professor emérito de psicologia do desenvolvimento na Universidade Cornell e autor de *Mostly Straight: Sexual Fluidity among Men* [*Principalmente Hétero: Fluidez Sexual entre Homens*, em tradução livre]. Quando as pessoas relatam que acordam se sentindo assim ou assado, ou que algo acontece e elas de repente se sentem mais masculinas ou femininas, não está claro o que desencadeia essa mudança: é algo biológico, psicológico, ambiental, ou uma combinação dessas influências?

Embora a percepção seja que o número de pessoas que se identificam como de gênero fluido tenha aumentado, não está claro se isso é verdade ou se simplesmente "elas sentem maior permissão para ter um gênero fluido agora porque é uma construção mais reconhecida", como afirma Savin-Williams. No entanto, essas questões de identidade nem sempre são fáceis de conciliar. Com um transtorno chamado disforia de gênero, a pessoa tem uma sensação intensa de angústia, sentindo que sua identidade emocional e psicológica como masculina ou feminina – a identidade de gênero – está em desconformidade com o sexo biológico que lhe é atribuído.

Essa sensação de desconexão e falta de sincronia pode começar já na primeira infância, caso em que costuma ser chamada de disforia de gênero de início rápido (DGIR). Para outras crianças, a disforia de gênero pode começar perto da puberdade. Algumas crianças sentem que o sexo que lhes foi atribuído no nascimento é diferente da sua identidade de gênero, ou seja, nasceram meninas, mas têm certeza de que estão no corpo errado, porque eram destinadas a ser meninos; outras podem começar a ter esse sentimento quando começam a desenvolver seios e pelos pubianos e vivenciam outras mudanças associadas à puberdade.

Identidade de gênero e orientação sexual são amiúde confundidas entre si, mas são coisas bastante diferentes. Para algumas pessoas, sua identidade de gênero pode mudar, mas isso não significa que o gênero pelo qual se sentem sexualmente atraídas muda; já para outras, tanto a identidade de gênero como a atração sexual podem variar. Enquanto isso, algumas pessoas que se identificam como binárias – identificam-se distintamente com o gênero masculino ou feminino, ou seja, como homens ou mulheres – podem sentir atração consistente pelo sexo oposto ou pelo mesmo sexo, ou podem ser atraídas por ambos os sexos (como os bissexuais). Em certo sentido, a identidade de gênero e a orientação sexual são propostas de combinações, com uma ampla gama de resultados possíveis que podem mudar com o tempo.

As palavras que usamos para nos referirmos ao gênero de alguém são numerosas e complexas, e o léxico continua a evoluir.[2] Não sou es-

---

[2] A identidade de gênero se tornou complicadíssima, e o potencial para gafes é tão abundante que dois professores de sociologia e estudos de gênero da Universidade da

pecialista nisso, mas sou especialista em como o desenvolvimento sexual e reprodutivo pode ser afetado por influências ambientais. Eis o que posso lhe dizer a respeito disso.

O QUE HÁ POR TRÁS DO BORRÃO INDISTINGUÍVEL DOS GÊNEROS?

Algumas das questões examinadas por cientistas e especialistas em saúde mental acerca de temas relativos à identidade de gênero: as mudanças nas atitudes sociais e a maior aceitação do direito das pessoas de serem quem são afetam, no fundo, a percepção desse aumento? Fatores biológicos estão desempenhando um papel relevante nisso? Será que produtos químicos invisíveis no meio ambiente estão interferindo no desenvolvimento da sexualidade humana e da identidade de gênero?

Em um artigo postado em 2019 no portal da revista *Psychology Today*, Robert Hedaya, professor de psiquiatria da Escola de Medicina da Universidade de Georgetown, escreveu:

> Não é nada menos que surpreendente que depois de centenas de milhares de anos de história humana, os fatos fundamentais do gênero humano estejam ficando indistinguíveis feito um borrão. Existem muitas razões para isso, mas uma delas, que não vejo ser discutida como uma causa provável, é a influência de desreguladores endócrinos (DEs).

Califórnia, *campus* de Los Angeles, recentemente propuseram o uso de "pronomes neutros de gênero como padrão, com o objetivo de longo prazo de usar os pronomes *they/them* [eles/elas, deles/delas] para todos". Mas algumas pessoas preferem o que às vezes são chamados de neopronomes, como *xe/xem* ou *ze/hir*. Independentemente de você concordar ou não com essas preferências ou sugestões, elas ilustram o quanto o conceito de gênero está mudando em nosso mundo, do ponto de vista social e linguístico. Hoje em dia, é mais seguro perguntar às pessoas por quais pronomes preferem ser tratadas, ou simplesmente usar o nome próprio, mesmo quando for para se referir a esse indivíduo na terceira pessoa do singular ("Julian disse..."). [Em língua portuguesa, pode-se citar o sistema elu (*Elu, delu, nelu, aquelu*). O pronome "elu" pretende representar, e incluir, na língua portuguesa as pessoas não binárias ou cujo gênero é desconhecido ou indeterminado, assim como grupos com diferentes gêneros, sem recorrer ao uso do "masculino genérico". Equivale aos pronomes "ela" e "ele" existentes no idioma, mas numa forma neutra de gênero. (N. da T.)

Muitos outros médicos e pesquisadores também estão se fazendo as mesmas perguntas. A questão de saber se produtos químicos presentes em nosso meio estão afetando a identidade de gênero é um pouco como a metáfora do elefante na sala – um fato óbvio e significativo, mas desconfortável e difícil de lidar. Uma teoria científica sugere que a exposição no útero aos DEs, em especial os ftalatos, que podem reduzir a exposição do feto à testosterona, talvez desempenhe algum papel nesse sentido; essas substâncias químicas foram associadas a um risco aumentado de transtorno do espectro autista (TEA) em homens. Curiosamente, o TEA e a disforia de gênero, aparentemente não relacionados entre si, ocorrem juntos com mais frequência do que o esperado. Outra teoria é que os DEs podem interferir em complexas vias bioquímicas no cérebro, de tal maneira que possivelmente afetam a forma como a pessoa se relaciona com seu sexo fisiológico ao nascer ou expressa seu gênero por meio do comportamento, aspectos que podem resultar em disforia de gênero.

Também sabemos agora que o fármaco paracetamol, conhecido como acetaminofeno (Tylenol), pode ter efeitos antiandrogênicos (por exemplo, redução da testosterona). Em termos de desenvolvimento, o cérebro-padrão é o da mulher, o que significa que, se a futura mãe for exposta a substâncias químicas antiandrogênicas durante a gravidez, é provável que seu bebê do sexo masculino tenha um cérebro e um comportamento ligeiramente menos "típicos de homem", como demonstramos em nossos estudos. Recentemente, descobrimos que a exposição a substâncias químicas que mimetizam hormônios durante a gravidez pode embotar algumas das diferenças sexuais relacionadas ao cérebro que são vistas com frequência entre meninos e meninas. Normalmente, aos 30 meses de idade, cerca de duas vezes mais meninos do que meninas apresentam atraso na aquisição de linguagem, o que significa que entendem menos de cinquenta palavras. Quando mulheres grávidas têm uma baixa exposição a um agente antiandrogênico ftalato chamado dibutil ftalato (DBP) ou *não* usam Tylenol durante a gestação, a diferença de gênero com relação ao atraso na aquisição da linguagem em seus bebês é grande; por outro lado, quando mulheres grávidas *são* expostas a altos níveis de DBP ou Tylenol durante a gravidez, há pouca diferença na aquisição da linguagem entre meninos e meninas. Simplificando: com essas exposições a substâncias químicas a diferença no desenvolvimento da linguagem entre os sexos se torna turva. Suspeito que muitas outras qualidades também fiquem indistintas.

A verdade é que é difícil chegar à raiz do problema e descobrir se os desreguladores endócrinos estão de fato influenciando a *identidade de gênero*. Para começo de conversa, não podemos nos fiar em estudos com animais, porque, embora muitos tenham mostrado que a exposição a substâncias químicas ambientais pode alterar o comportamento sexual (levando ao acasalamento de indivíduos do mesmo sexo, por exemplo) e a biologia sexual (levando a sexo interespécies de rãs e peixes, por exemplo), nenhum desses resultados reflete a identidade de gênero. Com algumas poucas exceções (caso dos chimpanzés, elefantes e golfinhos), em sua maioria os animais não são *autoconscientes*, e, sem um senso de si mesmos como indivíduos distintos e separados, a identidade de gênero é um conceito irrelevante.

Com os humanos a história é diferente, porque temos autoconsciência (a maioria de nós, pelo menos, tem). Mas no caso dos humanos seria quase impossível, para não dizer totalmente antiético, realizar um estudo clínico randomizado e controlado em que, digamos, gêmeos idênticos, que compartilham quase exatamente o mesmo perfil genético, sejam expostos de caso pensado a altos níveis de DEs durante os primeiros anos de vida de modo a se observar o efeito que isso poderia exercer sobre sua sexualidade e sua identidade de gênero. Mesmo que esse tipo de estudo fosse viável, os resultados não seriam informativos acerca de se o período decisivo para o desenvolvimento da sexualidade e da identidade de gênero é durante a gravidez, e provavelmente é, uma vez que é nessa fase que os órgãos genitais e o cérebro se desenvolvem (você aprenderá mais sobre isso no capítulo 5).

Em seguida há a questão de quais indicadores devem ser medidos e em que idade(s): devem ser baseados na função cerebral, no comportamento social, no autoconceito ou em outra coisa? A resposta é ainda mais complicada porque as pesquisas muitas vezes dependem de definições binárias (masculino ou feminino), e a questão de identidade de gênero é extremamente individual.

Por essas razões, alguns pesquisadores agora defendem o uso de escalas que medem gradações de feminilidade e masculinidade para avaliar a identificação de gênero das pessoas. Quando pesquisadores da Universidade Stanford realizaram uma enquete de âmbito nacional com mais de 1.500 adultos sobre sua identificação de gênero (com base em sua autopercepção e na forma como outros os veem), descobriram que menos de um terço dos entrevistados se avaliava no ponto máximo da escala com relação a ter os padrões típicos de seu gênero (o sexo que lhes foi atribuído no nascimento). Aqui está o dado elucidativo e surpreendente: para 76% dos entrevistados, seu perfil de gênero incluía sobreposição de características de feminilidade e masculinidade. Quando os participantes tiveram a oportunidade de fornecer comentários e observações abertas sobre suas respostas, ficou claro que levavam em consideração uma série de fatores – entre os quais sua aparência, traços de personalidade, trabalho e passatempos – para indicar sua noção geral de masculinidade ou feminilidade. Por exemplo, um homem cisgênero – indivíduo que se apresenta ao mundo e se identifica com seu gênero biológico, quer dizer, nasceu homem e se identifica como homem – classificou a si mesmo como 2 numa escala de feminilidade que ia até 6, e se atribuiu o valor 5 de 6 no espectro de masculinidade, explicando: "Eu me considero parte do grupo dos metrossexuais. Sou um homem que gosta de mulheres, que se preocupa com a pele, roupas e a aparência um pouco mais do que a maioria dos meus amigos".

Em 2018, uma das autoras do estudo, Aliya Saperstein, professora assistente de sociologia em Stanford, escreveu em um artigo sobre identificação de gênero:

> A diversidade de gêneros também existe dentro das categorias de mulher e homem e dentro das categorias de cisgênero e transgênero. De maneira muito semelhante à forma como as diferenças na filiação política entre democratas e republicanos são entrecortadas por posições ideológicas que variam de liberais a conservadoras, pessoas que se identificam com a mesma categoria de gênero mostram variação em sua feminilidade e sua masculinidade – tanto autoidentificadas quanto percebidas por outros.

Em outras palavras, a maioria de nós habita um lugar entre os polos da masculinidade e da feminilidade extremas – e nossa localização exata pode variar em um determinado dia.

ENTRE AS LINHAS
DE GÊNERO

A questão sobre o que torna alguém homem ou mulher, além das diferenças anatômicas básicas, ainda não tem uma resposta definitiva, mesmo biologicamente falando. É a presença de certos órgãos reprodutivos e a ausência de outros? A presença de características sexuais secundárias como uma voz mais grave, uma quantidade maior de pelos ou mais massa muscular? Tem a ver com a proporção de estrogênio e testosterona da pessoa? Embora o estrogênio seja normalmente considerado um hormônio feminino e a testosterona um hormônio masculino, os corpos das pessoas de ambos os sexos contêm esses hormônios, embora em proporções diferentes. Se o corpo de uma mulher específica produz mais testosterona do que a maioria das mulheres, talvez por causa de alguma anomalia genética, ou se suas células são excepcionalmente sensíveis à testosterona, é provável que ela desenvolva características sexuais secundárias masculinas, como músculos mais pronunciados, maior quantidade de pelos faciais e corporais e talvez um clitóris aumentado.

Ao longo dos anos, essa tem sido uma questão recorrente e espinhosa, sobretudo nos esportes de alto rendimento. Algumas mulheres que são atletas de elite naturalmente têm níveis mais altos de testosterona, bem como mais massa muscular do que a média das mulheres, assim como alguns homens têm níveis mais altos que outros. Mas os mandachuvas que comandavam as federações e confederações esportivas costumavam optar pelo protocolo do teste de verificação de gênero. O teste cromossômico – em que células são retiradas da boca do atleta com um cotonete esfregado na parte interna da bochecha e examinadas em laboratório para determinar a presença do padrão de cromossomos XX tipicamente feminino – foi introduzido pelo Comitê Olímpico Internacional (COI) no verão de 1968. Foi considerado uma grande melhoria em relação às práticas anteriores de verificação de sexo, em que as atletas femininas ou desfilavam nuas diante de uma bancada de médicos que determinavam se elas atendiam aos critérios que as classificariam como mulheres, ou se submetiam a uma inspeção genital obrigatória, ou se deitavam de costas com os joelhos junto ao peito para que um comitê de médicos pudesse dar uma olhada mais de perto.[3]

Os "testes de feminilidade" sempre foram controversos, e alguns geneticistas e endocrinologistas não eram fãs do teste cromossômico, argumentando que o sexo da pessoa é determinado por uma confluência de fatores genéticos, hormonais e fisiológicos, em vez de por um único aspecto. Vale a pena observar que homens jamais foram submetidos a medidas desse tipo para provar ou verificar sua masculinidade. Mas o xis da questão é que existe uma variação considerável entre homens e mulheres no que se refere a sua anatomia, níveis hormonais, composição corporal e outros fatores fisiológicos. Dessa maneira, uma das preocupações subjacentes com as decisões atléticas é: se mulheres que produzem testosterona extra naturalmente forem proibidas de competir em eventos esportivos femininos, isso não será uma extrapolação absurda que cria um efeito dominó, potencialmente abrindo as portas para a proibição da participação de atletas por conta de outras anomalias fisiológicas?[4]

De vários pontos de vista, trata-se de uma questão extremamente complicada, envolvendo não apenas a identificação de gênero, mas também os direitos humanos, o direito à privacidade, o direito das pessoas

---

[3] Com esses testes, "o objetivo era evitar que homens se disfarçassem de mulher nas competições femininas e também o que se temia que pudesse ser uma 'injusta vantagem masculina' de atletas do sexo feminino nascidas com distúrbios de desenvolvimento sexual", explica Alison Carlson, cofundadora do Grupo de Trabalho Internacional Sobre Políticas de Verificação de Sexo/Gênero em Esportes. O problema remonta a meados do século XX, quando diversas atletas, muitas de países do Bloco Oriental [União Soviética e os países socialistas do Pacto de Varsóvia: Hungria, Romênia, Alemanha Oriental, Albânia, Bulgária, Tchecoslováquia e Polônia], eram vistas como hipermusculosas ou de aparência insuficientemente feminina e estavam vencendo com extrema facilidade todas as adversárias. (N. da A.)

[4] Há anos Caster Semenya, corredora meio-fundista sul-africana e duas vezes medalhista de ouro olímpica, vem lutando pelo direito de competir como mulher e defender sua posição como uma das melhores atletas do mundo. Legalmente classificada como mulher ao nascer, Semenya viu seu gênero se tornar o assunto de um escrutínio contínuo por ter hiperandrogenismo: seu corpo produz níveis mais altos de testosterona do que a maioria das mulheres. Da mesma forma, constatou-se que a velocista indiana Dutee Chand tinha níveis naturalmente altos de testosterona para uma mulher, depois que competidores e treinadores alertaram a Associação Internacional de Federações de Atletismo [atual World Athletics] de que seu físico parecia suspeitamente masculino. Em 2014, Chand recebeu suspensão de um ano e foi proibida de competir como mulher; informada de que poderia retornar às competições se tomasse medicamentos para reduzir clinicamente seus níveis de testosterona natural, ela se recusou. (N. da A.)

de competir atleticamente como nasceram e outros aspectos. Afinal, atletas profissionais de elite são naturalmente, talvez geneticamente, dotados de atributos que lhes dão uma vantagem competitiva. Pense, por exemplo, nas pernas excepcionalmente longas do velocista jamaicano Usain Bolt, oito vezes ganhador da medalha de ouro olímpica, ou a incrível envergadura (2,01 metros da ponta dos dedos de uma das mãos até a ponta dos dedos da outra mão quando seus braços são estendidos) do nadador norte-americano Michael Phelps, cujas 28 medalhas fazem dele o atleta olímpico de maior sucesso de todos os tempos. Pessoas como eles devem ser banidas de competições por causa de suas vantagens biológicas naturais? Homens devem ser desqualificados de competições esportivas se tiverem níveis de testosterona extraordinariamente altos ou baixos? Há que se impor limites nos esportes competitivos? Na verdade, são perguntas espinhosas.

AS IDADES DA AUTODESCOBERTA

Anatomia e biologia à parte, o senso de identidade de gênero da pessoa geralmente se desenvolve na primeira infância, quase sempre aos 3 anos. Pesquisas descobriram que já durante o primeiro ano de vida bebês são capazes de distinguir homens e mulheres, mas sua capacidade de rotular e compreender diferenças de gênero surgem apenas em algum momento entre os 18 e os 24 meses. Depois disso, a criança começa a desenvolver associações concretas relacionadas a gênero e aparência ou atividades físicas.

Um caso interessante a respeito: vários anos atrás, Aiden, filho de 3 anos de Tracy, pediu a ela que tivesse um bebê, para que assim ele pudesse ganhar a companhia de um irmãozinho. Quando Barry chegou, em 2015, o desejo de Aiden pareceu se tornar realidade. Mas pouco antes de completar 3 anos, Barry começou a se vestir com roupas da mãe, ficou obcecado com a cor rosa e passou a querer brincar com bonecas em vez de com brinquedos tradicionais de meninos. Um dia ele declarou para Tracy: "Sou uma menina que nem a mamãe!" Barry tinha uma considerável ansiedade com relação a sua anatomia, e quando os dois iam ao banheiro juntos ele perguntava onde estava o pênis da mamãe. "Barry insistia que eu tinha perdido o pênis e precisávamos encontrá-lo", relembra Tracy, designer gráfica de 34 anos que trabalha em *home office*. Um dia, enquanto ela estava vestindo o menino, Barry agarrou o pênis e disse: *"Pênis não! Pênis não!"* – uma demonstração de aversão ao corpo que foi extremamente perturbadora para sua mãe.

Pouco depois disso, Barry insistiu em ser identificado e tratado como menina, vestindo apenas roupas cor-de-rosa ou ostensivamente femininas. Os pais atenderam aos desejos do filho e começaram a se referir a Barry como "ela", embora não tenham mudado seu nome. Até mesmo Aiden o apresenta como sua irmã. "Ela é uma menininha, sem tirar nem pôr – só que tudo é completamente masculino da cintura para baixo", diz Tracy. "Depois que começou a usar roupas de menina, ela se transformou em uma pessoa diferente. Seu jeito de falar mudou, ela se tornou mais tagarela. Quando faz pose para uma foto, joga o quadril para o lado. Quando dança, tem movimentos de menina e agita as mãos. Tornou-se uma pessoa mais feliz." Agora com 4 anos, Barry deixou de ser reservada socialmente, gosta de ir para a pré-escola, brincar com os amiguinhos e organizar chás da tarde. "Nós a aceitamos completamente, não importa quem ela seja", diz Tracy, "mas isso não é algo que eu desejaria para minha filha, por causa das dificuldades que ela provavelmente vai encontrar no mundo."

Em contraste com a disforia de gênero de início rápido de Barry, médicos notaram recentemente um fenômeno no qual adolescentes vivenciam súbitos sintomas de DGIR, que se manifestam pela primeira vez durante ou após a puberdade. No lado positivo, a ascensão das redes sociais propiciou a adolescentes que estão lidando com a identidade de gênero ou a disforia de gênero uma forma de encontrar apoio e "irmãos de alma". O lado negativo: alguns especialistas estão preocupados com a possibilidade de que, para algumas pessoas, essas influências on-line possam atiçar as chamas da disforia.

Em uma polêmica pesquisa on-line realizada em 2018, 256 pais e mães que tinham percebido que os filhos e filhas mostravam sinais de disforia de gênero de início rápido foram recrutados a partir de três *sites* e convidados a compartilhar suas observações respondendo a um questionário de noventa perguntas. Das crianças dessa amostragem, 83% nasceram mulheres, 41% se revelaram não heterossexuais antes de se identificarem como um gênero diferente e 63% tinham recebido diagnóstico de pelo menos um problema de saúde mental (ansiedade, depressão ou transtorno alimentar) ou um distúrbio do neurodesenvolvimento, como transtorno do déficit de atenção com hiperatividade (TDAH) ou transtorno do espectro autista (TEA), antes do reconhecimento de sua disforia de gênero, segundo seus pais e mães.

Esse estudo suscitou polêmica porque as perguntas foram feitas a pais e mães, não às crianças; além do mais, porque poderia estar em jogo um elemento de contágio social. Outro aspecto que causou mal-estar foi a conclusão do pesquisador de que outros fatores parecem desempenhar papel relevante na disforia de gênero, entre os quais um distúrbio de saúde mental, um trauma de natureza sexual ou de gênero, um desejo de escapar das próprias emoções e realidades difíceis, um episódio de estresse familiar de grandes proporções, como divórcio ou a morte do pai ou da mãe, ou um alto nível de conflito entre pais/mães e filhos.

Arjee Javellana Restar, estudante de doutorado da Universidade Brown e defensora da causa trans, observou em um texto crítico dessa pesquisa no periódico *The Archives of Sexual Behaviour* (2019): "A maior parte das questões metodológicas e de propósito resulta do uso de um arcabouço patologizante e uma linguagem da patologia para conceber, descrever e teorizar o fenômeno como equivalente a uma doença infecciosa ('surtos de disforia de gênero') e um distúrbio ('transtornos alimentares e anorexia nervosa')". Muitos ativistas transgêneros concordam com a perspectiva de Restar, e alguns acreditam que a pesquisa e a análise metodológica estigmatizam ainda mais as experiências de jovens não conformes de gênero.

Outra dificuldade: algumas crianças pré-púberes que se apresentam como transexuais deixarão de ser disfóricas de gênero quando chegarem à adolescência e mais tarde se identificarão como cisgênero. Isso é chamado de *desistência*, e volta e meia é usado como argumento para desestimular a transição social ou hormonal nessas crianças. Também é um termo potencialmente carregado, porque no campo da criminologia "desistência" significa a cessação do comportamento criminoso ou antissocial. É interessante notar que as pessoas que fazem tratamento hormonal e a transição social provavelmente terão uma maior *persistência* (ou permanência) de sua identidade transgênero, como observa Sheri Berenbaum, professora de psicologia e pediatria da Universidade Estadual da Pensilvânia. Mas não está claro se isso ocorre porque essas ações permitem que as crianças sejam quem de fato são ou as forçam a essencialmente escolher um de dois caminhos, assumindo uma identidade binária.

Ben demorou muito para entender sua identidade de gênero e fazer as pazes com ela. Nasceu mulher, e diz que sempre se sentiu diferente e se esforçou para se encaixar – quando criança, gostava de subir em árvores, jogar vôlei e brincar com blocos de montar. Tinha bonecas, mas se interessava mais em desmantelar suas partes para ver como funcionavam do que brincar com elas.

Aos 19 anos, Ben se casou, e aos 25 ele e o marido tentaram engravidar, sem sucesso. O casamento não deu certo e depois de se divorciar Ben teve uma série de relacionamentos com homens e três casos curtos com mulheres. Foi quando começou a fazer terapia e, por fim, abriu o que ele chama de "a caixa de Pandora do gênero". Em um esforço para se sentir mais empoderado, aprendeu artes marciais e boxe. Mas nada ajudou. Como seus ciclos menstruais sempre foram longos e dolorosos, além de emocionalmente angustiantes, a terapeuta lhe sugeriu que fizesse uma pausa na menstruação. Ben então começou a tomar Depo-Provera, uma injeção de progesterona, a cada três meses, para regular a menstruação, mas a substância causou desagradáveis sintomas físicos. Então ele começou a tomar uma dose baixa de testosterona para combater os efeitos colaterais da Depo-Provera. A infusão de testosterona "foi como um banho quente – parecia ser o produto químico certo no meu corpo", diz Ben. Antes disso, "eu tinha a sensação de estar envenenado por estrogênio por dentro."

Essa mudança física, juntamente com todos os sentimentos com os quais vinha lutando, ajudou Ben a perceber que era transgênero. Aos 39 anos, iniciou a terapia de testosterona e por fim removeu os seios e o útero. Hoje em dia identifica-se como homem gay e está feliz da vida, casado com Ed, que há muito tempo vive como homossexual. Agora com 56 anos, Ben, advogado e educador na cidade de Nova York, diz: "Considero-me uma pessoa de sorte por ter passado por essa jornada, e feliz por estar em paz na minha vida e com meu corpo."

O BORRÃO DOS LIMITES BINÁRIOS

Definir gênero e sexualidade é, sem dúvida, uma tarefa complexa, repleta de nuances e facetas, algumas das quais físicas. Alguns pesquisadores vêm sugerindo que, além dos peixes, sapos e répteis que estão nascendo com genitália ambígua, tem nascido um número cada vez maior de crianças com variação intersexo, incluindo genitália ambígua. O uso do termo *hermafrodita* passou a ser tido como degradante, razão pela qual *intersexo* foi introduzido como substituto; mais recentemente, a designação *distúrbios do desenvolvimento sexual* (ou distúrbios de diferenciação sexual, DDS) tornou-se o termo médico preferencial.

Mas ainda é difícil encontrar estatísticas confiáveis sobre a prevalência de variações intersexuais, em parte porque os pesquisadores nem sempre concordam sobre o que define *intersexo* em seres humanos. O termo é geralmente usado para descrever vários distúrbios em que a pessoa nasce com anatomia reprodutiva ou sexual que não corresponde às usuais definições de masculino ou feminino. Parece bastante simples, certo? Não necessariamente, porque essas anomalias podem incluir anormalidades dos órgãos genitais externos, dos órgãos reprodutivos internos, uma discrepância entre os órgãos genitais externos e os órgãos reprodutores internos, anormalidades cromossômicas sexuais e outros distúrbios incomuns.

Por exemplo, alguém que nasceu com órgãos genitais que parecem estar em algum lugar intermediário entre a anatomia masculina e feminina típica – talvez um clitóris invulgarmente grande ou a ausência de uma abertura vaginal em uma "menina", ou um pênis muito pequeno ou um escroto dividido que mais se parece com lábios vaginais em um "menino" – pode ser considerado intersexo ou intersexual. O mesmo vale para recém-nascidos que parecem meninas por fora, mas cuja anatomia interna é predominantemente masculina, bem como aqueles cujas células variam entre cromossomos XX e cromossomos XY. Essa categoria inclui também aqueles que nasceram com hiperplasia adrenal congênita (HAC), distúrbio hereditário que resulta em baixos níveis de cortisol, o hormônio do estresse, e altos níveis de andrógenos ou androgênios (hormônios masculinos), o que causa a masculinização dos órgãos genitais em crianças do sexo feminino e puberdade precoce em meninos e meninas. Em alguns casos, a pessoa descobre que tem anatomia intersexo apenas na puberdade ou quando se constata que é infértil. E "algumas pessoas vivem e morrem com anatomia intersexo sem que ninguém (nem elas próprias) jamais saiba", de acordo com a Sociedade Intersexo da América do Norte.

Já é bastante difícil definir *intersexo*, quanto mais identificar a prevalência desses distúrbios. Tomando por base registros em que médicos de clínicas e hospitais fazem o parto de bebês com genitália visivelmente atípica, estima-se que a incidência de bebês intersexuais seja de aproximadamente um para cada 1.500 nascimentos. Mas muitos outros bebês nascem com variações mais sutis da anatomia sexual, que podem passar despercebidas e sem diagnóstico. Na verdade, especialistas do Sistema Nacional de Saúde Infantil afirmam que os DDS afetam de alguma forma cerca de um a cada cem recém-nascidos. Nesse quesito, determinar até que ponto esses distúrbios são comuns é um jogo de adivinhação.

Todavia, alguns pesquisadores estão se perguntando se os DEs e outras substâncias químicas no meio ambiente podem estar afetando a intersexualidade de uma forma ou outra. Afinal, pesquisas encontraram uma associação entre elevadas exposições pré-natais a DEs – por exemplo, se o pai ou a mãe da criança foi exposto a pesticidas ou ftalatos – e um maior risco de malformações genitais em recém-nascidos do sexo masculino. E pesquisadores da Universidade do Norte do Texas investigaram as vias fisiológicas por meio das quais DEs podem influenciar a diferenciação sexual em humanos.

Lembre-se: um feto com o cromossomo Y torna-se um macho fenotípico se os testículos produzirem quantidades suficientes de andrógenos na hora certa durante a gestação; se as substâncias químicas de desregulação endócrina interferirem nesse processo, o feto essencialmente vai se desenvolver como mulher (o gênero-padrão, do ponto de vista biológico) ou vai desenvolver genitália ambígua (isto é, terá elementos dos órgãos reprodutivos tanto masculinos como femininos). Os pesquisadores da Universidade do Norte do Texas observaram que essas substâncias químicas podem interferir nas complexas vias bioquímicas do cérebro, o que por sua vez pode afetar "a forma como a pessoa – homem ou mulher – se associa a seu sexo fisiológico ou personifica seu gênero em termos comportamentais".

A partir de estudos em animais, temos a prova do princípio de que a exposição a hormônios no útero afeta o desenvolvimento físico e neural relacionado ao sexo. Pesquisas mostraram, por exemplo, que o comportamento sexual de roedores depende do sexo de seus vizinhos imediatos no útero. Uma fêmea filhote que se desenvolve entre dois filhotes machos no útero recebe uma pequena dose extra de testosterona de cada um de seus vizinhos; como resultado, seus órgãos genitais são um pouco mais masculinos e, quando ela se torna sexualmente ativa, é maior a probabilidade de montar outras fêmeas e menor a probabilidade de ser atraída por machos. Em outro estudo, macacos machos que foram expostos no útero ao bisfenol A (BPA) exibiam, logo após o nascimento, comportamento mais feminino, como apego às mães e curiosa investigação de espaços e hábitos sociais. Em princípio, não importa de onde vem o hormônio – se de substâncias químicas ou se é um hormônio natural – no útero; as mesmas mudanças genitais podem resultar em desenvolvimento e comportamento específicos de gênero.

Com relação aos humanos, ainda existem muitas incógnitas sobre se a exposição do útero a certas substâncias químicas pode afetar a identidade de gênero das pessoas com o passar dos anos e à medida que elas amadurecem. Mas de uma coisa sabemos: a exposição pré-natal a desreguladores endócrinos parece afetar a maneira como os meninos brincam. Em um de meus estudos, usando um questionário-padrão de "comportamento lúdico", perguntamos às mães como seus filhos de 4 a 7 anos brincavam, e descobrimos que os meninos que haviam sido expostos no útero a níveis mais elevados do potente agente plastificante di-(2-etilhexil) ftalato (DEHP), capaz de diminuir os níveis de testosterona, tinham pontuação significativamente mais baixa na "escala de masculinidade" – em outras palavras, eram mais propensos a brincar com bonecas e menos propensos a brincar com caminhões e armas. Da mesma forma, um estudo holandês de 2014 lançou mão do mesmo questionário de comportamento lúdico e constatou que a exposição a dioxinas e bifenilos policlorados (PCBs) estava associada a um comportamento mais feminino em meninos, enquanto nas meninas a exposição a esses compostos químicos foi associada a um comportamento menos feminino.

Nesse meio-tempo, pesquisas envolvendo meninas nascidas com hiperplasia adrenal congênita (HAC), resultado de sua exposição a altos níveis de andrógenos em seus primeiros anos, descobriram que, embora sejam criadas como meninas, com frequência elas costumam exibir algum comportamento que é mais típico de meninos. Não são tão masculinas quanto os homens "típicos", mas são mais masculinas do que mulheres "típicas". Durante sessões de brincadeiras livres, as meninas com HAC, com idade de 2,5 a 12 anos, optavam por brincar mais com os brinquedos dos meninos, principalmente caminhõezinhos, do que as meninas sem HAC, e mostraram menos interesse do que estas em brinquedos clássicos de meninas (bonecas, por exemplo). Também são um pouco mais propensas a ter disforia de gênero ou a se identificar como menos femininas, afirma Sheri Berenbaum: "Mas a esmagadora maioria das meninas com HAC se identifica como menina".

Então, o que tudo isso significa no contexto deste livro? Em termos simples: além de influenciar a fisiologia do desenvolvimento reprodutivo, as substâncias químicas tóxicas presentes no meio ambiente podem estar afetando a identidade de gênero e as preferências sexuais. Esse fluxo de constantes alterações não é inerentemente bom ou ruim, mas pode apresentar um lado positivo: em meio a essas tendências provavelmente em ascensão, nós, como sociedade, estamos aos poucos nos tornando mais abertos e tolerantes para aceitar as pessoas, qualquer que seja a maneira como elas se apresentam e se identificam em termos de gênero. Isso é indiscutivelmente uma coisa boa, à medida que avançamos na criação de um admirável mundo novo, inclusivo e não binário.

PARTE II

As Fontes e o Fator Tempo Dessas Mudanças

5

JANELAS DE VULNERABILIDADE:
O Tempo Certo É Tudo

ATUALIZANDO-SE

Apesar de seu tamanho microscópico, os espermatozoides são nadadores potentes e resistentes. Essas células semelhantes a girinos são capazes de se recuperar de várias formas de agressões ambientais e abrir caminho esquivando-se e serpeando por vários obstáculos (olá, muco cervical!), sobrevivem a árduas jornadas por entre os tratos reprodutivos masculino e feminino e exercem poderosas influências genéticas no embrião em formação. No entanto, também são surpreendentemente vulneráveis, sobretudo durante períodos decisivos no desenvolvimento do homem.

Embora esses delicados e esforçados "animálculos" (como Antoni van Leeuwenhoek se referiu a eles ao vê-los pela primeira vez sob um microscópio em 1677) possam sofrer avarias em qualquer momento da vida do homem, há ocasiões em que este é especialmente vulnerável a perdê-los ou danificá-los. Esses períodos de risco ocorrem quando as células germinativas (as células primordiais que amadurecem para formar se tornar espermatozoides), ou os próprios espermatozoides, se dividem rapidamente, proliferando ou se diferenciando. O período mais sensível para o desenvolvimento do trato reprodutivo é o primeiro trimestre da gravidez, quando os órgãos genitais e as células germinativas que formarão espermatozoides estão sendo formados – uma fase chamada de janela de programação reprodutiva. O período entre 2 e

4 meses de idade, muitas vezes chamado de minipuberdade devido ao súbito e precoce incremento pós-natal de andrógenos, entre os quais a testosterona, também é considerado extremamente sensível a influências externas. De maneira curiosa, os níveis de testosterona atingem o pico no final da minipuberdade e, em seguida, diminuem para níveis mínimos em seis meses. Depois disso, permanecem baixos até pouco antes da verdadeira puberdade.

A janela de programação reprodutiva é vital para a diferenciação sexual no feto em desenvolvimento. O sexo biológico do bebê é determinado na concepção, com base no par específico de cromossomos que estão presentes – XX para mulheres, XY para homens. No início do primeiro trimestre de gravidez, o trato genital do embrião parece o mesmo, seja o feto do sexo masculino ou feminino; é a mesma longa saliência de tecido. As gônadas primordiais estão apenas esperando por suas instruções de operação – as mensagens químicas que lhes dirão se devem evoluir para se tornar uma genitália feminina ou masculina. Cerca de oito semanas após a concepção, essas gônadas indiferenciadas começam a passar por grandes mudanças, tornando-se gradualmente masculinas ou femininas na estrutura e função, dependendo da produção de hormônio. Internamente, as gônadas do bebê se tornarão ovários ou testículos. Externamente, o feto também desenvolve um clitóris ou o tecido se alonga e se torna um pênis, e as dobras ou pregas do órgão genital se transformam nos grandes lábios ou no escroto. De que maneira os genitais se desenvolvem (e com que grau de completude) depende se a testosterona, e em que quantidade, está presente durante essa fase. Em embriões com um cromossomo Y, a testosterona estará de plantão e os órgãos sexuais típicos do homem se desenvolverão. Na ausência de testosterona, os órgãos reprodutivos femininos se formarão.

De outro ponto de vista, o sexo feminino é o sexo-padrão para os seres humanos; é o sexo biológico indispensável do corpo, o "pau para toda obra", a menos que certos hormônios entrem em ação para masculinizar os órgãos reprodutivos e o cérebro. Para se tornarem masculinos, os órgãos genitais até então indiferenciados precisam tomar a forma de testículos, escroto, pênis e outros órgãos masculinos; entretanto, os testículos precisam produzir testosterona suficiente no momento certo, de modo a completar a jornada para a masculinidade física. A quantidade de testosterona presente em um feto masculino após o segundo mês de gravidez é um fator importantíssimo na determinação do tamanho de seu pênis e outras partes de seus genitais no nascimento. Na 22ª semana de gravidez, os testículos se formaram no abdome e já contêm esperma imaturo; não muito tempo depois, começarão sua gradual descida até o escroto, alcançando seu derradeiro destino no fim da gravidez e, em alguns meninos, após o nascimento.

Quaisquer influências que modifiquem a produção dos principais hormônios durante o desenvolvimento desses órgãos sexuais resultarão em alterações anatômicas profundas e permanentes. Essas interrupções na programação regular podem levar a resultados como baixa contagem de espermatozoides, genitália ambígua, distância anogenital (DAG) (do ânus à base do pênis) mais curta e defeitos genitais congênitos, como testículos não descidos. Para que todas as partes se desenvolvam normalmente nessa etapa, uma sequência muito bem orquestrada de eventos em cascata requer a dinâmica precisa no momento exato. É como um balé: o corpo de baile tem que entrar no palco na hora certa para evitar esbarrar nos bailarinos principais. Se a coreografia, ou sua execução, estiver fora do ritmo, uma dançarina principal que dê um salto bem alto, esperando ser pega no ar pelo parceiro, pode se machucar se ele não estiver a postos para agarrá-la no instante preciso. A coreografia durante o desenvolvimento dos órgãos sexuais do embrião é igualmente complexa; são tantos os fatores envolvidos que é uma maravilha que o processo funcione.

AS CHAVES GERAIS

Quando o assunto é desenvolvimento sexual e reprodutivo, os hormônios são como o grande e poderoso Mágico de Oz atrás da cortina: invisíveis, mas poderosos. Os hormônios são mestres manipuladores, visto que influenciam praticamente cada uma das células do corpo, bem como vários órgãos. Todo o sistema reprodutor masculino depende de hormônios-chave para estimular ou regular a atividade de suas células e órgãos. Os maiorais para a reprodução masculina são o hormônio folículo-estimulante (FSH), o hormônio luteinizante (LH) e a testosterona. Os órgãos afetados incluem os testículos, o pênis, o escroto, a uretra (o tubo ou conduto que transporta a urina da bexiga para fora do corpo e expele esperma durante o orgasmo) e várias glândulas (entre as quais a próstata). Qualquer coisa que interfira na presença desses hormônios no tempo oportuno ou em sua quantidade durante um período decisivo de desenvolvimento pode atrapalhar o crescimento dos órgãos sexuais e/ou sua funcionalidade.

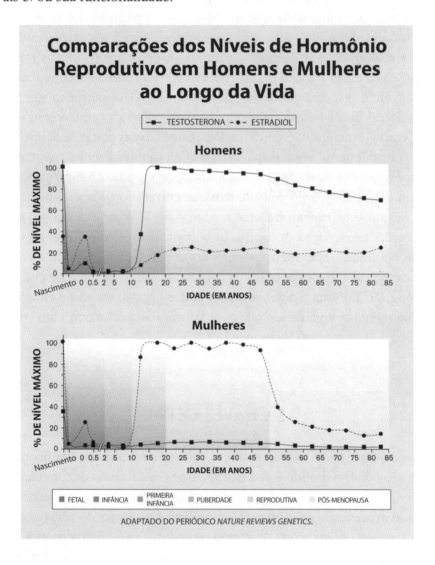

O sistema reprodutor feminino é igualmente dependente de hormônios, sobretudo estrogênios, progesterona e testosterona (sim, meninas e mulheres também produzem o hormônio masculino testosterona

– ele é fabricado em seus ovários, a passo que nos homens é feito pelos testículos –, mas em quantidades muito menores do que os homens). Enquanto estão no útero, tanto o feto feminino como o masculino são banhados em estrogênios produzidos pela placenta. Assim que a menina nasce, seus ovários basicamente servem como um depósito para seus óvulos. Ela também passará por uma minipuberdade marcada por um súbito aumento da quantidade de hormônio entre 2 e 4 meses de vida, mas os níveis de seus hormônios sexuais são muito mais baixos do que os dos meninos. Quando a verdadeira puberdade começa, a glândula hipófise estimula os ovários para que comecem a produzir estrogênio e progesterona, o que por sua vez leva ao início da menstruação e da maturação sexual.

Você já leu aqui que a menina nasce com todos os óvulos que terá na vida – cerca de 1 milhão a 2 milhões de óvulos imaturos, aninhados em sacos repletos de líquido (folículos) nos ovários. Pode parecer uma quantidade espantosa, e certamente é muito mais do que a quantidade de que a mulher jamais vai precisar, mas mesmo esse ponto de partida representa uma trajetória descendente, porque os embriões femininos, enquanto estavam no útero, podem ter tido até 6 milhões ou 7 milhões de óvulos. Isso é um contraste gritante com a experiência reprodutiva masculina: a produção de espermatozoides ocorre em vários estágios desde o desenvolvimento pré-natal inicial e continua por toda a vida adulta, durante a qual um homem saudável produz pelo menos 1 bilhão de espermatozoides por mês.

Os hábitos de estilo de vida do indivíduo, bem como certos produtos químicos que são onipresentes no mundo moderno, podem sequestrar o sistema hormonal humano em diferentes momentos da vida. Se isso acontece enquanto o embrião está no útero, a exposição tem o potencial de criar uma bomba-relógio, sujeita a explodir em anomalias dos órgãos genitais, problemas de fertilidade e outros distúrbios de saúde ao longo da vida da pessoa. Por exemplo, se a mulher for exposta a produtos químicos que bloqueiam a ação dos andrógenos no primeiro trimestre da gravidez – durante a chamada janela de programação reprodutiva –, isso pode afetar de várias maneiras o desenvolvimento reprodutivo do feto masculino. Uma delas é o encurtamento da distância anogenital (DAG), o que é significativo, porque pesquisas mostraram que uma DAG mais curta se correlaciona com uma contagem de espermatozoides mais baixa e um pênis menor. Além disso, a interrupção pré-natal do sistema hormonal masculino pode resultar em redução nos níveis de testosterona e aumento do risco de o menino ter testículos não descidos (criptorquidia) ou um tipo específico de malformação peniana (hipospadia) no nascimento.

Paralelamente ao declínio da contagem de espermatozoides, a ocorrência de anomalias nos genitais masculinos tem aumentado em alguns países ocidentais. Estudos no Reino Unido mostram que a incidência de testículos não descidos quase dobrou da década de 1950 ao início dos anos 2000, enquanto na Dinamarca esse número mais do que quadruplicou de 1959 a 2001. Da mesma forma, de 1990 a 1999, a ocorrência de hipospadia – a abertura anormal da uretra em um local abaixo do pênis, no escroto ou no períneo em vez de no local natural, na ponta da glande – aumentou na Suécia sem razão discernível, e na Dinamarca sua prevalência mais do que duplicou entre 1977 e 2005. À medida que os meninos que nascem com essas anomalias crescem até a idade adulta, a destruição hormonal pode levar a um aumento do risco de câncer testicular, infertilidade e contagens mais baixas de espermatozoides – legado que a maioria das mães faria qualquer coisa para não deixar a seus filhos.

Samantha, especialista em educação, e o marido lidaram com essas preocupações desde o nascimento de seu filho, Ethan, em 2018. Um ultrassom morfológico da vigésima semana de gestação, marco muito esperado de uma gravidez, constatou que os rins de Ethan eram maiores do que deveriam. Aos 4 dias de vida, havia sangue em sua fralda, decorrente de uma infecção renal grave que exigiu que o menino permanecesse hospitalizado durante dez dias para receber antibióticos por via intravenosa. O urologista pediátrico explicou que os testículos do menino não tinham descido de maneira correta, o que o sujeitava a maior risco de ter problemas de fertilidade e câncer de testículo no futuro – uma avalanche de notícias perturbadoras para qualquer pai e mãe de primeira viagem.

Felizmente, um dos testículos por fim desceu de maneira natural. Aos 7 meses de idade, Ethan precisou de cirurgia para fazer descer o outro, que estava a 1 centímetro de onde deveria. Nem do lado materno nem do lado paterno da família havia histórico de casos de criptorquidia, e Samantha diz que "levou um estilo de vida imaculado" durante a gravidez, mantendo uma dieta saudável à base de alimentos orgânicos e limpando a casa regularmente com aspirador de pó equipado com filtro HEPA. Portanto, mesmo depois de realizar abrangentes pesquisas sobre o assunto, não tinha sido capaz de descobrir por que aquilo tinha acontecido com seu filhinho. "A única coisa em que consigo pensar é que vivemos no Vale Central da Califórnia, onde o ar é ruim e estamos cercados por toxinas e produtos químicos", explica Samantha, que deu à luz quando tinha 24 anos. "Fico muito triste ao pensar que Ethan talvez não seja capaz ter filhos, caso decida que quer ter, por causa de um pequeno problema que corrigimos quando ele ainda era bebê."

Enquanto estão no útero, os órgãos reprodutivos em desenvolvimento dos embriões femininos não são tão vulneráveis quanto os dos embriões masculinos. Mas isso não significa que problemas não podem ocorrer. Evidências sugerem que algumas das mesmas substâncias químicas capazes de afetar o desenvolvimento genital masculino no útero podem impactar o fator tempo com relação à puberdade em meninas, levando principalmente ao desenvolvimento precoce de pelos pubianos e seios e ao início da menstruação em meninas. Além disso, a exposição no útero a alguns desses mesmos culpados químicos pode ter um impacto negativo na função ovariana do embrião feminino, resultando em um acelerado esgotamento de óvulos no caso da mulher adulta e em idade precoce da menopausa.

De uma forma ou de outra, o que acontece no útero não fica no útero. Essas exposições podem ter efeitos duradouros sobre o sistema reprodutivo e o desenvolvimento sexual de homens e mulheres.

O MACHO SENSÍVEL

No que diz respeito à igualdade de gêneros, o útero não propicia uma situação igual para todos. Isso é verdade em relação às ameaças potenciais ao desenvolvimento de embriões masculinos e femininos e à própria sobrevivência do feto. Para começar, a disfunção placentária severa é mais comum em gestações de fetos masculinos, o que pode explicar em parte o risco aumentado de perda precoce da gravidez de fetos masculinos.

Há evidências de que durante períodos estressantes o corpo da mulher aborta espontaneamente mais bebês do sexo masculino. Por exemplo, a proporção de nascimentos de meninos e meninas vivos diminuiu no período de três a cinco meses após cinco diferentes ataques terroristas no mundo entre 2001 e 2012. Ainda falta determinar até que ponto embriões machos são cromossomicamente vulneráveis ou suscetíveis a danos causados por substâncias químicas presentes no meio ambiente por outras razões.

Outro fator: fetos masculinos crescem mais rapidamente no útero, o que os sujeita a maior risco de ficarem desnutridos. A nutrição insuficiente do feto pode resultar em baixo peso ao nascer. Além disso, o risco de parto prematuro (o nascimento que ocorre antes de 37 semanas completas de gravidez) é maior para meninos. O problema é que bebês do sexo masculino que nascem com baixo peso corporal e/ou prematuramente têm menos chances de sobreviver do que bebês do sexo feminino nascidos com o mesmo peso ou mesmo número de semanas de gestação.

NO ÚTERO NÃO HÁ INOCÊNCIA

Durante a gravidez, fixada à parede do útero está a placenta. Esse órgão vital, embora temporário, funciona um pouco como um sistema de sustentação da vida para o feto, fornecendo oxigênio, hormônios e nutrientes e removendo resíduos do sangue dele. No entanto, surpreendentemente, a placenta não é tão bem compreendida como seria de esperar.

Por exemplo, sempre se acreditou que a barreira placentária, membrana que separa a circulação da gestante da do feto, era como uma parede ou fosso a proteger o feto contra bactérias, substâncias químicas e outras ameaças potenciais. Essa crença chegou até mesmo a embasar algumas das recomendações de saúde que eram dadas a mulheres grávidas – nas décadas de 1940 e 1950, com frequência as gestantes eram incentivadas a fumar para "acalmar os nervos" ou controlar o ganho de peso, e receitavam-se champanhe e vinho para tratar enjoos matinais e ajudar as futuras mamães a relaxar. Há muito tempo essas sugestões tiveram o mesmo fim que os dinossauros.

Felizmente, nossa percepção sobre como funciona a placenta melhorou muito. Agora sabemos que a barreira placentária está longe de ser impermeável, e a nicotina, o álcool e outros produtos químicos tóxicos, a exemplo do mercúrio (associado ao consumo de certos peixes), podem atravessar a placenta ou danificá-la e prejudicar o feto em desenvolvimento. Não é apenas que a futura mãe está comendo por dois: tudo o que ela engole ou inala pode afetar o bebê.

Descobriu-se isso de forma trágica depois que o dietilestilbestrol (DES), uma forma sintética de estrogênio, foi prescrito para grávidas, entre 1947 e 1971, como modo de prevenir abortos espontâneos e outras complicações da gravidez. Mais tarde, constatou-se que as filhas adolescentes de mulheres que foram expostas ao DES durante a gestação apresentaram um risco aumentado de um câncer vaginal e cervical raro que nunca tinha sido visto em mulheres jovens; elas também apresentavam índices mais altos de problemas de fertilidade, aborto espontâneo, parto prematuro e gravidez ectópica (ou tubária), que não é uma gestação viável e pode ser fatal para a mãe. Há muito reconhecido como um desregulador endócrino, desde 1971 o DES deixou de ser prescrito para uso por grávidas.

Identificar janelas de oportunidade para influências prejudiciais ao desenvolvimento reprodutivo é difícil, sobretudo em humanos. Isso é consideravelmente mais fácil em animais de laboratório. Por exemplo, uma vez que fica claro que a exposição pré-natal a certos produtos químicos presentes no meio ambiente, em especial aqueles que podem diminuir a testosterona, afeta a forma como se desenvolve o trato genital, cientistas podiam variar intencionalmente *em que momento* um animal prenhe era exposto a essas substâncias químicas, a fim de verificar de que maneira o fator tempo afetava o desenvolvimento dos órgãos genitais masculinos. Em ratos, pesquisadores descobriram que, se a futura mãe for exposta a ftalatos – substâncias químicas desreguladoras do sistema endócrino encontradas em nossos alimentos, nos plásticos e outros produtos de uso diário – entre 18 e 21 dias *após* o acasalamento, os níveis de testosterona de seus filhotes machos diminuirão, e ocorrerão interrupções no desenvolvimento normal da genitália masculina (tão logo foram identificadas, essas mudanças adversas foram consideradas tão importantes que receberam um nome especial – *síndrome do ftalato*). Mas é aqui que as coisas ficam complicadas: se a exposição a ftalato ocorrer apenas antes do 18º dia ou apenas após o 21º dia, a síndrome não ocorre. Portanto, essas substâncias químicas têm uma janela de oportunidade relativamente estreita para causar estragos no útero.[1]

Como do ponto de vista ético seria inaceitável realizar um estudo no qual mulheres grávidas fossem expostas de propósito a substâncias químicas potencialmente perigosas, tivemos que adotar um enfoque diferente a fim de tentar identificar a janela sensível para a exposição a ftalatos durante a gravidez em humanos. Em estudos que meus colegas e eu realizamos entre 1999 e 2009, examinamos os efeitos da exposição *ocasional* da grávida a ftalatos no período de desenvolvimento reprodutivo de sua prole masculina. Fizemos isso medindo os níveis dessas substâncias químicas em sua urina durante vários estágios de sua gestação. Quando procuramos a síndrome do ftalato e a janela de programação para o desenvolvimento da genitália masculina, descobrimos que ela ocorreu na segunda metade do primeiro trimestre, especificamente durante o intervalo entre a 8ª e a 12ª semanas de gravidez. Quando examinamos esses meninos após o nascimento, constatamos que neles a distância anogenital era mais curta e o pênis era menor do que o esperado para um menino de seu tamanho cuja mãe teve menor exposição a certos ftalatos.

Lembre-se: ao mesmo tempo que a testosterona faz com que o pênis se forme no embrião masculino, o hormônio predominantemente masculino está aumentando o comprimento da distância anogenital (DAG) masculina. Se não houver testosterona suficiente presente durante esse período fundamental, o menino pode acabar nascendo com DAG mais curta, pênis menor e testículos que não desceram por completo, como minha equipe de pesquisa revelou pela primeira vez em 2005. Os homens estão certos – quando se trata dos órgãos genitais, tamanho *é*

---

[1] Tenha em mente que o período gestacional e o intervalo de tempo de desenvolvimento reprodutivo em ratos são bastante diferentes daqueles dos humanos. Um filhote de rato nasce após passar cerca de 20 dias no útero, enquanto um bebê humano passa uma média de 280 dias no útero. Após o nascimento, o corpo dos ratos, incluindo seus órgãos genitais, é consideravelmente menos desenvolvido do que o bebê humano. Outra diferença importante em termos de desenvolvimento: o rato entra na puberdade cerca de quarenta dias após o nascimento, enquanto os humanos normalmente levam de onze a doze anos para atingir esse marco formativo. (N. da A.)

documento, sim, senhor, mas não da maneira que eles pensam. Em termos de fertilidade, o comprimento da DAG é mais significativo, porque uma DAG mais curta está associada a um tamanho de pênis mais curto e uma contagem de espermatozoides mais baixa. Depois que minha pesquisa foi publicada, recebi uma enxurrada de e-mails de homens perguntando se sua DAG era suficientemente longa, e de mulheres preocupadas querendo saber se o uso, no decorrer da gravidez, de cosméticos contendo ftalatos poderia ter afetado a DAG ou o desenvolvimento sexual de seus filhos homens. Tentei ajudar e ser solícita, mas é difícil estabelecer uma conexão de causalidade entre o desenvolvimento reprodutivo e um culpado específico em cada exemplo isolado, sobretudo em retrospecto. Nesse caso, olhar para trás e ter uma percepção a posteriori não propicia uma visão perfeita.

A DAG é um indicador tão importante da saúde reprodutiva e da desregulação endócrina que talvez devesse ser medida em todas as crianças. Contudo, fora do domínio da pesquisa científica ainda não se faz isso entre humanos. Penso na DAG um pouco como Janus, o antigo deus romano dos começos e transições que é retratado como bifronte, com um rosto olhando para trás, para o passado, e outro olhando para a frente, para o futuro. A medida da DAG do bebê pode nos dizer a quais influências químicas o feto foi exposto no útero, bem como o que o futuro reserva para a saúde reprodutiva e a fertilidade dessa pessoa; assim, a DAG proporciona tanto uma perspectiva de espelho retrovisor como uma previsão do futuro da saúde do indivíduo.

No entanto, continua a me surpreender que ninguém dê atenção à DAG. Admito que é um assunto embaraçoso para comentar na companhia de gente refinada. Alguns adultos estão familiarizados com o termo técnico *distância anogenital* ou com a sigla DAG, ou falam em *períneo* – embora jovens usem várias gírias, como *cussaco, campinho, periferia do parque de diversões* e *zona neutra*, entre outras – para se referir à distância do ânus à genitália, mas têm pouca noção do quanto essa medida é significativa.

Seja qual for o nome, a DAG é a parte do corpo que mais difere em tamanho entre os sexos. Geralmente é 50% a 100% maior nos homens do que nas mulheres, mesmo após o ajuste para o tamanho corporal relativo. Nas mulheres, a DAG representa a distância que vai desde o ponto médio do ânus ao topo do clitóris – e significa algo para as meninas também. Se o embrião feminino for exposto a muita testosterona no útero – o que pode acontecer se a mãe tiver síndrome do ovário policístico (SOP) –, a menina nascerá com uma DAG mais longa do que o normal para seu sexo. Trocando em miúdos: a DAG pode ser vista como um marcador biológico da atividade androgênica pré-natal, e, levando-se em conta a associação entre uma DAG mais longa e a SOP em meninas, parece que esta última pode se originar no útero.

A exposição a certas substâncias químicas presentes no meio ambiente também pode ter efeitos androgênicos no corpo, embora eles sejam raros em comparação com o número de produtos químicos que reduzem os andrógenos. Pesquisas descobriram que resíduos líquidos de fábricas de celulose e papel demonstram atividade androgênica, "quase sempre com potência suficiente para masculinizar e/ou inverter o sexo das fêmeas de peixes", de acordo com a Agência de Proteção Ambiental (EPA, na sigla em inglês). Em uma façanha típica de ficção científica, muitas espécies de peixes têm a capacidade de mudar suas gônadas e suas características sexuais secundárias, como o pigmento ou o formato do corpo, durante a idade adulta. Isso não acontece de maneira natural ou aleatória, mas em resposta a estímulos ambientais, a exemplo de mudanças na temperatura da água que afetam a vida selvagem ou a presença de produtos farmacêuticos com potencial de alterar níveis hormonais (mais sobre isso no capítulo 9).

PARA ENCURTAR A HISTÓRIA
COM RELAÇÃO ÀS EXPOSIÇÕES

Como você viu, mudanças no sistema reprodutivo do feto em desenvolvimento podem literalmente durar uma vida inteira. Por exemplo, a diminuição no número de células germinativas masculinas como resultado do tabagismo da mãe ou do pai pode afetar a qualidade do sêmen do filho homem quando adulto. Por outro lado, se a exposição química ocorre anos mais tarde, as alterações são reversíveis. Normalmente, um homem adulto que fuma cigarros sofre um declínio de 15% em sua contagem de espermatozoides, efeito que pode ser revertido se ele abandonar o hábito; no entanto, se uma gestante fuma durante a gravidez, seu filho homem adulto pode ter uma diminuição bastante acentuada em sua contagem – até 40% –, e isso é *irreversível*. Não são apenas os produtos químicos que podem ter efeitos negativos. Novas pesquisas sugerem que, se a futura mãe sofre um estresse significativo – demissão, divórcio, morte ou doença de um ente querido – no início de uma gravidez com um feto do sexo masculino, seu filho corre maior risco de ter uma contagem de espermatozoides reduzida, menor número de espermatozoides móveis e progressivos e níveis mais baixos de testosterona aos 20 anos.

Os cientistas usam os termos *efeitos organizacionais* e *efeitos ativacionais* para diferenciar esses tipos de influências. Os efeitos organizacionais ocorrem no início da vida do indivíduo e induzem alterações permanentes na estrutura e na função das células, tecidos e órgãos. Os efeitos ativacionais, por sua vez, em geral são influências de ocorrência rápida, mas transitória, que acontecem durante a vida adulta. Parece bastante simples, certo? Bem, para complicar as coisas, alguns dos mesmos hormônios sexuais e substâncias químicas desreguladoras endócrinas podem ter efeitos organizacionais ou ativacionais sobre embriões, fetos, crianças ou adultos, dependendo de quando ocorre a exposição.

Intuitivamente, pode parecer que apenas doses elevadas de produtos químicos tendem a ser problemáticas. Mas a realidade é que embriões são sensíveis a baixas doses de produtos químicos presentes no meio ambiente porque são pequenos e passam por altos índices de divisão celular. Estamos falando de valores muito pequenos, do tamanho de uma gota de óleo de bebê numa piscina olímpica – quase minúsculos. No entanto, se a mulher grávida – e, portanto, seu feto em desenvolvimento – for exposta a baixas doses de certos produtos químicos em períodos sensíveis da organização reprodutiva e neural (cerebral) do embrião, os efeitos poderão ser substanciais e permanentes. Isso mesmo – os órgãos reprodutivos não são os únicos a serem afetados. Durante períodos de desenvolvimento gestacional, quando os hormônios sexuais exercem efeitos organizacionais sobre o cérebro do feto, a exposição da futura mãe a desreguladores endócrinos pode afetar os padrões de comportamento de sua prole que no decorrer da vida são considerados tradicionalmente masculinos ou femininos.

Um exemplo interessante em animais: em experimentos com ratos, pesquisadores expuseram roedores machos e fêmeas a uma classe de desreguladores endócrinos chamados de bifenilos policlorados (PCBs) em dois momentos: enquanto os ratos estavam no útero da mãe e novamente quando eram jovens. As doses de PCBs eram comparáveis às quantidades a que os humanos estão sujeitos no mundo real, e o desenvolvimento dos ratos foi monitorado ao longo dos anos. Os pesquisadores constataram que tanto a exposição pré-natal quanto a exposição juvenil dos ratos a PCBs tiveram efeitos significativos nas expressões de ansiedade ou agressividade dos roedores, bem como em seu comportamento sexual ou de risco. Fato curioso é que a exposição juvenil amplificou os efeitos da exposição pré-natal na forma de comportamentos relacionados à ansiedade – em outras palavras, quando os ratos foram expostos nas duas ocasiões, as mudanças foram mais pronunciadas; ocorreu um efeito aditivo.

Esses efeitos estão em conformidade com o que é chamado de "modelo de dois eventos de desenvolvimento de doença". Em termos simples, no que se refere ao câncer, o modelo sugere que dois "eventos" no DNA são necessários para causar a doença. O primeiro evento pode resultar de uma mutação genética, enquanto um evento subsequente pode resultar de exposições ambientais e outros fatores não hereditários. Em termos de trato reprodutivo e desenvolvimento do cérebro, hoje se sabe que o primeiro evento pode acontecer no útero, e um segundo ou terceiro pode acontecer durante os primeiros meses da vida do bebê, na puberdade ou até mesmo ao longo da idade adulta. Na esfera do desenvolvimento, o modelo de dois eventos é o equivalente a "piorar ainda mais as coisas". Com o tempo, influências tóxicas podem ter efeitos cumulativos no desenvolvimento e na função reprodutivos, levando a potenciais problemas de fertilidade ou outros problemas de saúde muito antes de o homem ou a mulher sequer cogitarem a ideia de ter filhos.

Não é segredo que na puberdade crianças costumam se envolver em comportamentos de risco. As substâncias e produtos químicos a que elas são expostas podem ter repercussões duradouras para sua saúde, porque podem afetar o desenvolvimento de seu cérebro e seu sistema reprodutivo. Isso se deve pelo menos em parte ao fato de que a puberdade é um período de contínua sensibilidade neural aos efeitos organizadores dos hormônios. Nessa fase, por exemplo, os jovens são especialmente sensíveis aos efeitos do álcool e do fumo, e pesquisas revelaram que o consumo de álcool (já no sexto ano do ensino fundamental) pode atrasar o desenvolvimento puberal. O desenvolvimento de tecido mamário em meninas é suscetível aos efeitos de certos ftalatos, que levam ao aumento da densidade da mama; a ginecomastia puberal, o crescimento de mamas em meninos, também foi associada a níveis mais elevados de certos ftalatos no sangue. No que diz respeito aos efeitos "abaixo da linha da cintura", espermatozoides estão sendo produzidos durante a puberdade e tendem a sofrer efeitos adversos de muitos fatores, entre os quais substâncias químicas que podem alterar os hormônios do rapaz ou os complexos processos fisiológicos que trabalham juntos para produzir o esperma.

Agora que você tem uma visão panorâmica dos precários períodos da vida do feto em termos de desenvolvimento, aqui está a parte surpreendente: essas janelas de vulnerabilidade não são novidade; sempre existiram. Apenas não sabíamos, até um período relativamente recente, em que medida o desenvolvimento sexual e reprodutivo de crianças poderia ser afetado no útero pelas práticas de estilo de vida de seus pais e mães e sua exposição a produtos químicos, ou pelas exposições das próprias crianças na primeira infância e durante a adolescência.

Assim como o tempo propício significa tudo para a concepção, ele é fundamental no desenvolvimento reprodutivo da criança. A título de exemplo, leve em consideração o seguinte: um grupo de pesquisa examinou o número de óvulos recuperados de mulheres submetidas à fertilização in vitro e os comparou à quantidade de um plastificante não ftalato denominado DINCH presente na urina das mulheres. Os pesquisadores recuperaram menos óvulos de mulheres com níveis mais elevados desse produto químico. O interessante é que a queda no número de óvulos recuperados foi mais forte entre aquelas com mais de 37 anos, em comparação com as mais jovens, o que sugere que, à medida que a mulher e seu parceiro envelhecem, os corpos de ambos podem se tornar menos resistentes aos efeitos de produtos químicos prejudiciais. Outra agrura para acrescentar à lista dos pais e mães mais velhos!

Então, no que diz respeito ao desenvolvimento reprodutivo, não é uma questão apenas *do que* você consome; tem a ver com *quando* você consome. Se você é um homem que fuma antes de tentar uma concepção, é uma atitude arriscada; se você é uma mulher grávida, o primeiro trimestre, em especial, é um momento delicado para o desenvolvimento dos órgãos genitais do feto – e as consequências não se limitam à possibilidade de seu filho acabar com menos espermatozoides ou sua filha, com níveis mais altos de andrógenos. Os potenciais efeitos em cascata para o futuro sexual e reprodutivo de seus futuros filhos e filhas são substanciais, como você verá em um capítulo posterior.

6
ÍNTIMO E PESSOAL:
Hábitos de Estilo de Vida Que Podem Sabotar a Fertilidade

O DESAFIO DE ESTAR À ALTURA E CORRESPONDER ÀS EXPECTATIVAS

Quando um homem visita um banco de esperma para fazer uma doação, certas práticas de seu estilo de vida podem rapidamente incluí-lo na lista dos que não estão aptos a doar. O uso de drogas ilícitas é um critério óbvio. Também está vetado o aspirante a doador que faça uso diário de praticamente todo e qualquer medicamento e que tenha sido exposto a infecções sexualmente transmissíveis ou que esteja infectado com alguma delas. Muitos bancos de esperma também perguntam sobre histórico de doenças recentes que tenham a febre como um dos sintomas, porque ela está associada a declínios na qualidade dos espermatozoides, mas essas são influências temporárias, e não fatores permanentes de exclusão. Certas características de estilo de vida também podem ter um efeito tão negativo sobre a qualidade do esperma que o candidato acaba não atendendo aos requisitos necessários e não é selecionado. Entre elas estão a exposição a certos riscos ocupacionais ou ambientais, tabagismo, uso excessivo de álcool, deficiências de nutrientes, superaquecimento e hábitos de sedentarismo em geral.

Esses problemas nem sequer levam em consideração os requisitos básicos de elegibilidade, que variam ligeiramente de um banco de esperma para outro. No banco de sêmen California Cryobank, por exemplo, os aspirantes a doador devem ter pelo menos 1,72 metro,[1] idade entre 19 e 38 anos e diploma universitário (ou devem estar cursando a faculdade),[2] estar com boa saúde, ter autorização para trabalhar legalmente nos Estados Unidos e histórico de relações sexuais exclusivamente com mulheres. O Banco de Esperma da Califórnia tem critérios semelhantes, mas é um pouco mais flexível com relação à altura (1,70 metro no mínimo). O Northwest Cryobank, no Noroeste Pacífico, tem o requisito adicional de que os candidatos estejam dentro dos limites de peso normais para sua constituição muscular e altura.

No final das contas, um cara tem mais chances de ser aceito como aluno em Harvard, Princeton ou Yale do que como doador nos principais bancos de sêmen do país, cujos índices de aprovação são baixíssimos e em alguns casos chegam a 1%.

Além dos requisitos estéticos e educacionais, que em grande medida derivam das preferências do cliente, há boas razões para muitos desses padrões extremamente seletivos: são elementos que podem afetar a qualidade dos espermatozoides do homem e a saúde do bebê que será concebido. A maioria dos bancos de esperma, por exemplo, não aceita doadores com mais de 40 anos, porque o homem mais velho é propenso a ter mais DNA danificado em seus espermatozoides do que aquele na casa dos 20 ou 30 anos. Certas práticas de estilo de vida também podem danificar o DNA dos espermatozoides, bem como comprometer sua concentração, sua motilidade e sua morfologia. No entanto, a maioria dos homens não tem noção disso.

---

[1] De modo geral as pessoas querem que seus filhos tenham uma vantagem na altura, para que possam se destacar nos esportes, ou ter mais facilidade para controlar o peso, ou ser mais atraentes do ponto de vista sexual, ou possivelmente ganhar um salário maior. Alguns estudos constataram que pessoas mais altas ganham mais dinheiro e têm mais oportunidades em cargos de gerência. (N. da A.)

[2] Entre as pessoas que recorrem a sêmen doado, sinais de inteligência são extremamente valorizados, sobretudo porque o esperma não pode fazer testes de QI. (N. da A.)

FATORES DE ESTILO DE VIDA
QUE ARRUÍNAM A FERTILIDADE

A realidade é que, enquanto vão tocando a vida em sua rotina cotidiana, homens *e* mulheres podem estar involuntariamente prejudicando sua saúde reprodutiva e sua fertilidade, e ignoram essa possibilidade até o dia em que percebem que têm problemas para conceber. Há aspectos da alimentação e do estilo de vida modernos que são ruins para os espermatozoides, e o sistema reprodutivo das mulheres não está imune a essas influências. Em relação a algumas práticas de estilo de vida, a exemplo do tabagismo e do consumo pesado de álcool – não há surpresa, porque são sabidamente prejudiciais ao coração, pulmões, ossos e outras partes. Mas pode ser que seu médico não tenha mencionado – e talvez sua mãe não saiba – que o que é ruim para esses órgãos e tecidos pode ser ruim também para a função reprodutiva, aumentando os riscos de problemas na qualidade do esperma em homens, bem como de função menstrual, aborto espontâneo, reserva ovariana e outros parâmetros reprodutivos nas mulheres.

De nada adianta o fato de a carga corporal ser ligeiramente diferente para homens e mulheres (alerta de spoiler: são mais numerosos os fatores de estilo de vida capazes de causar danos aos espermatozoides do que aos óvulos), e o mesmo vale no que diz respeito ao intervalo de tempo em que essas influências potencialmente causam os maiores estragos. A vida reprodutiva da mulher dura de 25 a 35 anos, enquanto para o homem essa duração pode ser muito mais ampla (o pai mais velho do mundo de que se tem registro tinha 96 anos!). Como os espermatozoides são produzidos continuamente durante a idade adulta, homens cujos hábitos de vida deixam em maus lençóis a qualidade de seu sêmen podem ser capazes de melhorá-la, alterando seus comportamentos; eles recebem uma nova chance, uma chance de apertar o botão de reiniciar.

A mulher nem sempre tem tanta sorte nesse aspecto. É verdade que, se ela tem amenorreia (ausência de menstruação) induzida pela prática excessiva de exercícios físicos, ou se está abaixo do peso por não se alimentar o suficiente, exercitar-se menos e comer mais são medidas que podem restaurar seus níveis de estrogênio para a faixa normal e devolver seu fluxo menstrual a um ciclo mais regular, além de uma ovulação mais consistente. Feita essa exceção, contudo, a mulher tem menos oportunidades de potencialmente reverter o infortúnio dos problemas reprodutivos que se abateram sobre ela.

Agora examinaremos mais detidamente de que modo fatores específicos relacionados ao estilo de vida podem prejudicar a saúde reprodutiva.

PESO CORPORAL

Um fator que influencia a função reprodutiva de homens e mulheres em igual medida é o peso corporal. Logicamente, o peso não é um fator de estilo de vida, mas padrões de alimentação e exercícios físicos são, e podem ter efeitos consideráveis sobre ele. Isso tem pouco a ver com plásticos e produtos químicos entre nós, embora desreguladores endócrinos (DEs), alguns dos quais são chamados de obesogênios, possam influenciar nosso ganho de peso. Mas tem muito a ver com a qualidade de nossas escolhas alimentares e nossos níveis de atividade física. Não há como negar que é um desafio e tanto controlar o peso no mundo moderno, uma vez que alimentos de alto teor calórico, processados e superprocessados estão ao nosso alcance praticamente em qualquer lugar. E é fácil passar o dia sem ter que fazer muito movimento, agora que vivemos na era em que tudo é automatizado. Essas realidades podem estar cobrando um preço, afetando tanto a função reprodutiva humana quanto o peso corporal.

Estar substancialmente acima ou abaixo do peso tem um efeito negativo sobre a qualidade do esperma, e a obesidade (um índice de massa corporal, ou IMC,[3] igual a 30 ou maior) é especialmente prejudicial porque está associada à contagem, concentração e volume mais baixos de espermatozoides, diminuição da motilidade espermática e uma maior incidência de espermatozoides de formato anormal. Para as mulheres, também existe uma curva em forma de U quando se trata da relação entre peso corporal e abortos espontâneos – as que têm IMC

---

[3] O IMC é reconhecido como padrão internacional para avaliar o grau de sobrepeso e obesidade. É calculado dividindo-se o peso (em quilos) pela altura (em metros) ao quadrado. (N. da T.)

30 ou superior e IMC inferior a 18,5 estão sujeitas a um aumento do risco de sofrer aborto espontâneo.[4] Da mesma forma, o peso muito alto ou muito baixo pode afetar as chances de engravidar, porque pode ser que a mulher não esteja ovulando regularmente ou talvez não tenha as quantidades adequadas de estrogênio e progesterona para manter uma gravidez saudável. É outro exemplo do "Princípio de Cachinhos Dourados": homens e mulheres têm um ponto ideal e favorável – uma "medida certa", nas palavras de Cachinhos Dourados – para o peso corporal no que diz respeito à função reprodutiva e à fertilidade ideais.

Levando-se em conta essas associações, pode não ser coincidência que o declínio na contagem de espermatozoides, o aumento nos problemas de fertilidade e a alta nos índices de obesidade nos países ocidentais tenham ocorrido ao mesmo tempo. De 1999 a 2016, a taxa de obesidade entre adultos nos Estados Unidos aumentou 30%, e em 2016 quase 40% dos adultos pularam para a categoria de obesos.

A FUMAÇA ENTRA EM SUAS PARTES ÍNTIMAS

Como você já ouviu inúmeras vezes – inclusive aqui mesmo, apenas algumas páginas atrás! –, fumar está entre os hábitos de saúde mais nocivos do planeta. É também uma das influências mais prejudiciais à função reprodutiva do homem. O tabagismo está associado à redução do volume de espermatozoides e causa a diminuição de sua motilidade e o aumento nos defeitos de formato, com danos mais acentuados em fumantes moderados a pesados do que em fumantes leves. Contudo, seja qual for a quantidade, a exposição ao fumo, até mesmo passiva, é danosa ao esperma.

Pesquisas em camundongos descobriram que os roedores submetidos à fumaça de cigarro tinham espermatozoides sem cauda; isso torna difícil, se não impossível, para os pequenos nadadores alcançar o óvulo. Em humanos, constatou-se que as substâncias químicas componentes da fumaça do cigarro causam danos ao DNA do esperma, reduzem os

---

[4] Choque de realidade: quando se trata de aborto espontâneo, a obesidade oferece muito mais risco do que o peso abaixo do normal. (N. da A.)

níveis de testosterona e prejudicam a capacidade do espermatozoide de fertilizar o óvulo (a propósito, fumar aumenta também o risco de disfunção erétil).

Também para a mulher, fumar é o fator de estilo de vida mais prejudicial quando o assunto é saúde reprodutiva. Os produtos químicos que compõem os cigarros – nicotina, cianeto e monóxido de carbono – são tóxicos para os óvulos e aceleram a velocidade em que morrem. As taxas de infertilidade são significativamente mais altas entre as fumantes, e o risco aumenta com o número de cigarros que a mulher fuma. Fumar também aumenta o risco de gravidez tubária (ou ectópica) e aborto espontâneo – e a quantidade de tempo que a mulher demora para engravidar, esteja ela tentando conceber à moda antiga ou por meio de fertilização in vitro. Ademais, como fumar prejudica o material genético dos óvulos e dos espermatozoides, as fumantes são mais propensas a ter um feto cromossomicamente anormal, por exemplo, com síndrome de Down.

A exposição ao fumo passivo (inalação da fumaça de derivados do tabaco por indivíduos não fumantes que convivem com fumantes) também é prejudicial para a função reprodutiva feminina. Pesquisas descobriram que mulheres expostas a ele costumam demorar mais tempo para engravidar. Além disso, as que nunca fumaram, mas tiveram maior exposição ao fumo passivo – ou em casa, quando crianças, ou, já adultas, no ambiente de trabalho –, correm riscos significativamente maiores de aborto espontâneo, parto de natimorto e gravidez ectópica. Esse mesmo grupo também tem uma chance maior de atingir a menopausa natural antes de completar 50 anos. E não há dúvida de que o fumo passivo é quase tão prejudicial para a saúde do feto em desenvolvimento como se a mãe efetivamente fumasse.

Apesar de os índices de tabagismo entre homens e mulheres adultos nos Estados Unidos terem caído mais de 50% desde 1964, quase 38 milhões deles (catorze pessoas a cada cem) ainda acendem todo dia ou com frequência um cigarro. Em todo o mundo, as taxas de tabagismo são consideravelmente superiores – quase 20% da população mundial fumava em 2014. Nos Estados Unidos, as taxas de tabagismo são um pouco mais baixas entre mulheres (12%) do que entre homens (16%). Em âmbito mundial, os homens fumam quase cinco vezes mais do que as mulheres, e os índices mais altos de homens fumantes estão em países do Pacífico Ocidental.

A maconha é a droga recreativa mais consumida nos Estados Unidos, e seu uso continua a crescer, especialmente à medida que mais estados a legalizam. Hoje em dia, muitos jovens, sobretudo, acreditam que é mais seguro fumar maconha do que nicotina, mas pode ser um erro pensar que a maconha seja menos tóxica para os espermatozoides. Ainda não existem muitas pesquisas sobre essa questão, mas trabalhos científicos estão começando a aparecer. Um estudo publicado em 2015 na Dinamarca constatou que o hábito de fumar maconha regularmente, mais de uma vez por semana, foi associado a uma contagem de espermatozoides 29% mais baixa; pior ainda, homens com idade entre 18 e 28 anos que usaram maconha, bem como outras drogas recreativas, mais de uma vez por semana tiveram sua contagem total de espermatozoides reduzida em 55%. Entre os homens que passavam por avaliação de fertilidade como etapa precursora para tratamento de reprodução assistida, os que consumiam grande quantidade de maconha se mostraram quatro vezes mais propensos a ter nadadores de péssima qualidade; já para os usuários moderados, era quase 3,5 vezes maior o risco de terem espermatozoides com formato anormal. As mulheres não escapam ilesas desses efeitos reprodutivos danosos. Um estudo de 2019 constatou que mulheres que fumavam maconha na ocasião em que se submeteram a tratamento para infertilidade com TRA tinham mais do que o dobro da taxa de aborto espontâneo daquelas que não a consumiam.

Também há evidências preliminares de que o uso de cigarros eletrônicos e outros dispositivos vaporizadores (os *vaping devices*, popularmente chamados de *vapes*) pode danificar os espermatozoides. Alguns estudos com animais sugerem que até mesmo o canabidiol (CBD), o segundo ingrediente ativo mais predominante na maconha, pode prejudicar o desenvolvimento dos espermatozoides e reduzir sua capacidade de fertilizar o óvulo, embora poucas pesquisas tenham sido feitas sobre essa substância. Isso não é surpreendente, já que os produtos com CBD só recentemente se tornaram "super na moda". O uso de cigarros eletrônicos também se popularizou, sobretudo entre jovens – 28% dos alunos do ensino médio nos Estados Unidos confessaram usar esses produtos de tabaco com regularidade, de acordo com uma pesquisa de 2019 junto a mais de 10 mil estudantes do ensino médio. Ainda está para ser determinado de que maneira essas novas tendências afetarão a fertilidade da atual geração de jovens. Fique ligado!

UM BRINDE AO SÊMEN DE BOA QUALIDADE

Se o hábito de fumar é, em qualquer quantidade, uma péssima notícia para os espermatozoides, o sêmen é mais tolerante no caso do álcool. Tal qual o peso corporal, essa é outra variável com um ponto ideal: a ingestão moderada de álcool – definida como de quatro a sete unidades por semana (para que fique registrado, uma taça de vinho e uma garrafa de cerveja constituem, respectivamente, uma unidade) – está associada a um maior volume de sêmen e maior contagem total de espermatozoides; porém, sua ingestão em grande quantidade – mais de 25 unidades por semana – é perigosa para os espermatozoides e outros aspectos da qualidade do sêmen. A ingestão crônica ou excessiva de álcool pode reduzir a produção de testosterona, que por sua vez pode comprometer a produção de espermatozoides e outros aspectos da qualidade do sêmen. E, embora não seja um efeito consistente, algumas evidências científicas, bem como anedóticas, relacionam o consumo excessivo de álcool a um risco mais elevado de disfunção erétil. Os caras costumam se referir a esse efeito de "brochada" como "pau mole de birita", o que a revista *Men's Health* define como "a maior das maldições conhecidas pela humanidade".

As mesmas diretrizes relativas ao álcool para os homens se aplicam às mulheres: mantenha a moderação. Desde que baixo ou moderado (um drinque por dia), o consumo de álcool antes da gravidez não afeta o risco de aborto espontâneo ou parto de natimorto. Por outro lado, sabe-se que a bebedeira desenfreada (para mulheres, o consumo excessivo de álcool equivale a beber quatro ou mais drinques numa mesma ocasião) é prejudicial ao coração, ao cérebro e a outras partes do corpo. Pesquisas sugerem que o consumo exagerado e frequente de álcool pode ter um efeito adverso na reserva ovariana, visto que é associado a níveis mais baixos de hormônio antimülleriano (AMH), que é produzido pelos ovários – 26% menor, de acordo com um estudo. Isso é particularmente preocupante, uma vez que os índices de alto risco de consumo de álcool entre mulheres nos Estados Unidos estão em alta, tendo aumentado 58% de 2001 a 2013. Nem é preciso dizer, é claro, que consumir bebida alcoólica durante a gravidez é terminantemente proibido.

ALIMENTOS PARA (IN)FERTILIDADE

Os hábitos alimentares do homem também podem afetar sua fertilidade, para melhor ou para pior. Algumas das descobertas mais convincentes sobre a influência da dieta e da nutrição sobre a qualidade do sêmen vêm do Estudo de Rapazes da Universidade de Rochester (RYMS, na sigla em inglês), que venho coordenando desde 2007 e cujas análises estão em andamento. Para esse estudo, recrutamos estudantes universitários do sexo masculino matriculados na Universidade de Rochester, em Nova York, entre 2009 e 2010; cada um dos rapazes participantes forneceu uma amostra de sêmen e respondeu a detalhados questionários sobre sua ingestão de alimentos e sobre os hábitos alimentares da mãe enquanto estava grávida dele. O RYMS fez parte de um estudo multicentro internacional cujo objetivo era avaliar os efeitos de contaminantes ambientais na qualidade do sêmen – e os resultados foram nada menos que esclarecedores.

Somadas umas coisas e outras, no lado negativo está o fato de que a alta ingestão de alimentos lácteos integrais, especialmente queijo, está associada a maiores anomalias na qualidade do esperma. Pode ser que esses efeitos desastrosos se devam às grandes quantidades de estrogênios nos laticínios ou à presença, nesses produtos, de contaminantes ambientais como pesticidas e poluentes clorados.

Muitas pessoas não percebem que hormônios, entre os quais estrogênio, progesterona e testosterona, são dados a bovinos e ovinos entre sessenta e noventa dias antes do abate para fomentar seu crescimento, e os resíduos desses hormônios permanecem na carne. Um de nossos estudos descobriu que mulheres grávidas que faziam sete ou mais refeições semanais contendo carne tinham filhos com contagens de espermatozoides reduzidas. O processamento da carne – salga, cura, fermentação e defumação – também é motivo de preocupação. Homens que comem grande quantidade de carne processada (pense em cachorros-quentes, bacon, salsicha, salame e mortadela) tendem a ter uma contagem de espermatozoides mais baixa e uma porcentagem menor de espermatozoides de formato normal. Além disso, a cura da carne produz substâncias químicas, entre as quais nitratos e nitritos, que podem causar câncer e também danificar o DNA, inclusive o DNA espermático.

Homens jovens saudáveis que, embora sejam magros, consomem bebidas adoçadas com açúcar, a exemplo de refrigerantes, energéticos, isotônicos esportivos e chás gelados, têm motilidade espermática reduzida, em comparação com homens que raramente consomem esse tipo de bebida com adição de açúcar e/ou edulcorante. Que esses efeitos se restrinjam a homens magros, em vez de homens com sobrepeso ou obesos, sugere que a culpa pode ser da promoção de resistência à insulina e do estresse oxidativo, que sabidamente influenciam de forma negativa a motilidade dos espermatozoides.

Muito antes de a mulher começar a comer por dois, a alimentação inadequada pode afetar sua saúde e a funcionalidade de seu sistema reprodutivo. Para a fertilidade feminina, a ingestão elevada de carne e gorduras trans está entre os maiores vilões dietéticos. No lado positivo, a ingestão adequada de ácido fólico não é importante apenas durante a gravidez (uma vez que pode prevenir defeitos do tubo neural, como espinha bífida no bebê); uma ingestão maior antes da concepção também pode aumentar as chances de a mulher engravidar e diminuir seu risco de aborto espontâneo.

Mulheres que são incapazes de se imaginar abrindo mão de sua xícara matinal de café podem ficar tranquilas: esse hábito não prejudica a fertilidade feminina nem a função ovariana, tampouco outros aspectos da saúde reprodutiva. Mas aqui o lema é *moderação*, porque existem riscos associados ao consumo exagerado de café. Por um lado, consumir muita cafeína durante a gravidez pode ser problemático – duas xícaras de café por dia não são exagero, mas beber quatro ou mais por dia está associado a um aumento de 20% do risco de sofrer aborto espontâneo e dar à luz um recém-nascido menor do que o esperado.

HÁBITOS DO SEDENTÁRIO PREGUIÇOSO QUE NÃO SE LEVANTA DO SOFÁ POR NADA

Passar longas horas maratonando séries e programas de TV favoritos pode ser uma boa maneira de relaxar, mas não faz bem nenhum ao sêmen. Em um estudo envolvendo 1.210 jovens dinamarqueses saudáveis, os pesquisadores descobriram que longos períodos ociosos diante do televisor estavam associados a uma drástica redução na contagem de espermatozoides e à diminuição dos níveis de testosterona. As concentrações espermáticas dos rapazes que costumavam assistir compulsivamente à programação televisiva por mais de cinco horas por dia eram 30% mais baixas do que as daqueles que nem sequer ligavam o televisor – mas, de qualquer forma, observou-se um declínio para qualquer quantidade de tempo diante da TV.[5] Esses efeitos podem se dever em parte ao aumento da temperatura do escroto, resultado de ficar na posição sentada; o aumento da temperatura escrotal reduz temporariamente a produção de espermatozoides. Curiosamente, os mesmos efeitos *não* foram constatados em homens que trabalhavam durante muitas horas sentados diante de uma tela de computador. Então, a história completa ainda é um pouco misteriosa.

OUTRO EFEITO "MEXA-SE OU SE DÊ MAL"

Entre os adultos norte-americanos, as tendências relativas a atividades físicas têm percorrido uma trajetória saudável; de 2008 a 2017 houve um aumento de 24% no número de adultos que atendem às diretrizes de recomendações sobre a quantidade de atividade física aeróbica semanal: no mínimo 150 minutos de exercícios de intensidade moderada ou 75 minutos de atividades de intensidade vigorosa. Sem dúvida são passos (trocadilho intencional) na direção certa, mas ainda há muito espaço para melhoria, porque 46% dos adultos *não* estão se dedicando à dose recomendada de movimento. A atividade física regular é benéfica para a função reprodutiva, bem como para a saúde cardiovascular e cerebral.

Uma exceção a essa dinâmica "nascido para suar a camisa": andar de bicicleta. Homens que relataram fazê-lo por noventa minutos ou mais por semana apresentaram concentrações de espermatozoides 34% mais

---

[5] Você se lembra de quando a expressão giriesca "Netflix and chill" ["Curtir Netflix e ficar de boa", em tradução livre] se tornou um código para quando uma pessoa convidava alguém para ir a sua casa e, depois de começarem a ver um filme ou seriado na Netflix, partirem para o sexo casual – ou até mesmo já pular direto para o ato sexual? Hoje em dia, talvez seja necessária uma nova conotação: pode significar simplesmente relaxar e assistir a um filme ou episódio de série – enquanto se põe a vida sexual no gelo [*chill* = frio]. (N. da A.)

baixas do que aqueles que nunca pedalavam. Outro estudo examinou a influência do ciclismo na qualidade do esperma e constatou que os ciclistas que competiam em provas de longa distância tinham menos da metade do número de espermatozoides com formato normal do que seus pares menos ativos.[6] Uma teoria propõe que o escroto quente e incomodado pode causar efeitos deletérios sobre a produção espermática, enquanto outra sugere que a compressão do assento contra as partes íntimas do homem pode afetar o fluxo sanguíneo para os testículos.[7]

Entre as maiores ameaças potenciais relacionadas ao estilo de vida para a saúde reprodutiva da mulher está a tripla calamidade de comer muito pouco, praticar exercícios demais e ter irregularidades menstruais. Essa trinca é importantíssima por várias razões, a principal delas: se a mulher não menstrua (o que significa que ela tem amenorreia) ou se tem ciclos menstruais extremamente irregulares, o nível de estrogênio em seu corpo pode se reduzir de maneira significativa. Claro que isso é um problema se ela quiser ter uma gravidez saudável. Mas o baixo estrogênio também faz com que ela perca força e densidade óssea, o que pode torná-la propensa a sofrer fraturas por estresse e osteoporose.

A combinação de alimentação deficitária/baixa disponibilidade energética (que inclui transtornos alimentares, distúrbios alimentares subclínicos e excesso de exercícios físicos), disfunção menstrual e baixa densidade mineral óssea pode levar à síndrome chamada de "tríade da mulher atleta". Embora qualquer mulher fisicamente ativa possa desenvolver um ou mais componentes da tríade em qualquer idade, as que correm maior risco são as que participam de atividades físicas que valorizam a aparência ou premiam a resistência. Na categoria estética estão as animadoras de torcida, dançarinas, patinadoras artísticas e ginastas; na categoria resistência incluem-se praticantes de esportes como corrida de longa distância e remo.

---

[6] Antes de desistir das bicicletas para sempre, no entanto, os caras interessados em ter filhos devem saber que alguns especialistas em fertilidade acreditam que modificar a altura e o formato do assento da magrela e a geometria entre o assento e a altura do guidão pode reduzir a pressão que é colocada na área genital, melhorando assim os parâmetros espermáticos. (N. da A.)

[7] Algumas outras maneiras de o calor afetar as virilhas dos homens: o uso regular de saunas e banheiras de hidromassagem está relacionado a uma queda na contagem e na motilidade dos espermatozoides. Felizmente, todos esses efeitos parecem ser reversíveis, tão logo os homens deixam de lado essas atividades recreativas. (N. da A.)

Mesmo sem os outros elementos da tríade, a prática diária exagerada de exercícios – por exemplo, exercitar-se até a exaustão – mais do que duplica o risco de a mulher ter disfunção ovulatória e infertilidade. Isso ocorre, pelo menos em parte, porque a quantidade excessiva de exercícios pode reduzir os níveis de hormônio e fazer com que a mulher deixe de ovular, ou ovule de maneira irregular. Por outro lado, a prática moderada, definida como a atividade física realizada em uma intensidade moderada por menos de uma hora por dia, está associada a um risco reduzido de infertilidade. Em outras palavras, exercícios físicos moderados são uma saudável fonte de estresse físico, ao passo que o excesso de exercícios faz a balança pender para o território da sobrecarga.

Durante a pós-graduação, Susannah aprimorou suas corridas esporádicas e as levou a um novo patamar, aumentando a frequência, o ritmo e a distância. Tinha perdido quase 7 quilos no verão anterior e recebeu uma enxurrada de elogios sobre sua nova silhueta, agora esbelta, de 1,75 metro. Como estava receosa de acabar recuperando o peso perdido, apesar de correr entre 40 e 55 quilômetros por semana, ela começou a pular refeições ou a comer muito pouco, e às vezes, quando exagerava na comida, pagava os pecados e se purificava correndo até seu corpo se curvar de dor. O resultado: Susannah perdeu mais 3 quilos – e parou de menstruar. "No meu íntimo eu estava empolgada por não ter mais o incômodo da menstruação, mas depois de cinco meses ela voltou com força total, a cada duas ou três semanas, e aquilo foi um pesadelo", recorda.

Susannah foi ao médico, que diagnosticou um distúrbio hormonal induzido pelos exercícios físicos em demasia e a alertou de que ela estava se pondo em uma situação de risco de perda óssea e fratura por estresse; ele não mencionou problemas de fertilidade como uma consequência possível, mas Susannah descobriu mais tarde que a infertilidade também poderia ser um dos resultados. O médico a aconselhou a reduzir as corridas e ganhar peso ou tomar anticoncepcionais orais para regular seu ciclo menstrual. Naquela época, Susannah era viciada em correr, por isso optou pela pílula – até que descobriu que ela lhe causava dores de cabeça e sensibilidade extrema nos seios.

"Foi uma decisão difícil, porque eu adorava ser mais magra, mas era insuportável o estado em que os hormônios me deixavam", lembra ela. Então Susannah parou de tomar os anticoncepcionais orais, começou a limitar suas corridas a quatro vezes por semana e voltou a fazer refeições regulares. Em três meses, ganhou 3,5 quilos e sua menstruação retomou um padrão constante.

ESTRESSE E FERTILIDADE

Talvez cause ansiedade reconhecer a dimensão com que fatores de estilo de vida podem influir na produção de espermatozoides e a fertilidade, mas ainda nem sequer chegamos à questão do estresse. Além de afetar o estado de espírito do homem, os inevitáveis perrengues e tensões da vida moderna podem cobrar um preço altíssimo da produção espermática. Isso é especialmente verdadeiro se o medidor de estresse pessoal do homem registrar *sobrecarga*, o que acontece com bastante facilidade hoje em dia.

Em um estudo dinamarquês, 1.215 homens responderam a um questionário psicossocial que permitiu aos pesquisadores constatar que os participantes que informaram níveis de estresse elevados tinham uma concentração de espermatozoides 38% menor do que a daqueles que informaram níveis de estresse moderados. Algumas das minhas próprias pesquisas descobriram que os homens que tinham vivenciado dois ou mais eventos estressantes recentes – morte ou doença grave de um parente próximo, divórcio ou problemas sérios de relacionamento, mudança de casa ou mudança de emprego – eram mais propensos a ter concentração, motilidade e morfologia espermáticas abaixo do normal. E níveis médios e altos de estresse no trabalho têm sido associados a danos ao DNA espermático. De uma forma ou de outra, passar por estresse psicológico excessivo pode, essencialmente, enguiçar o maquinário de produção de espermatozoides, sem mencionar os danos ao desejo sexual do homem.

A complicada questão do estresse é ainda pior para as mulheres, quase duas vezes mais suscetíveis que os homens a sofrer de estresse intenso. Dentre outros efeitos sobre a saúde, o estresse pode nocautear a libido da mulher, assim como derruba também o desejo do homem – outro perigo crescente no mundo contemporâneo capaz de afetar o potencial reprodutivo das pessoas. E algumas pesquisas revelaram que mulheres que relatam ter altos níveis de estresse são mais propensas a ter ciclos menstruais irregulares ou dolorosos, e mais sintomas de tensão pré-menstrual, o que pode "cortar o clima".

Isso posto, a relação entre estresse e fertilidade não é exatamente simples. Durante décadas a ligação entre esses dois fatores rendeu debates acalorados, e até hoje ainda não se chegou a nenhuma conclusão definitiva a respeito. O motivo: mulheres que estão em fase de tratamentos de fertilidade, entre os quais fertilização in vitro, relatam altos níveis de estresse, mas não está claro se o estresse em si pode causar a infertilidade ou contribuir para que ela ocorra. É um mistério do tipo "quem nasceu primeiro: o ovo ou a galinha?"

Enquanto isso, algumas evidências convincentes relacionam elevados níveis de estresse psicológico a um risco aumentado de aborto espontâneo, sobretudo abortos espontâneos recorrentes, embora essa associação também não esteja clara. Na verdade, quando pesquisadores do Centro de Pesquisa em Saúde Naval, em San Diego, investigaram se as experiências de militares norte-americanas mobilizadas para atuar no Iraque e no Afeganistão aumentaram a possibilidade de elas sofrerem aborto espontâneo ou terem a fertilidade prejudicada após seu retorno das missões, descobriram que integrar tropas de serviço em um cenário de guerra (uma experiência intensamente estressante) não elevou o risco de aborto espontâneo ou de problemas de fertilidade. Isso é uma notícia encorajadora para mulheres civis que estão estressadas e querem engravidar.

SEXO, DROGAS E FUNÇÃO REPRODUTIVA

Diversos medicamentos também podem nocautear a função reprodutiva, sobretudo agentes hormonais e agentes antineoplásicos, que são usados para tratar câncer. Outros fármacos também têm essa capacidade. O que não se divulga sobre a epidemia de opioides nos Estados Unidos é que esses potentes remédios que aliviam a dor podem aumentar os danos ao DNA espermático, e com altas doses deles os níveis de testosterona caem significativamente. Já se demonstrou que o Tylenol (cujo nome genérico é acetaminofeno; na Europa, é conhecido como paracetamol), que ocupa uma posição mais abaixo na escala de potência de analgésicos, causa anomalias nos espermatozoides, entre as quais fragmentação de DNA, e aumenta o tempo que se leva para conseguir uma gravidez; além disso, tomar altas doses desse medicamento pode alterar o formato dos espermatozoides de maneiras que prejudicam sua capacidade de fertilização.

A fim de melhorar sua performance e/ou aumentar sua massa e força muscular, alguns atletas do sexo masculino usam esteroides anabólicos (ou anabolizantes) androgênicos (EAAs), grupo de compostos naturais e sintéticos formados a partir da testosterona ou um de seus derivados. Além de ter efeitos adversos graves e potencialmente irreversíveis em vários órgãos e sistemas do corpo, incluindo o sistema reprodutivo, esses esteroides podem bagunçar significativamente os níveis hormonais. Utilizados em excesso, podem acarretar alterações estruturais e funcionais nos espermatozoides, redução no volume dos testículos, aumento das mamas e subfertilidade em homens.

A suplementação de testosterona é o padrão-ouro para o tratamento de pacientes com hipogonadismo (ou hipogenitalismo) masculino, distúrbio em que os testículos não produzem doses suficientes desse hormônio. Embora a terapia de reposição de testosterona ajude a restaurar a força muscular, a prevenir a perda óssea e a aumentar a energia e o impulso sexual em homens com hipogonadismo, muitas vezes prejudica a produção de esperma e pode até eliminá-la por completo em alguns homens. Diante da crescente incidência de hipogonadismo e do aumento do número de homens mais velhos que desejam ter filhos, mas não têm testosterona suficiente para dar conta do recado – 39% dos homens de 45 anos ou mais velhos têm hipogonadismo, de acordo com um estudo feito nos Estados Unidos –, cada vez mais os profissionais de saúde encontram homens com azoospermia que desejam restaurar sua fertilidade. Não é uma tarefa simples.

Em todas as idades, as mulheres são duas vezes mais propensas que os homens a tomar antidepressivos, e o uso desses medicamentos aumentou 64% entre 1999 e 2014 para ambos os sexos. E – você está detectando um padrão? – o uso de inibidores seletivos da recaptação da serotonina (ISRS), que são receitados principalmente para depressão e ansiedade, reduz a concentração e a motilidade espermáticas e aumenta a porcentagem de espermatozoides anormais.

Para mulheres que estão tentando engravidar, algumas evidências sugerem que tomar antidepressivos pode reduzir em 25% a probabilidade de sucesso em um determinado ciclo menstrual. Além disso, tem aumentado a preocupação acerca da amenorreia induzida por fármacos – irregularidade menstrual provocada pelo uso de antidepressivos, bem como por medicamentos antipsicóticos e anticonvulsivantes. Esses efeitos são complexos, mas vale a pena mencioná-los, uma vez que o uso de antidepressivos disparou nos Estados Unidos. Inegavelmente, trata-se de um potente fator, que pode afetar a saúde e a funcionalidade reprodutivas de milhões de mulheres em idade de ter filhos.

DESFAZENDO O ESTRAGO

A boa notícia é que muitos dos efeitos prejudiciais sobre os quais venho discorrendo são reversíveis. Depois de largar o cigarro, deixar de lado a bebedeira pesada, abandonar a bicicleta ou os ISRSs, a integridade espermática do homem pode melhorar consideravelmente. Um bom exemplo disso: alguns anos atrás, um homem de 20 e poucos anos que era doador habitual no banco de sêmen Fairfax Cryobank, na Filadélfia, foi posto em modo de espera depois que se verificou em suas amostras uma queda na contagem e na motilidade de espermatozoides e um aumento de células redondas.[8] Quando a equipe do Fairfax Cryobank falou com o doador sobre essas alterações, ele mencionou que havia ido morar com uma mulher fumante, tinha arrumado um novo emprego que era estressante e estava comendo muito fast-food e junk food. A equipe recomendou que ele adotasse uma alimentação mais saudável, dormisse mais, gerenciasse melhor o estresse e minimizasse sua exposição à fumaça de cigarro – e o mandou embora. Três meses depois ele voltou, e a qualidade de seu esperma havia se recuperado e estava nos mesmos patamares anteriores.

---

[8] Ainda não há uma compreensão aprofundada sobre as células redondas, mas atualmente se considera que são espermatozoides imaturos; podem resultar de um "ataque espermatogênico", até mesmo de uma gripe. (N. da A.)

Como você viu, partindo do pressuposto de que, para começo de conversa, seus pequenos nadadores são saudáveis, os homens estão na invejável posição de poder passar uma borracha no que aconteceu e recomeçar do zero, uma vez que os espermatozoides estão continuamente sendo produzidos, em um processo que leva entre sessenta e setenta dias. Portanto, se melhorarem seus hábitos de vida, eles podem redefinir sua produção espermática. Os óvulos não têm a oportunidade de se regenerar da mesma forma que os espermatozoides; pelo contrário, depois que sofrem avarias, já era, o estrago é irreversível.

Tudo isso para dizer que a vida caótica, agitadíssima e repleta de pressão que muitas pessoas levam parece estar afetando seu impulso sexual e sua fertilidade. É difícil determinar se os declínios decorrem principalmente de alterações nos níveis hormonais, do aumento dos níveis de estresse, de escolhas inadequadas de estilo de vida ou de outros fatores. Contudo, seja como for, está claro que a vida moderna está tendo um efeito assustador na saúde reprodutiva e no bem-estar das pessoas.

7

AMEAÇAS SILENCIOSAS E ONIPRESENTES
Os Perigos dos Plásticos
e Produtos Químicos Modernos

A PROMESSA DOS PLÁSTICOS

Você se lembra daquela cena da festa no filme *A primeira noite de um homem* em que Benjamin Braddock, o jovem recém-formado na faculdade interpretado por Dustin Hoffman, está zanzando pela sala e batendo papo com os convidados? Em certo momento, o Sr. McGuire, um amigo dos pais de Ben, o chama de lado e diz que tem uma dica para ele: *"Plásticos!...* Há um grande futuro nos plásticos."

Após a Segunda Guerra Mundial, as empresas químicas lançaram campanhas publicitárias sugerindo que os plásticos poderiam ser moldados e adaptados para atender a uma miríade de necessidades e fornecer maior comodidade na vida moderna. Em pouco tempo, os plásticos – e os produtos químicos que eles contêm – tornaram-se onipresentes em garrafas de água e embalagens de alimentos, em carros, computadores e outros dispositivos eletrônicos, e em outros itens de uso diário. Entre as substâncias químicas do plástico estão especificamente os ftalatos, que o tornam macio e flexível; o bisfenol A (BPA), que torna os produtos rígidos; e o policloreto de vinila (PVC), que é versátil e pode ser usado em vários produtos, entre os quais brinquedos, material de construção e embalagens de alimentos. A combinação de regulamentação escassa e alta demanda do consumidor levou à era de "uma vida melhor por meio da química".

O plástico permanece em todo o nosso mundo – e estamos começando a pagar um preço por sua onipresença. O mesmo se aplica a pesticidas, retardantes de chama e outros produtos químicos de uso generalizado. E isso apesar de o pioneiro livro de Rachel Carson, *Primavera silenciosa*, publicado em 1962, ter atraído a atenção global para a preocupação cada vez maior, entre cientistas e ativistas, com o fato de que os produtos químicos sintéticos estavam tendo efeitos negativos na vida selvagem e no meio ambiente e representavam riscos para a saúde humana. Desde então, as coisas foram de mal a pior.

Um dos problemas é a quase total inexistência de regulamentação a respeito desses produtos químicos. Ao contrário do que ocorre com medicamentos, que devem ter um histórico comprovado de segurança e eficácia antes de chegarem ao mercado, eles são em grande medida e desde o início tidos como acima de qualquer suspeita – são considerados seguros até prova em contrário. Isso significa que os fabricantes podem usar essas substâncias em uma ampla gama de produtos de consumo, com pouca supervisão ou restrição. É um pouco como o Velho Oeste – uma indomada terra sem lei.

Mesmo décadas após a promulgação, em 1976, da Lei de Controle de Substâncias Tóxicas (TSCA, na sigla em inglês), pouquíssimas das cerca de 85 mil substâncias químicas fabricadas para uso em produtos comerciais – e muitas das quais já identificadas como potenciais ameaças à saúde humana – foram testadas, quanto mais banidas ou regulamentadas. Nas raras ocasiões em que produtos químicos *são* testados, os estudos realizados geralmente não dão conta de proteger a saúde humana porque os protocolos não abordam os efeitos das nuances de dosagem (alta em comparação a baixa, por exemplo). Ou não se levam em consideração os efeitos potencialmente cumulativos ou interativos que essas substâncias podem ter quando se misturam dentro do corpo humano.

O que quero dizer é que não se submete a qualquer tipo de regulamentação a infinidade de substâncias químicas usadas para fabricar uma vasta gama de produtos de consumo. O que significa que esses produtos continuam presentes no mercado, e continuamos a comprá-los e a levá-los para casa, onde entram em nosso corpo. Assim que se tornam disponíveis, eles podem entrar no corpo de várias maneiras – nos alimentos e bebidas contaminados que ingerimos, em partículas microscópicas transportadas pelo ar que inalamos e nas substâncias que absorvemos através da pele.

O JOGO DE PALAVRAS DA CLASSE QUÍMICA

Para entender como os produtos químicos prejudiciais permanecem no meio ambiente, é útil fazer uma distinção entre substâncias químicas persistentes e não persistentes. Os "produtos químicos de legado" perduram e podem causar problemas muito depois de serem liberados dentro do corpo e no meio ambiente. Entre eles incluem-se poluentes orgânicos persistentes (POPs), como a dioxina (um subproduto de processos industriais), o dicloro-difenil-tricloroetano (o pesticida DDT) e os bifenilos policlorados (PCBs, compostos industriais). O provérbio segundo o qual "nada dura para sempre" não se aplica a eles, que foram projetados com precisão para durar; permanecem no meio ambiente e em nosso corpo por anos a fio. O problema é que esses "produtos químicos eternos" têm o potencial de causar danos perenes tão logo entram no corpo dos humanos e de outras espécies. Como não são solúveis em água, não se degradam e são armazenados na gordura corporal e outros tecidos.

A Convenção de Estocolmo sobre Poluentes Orgânicos Persistentes, acordo global juridicamente vinculativo adotado em 2004, proíbe a produção, o uso e a liberação de todos os poluentes orgânicos persistentes. O tratado listou doze das substâncias mais tóxicas – aldrin, endrin, dieldrin, furano, hexaclorobenzeno, PCBs, clordano, DDT, dioxinas, heptacloro, mirex e toxafeno – como prioridades para eliminação. Apesar da adoção desse acordo internacional, muitos países, entre os quais os Estados Unidos, não o ratificaram, de modo que o uso de alguns desses produtos químicos tóxicos continua firme e forte. Como resultado de sua utilização atual e passada, esses POPs continuam a ser encontrados no ar, no solo, na água e na comida – e em nosso corpo, bem como no corpo de outras espécies.

Assim que entram no corpo humano, a partir dos alimentos que ingerimos, do ar que respiramos e da água que bebemos, esses produtos químicos são armazenados no tecido adiposo, onde podem se acumular e permanecer durante anos. O DDT, por exemplo, tem uma meia-vida em humanos de até quinze anos (se você acha que isso significa que depois dessa década e meia a substância desaparece, está enganado. Esse é o tempo que leva para sua concentração cair para a metade de seu valor original).

Por outro lado, produtos químicos não persistentes, como BPA, fenóis e ftalatos, são solúveis em água, o que significa que essencialmente saem do nosso corpo e do meio ambiente, e não se acumulam na gordura corporal. Esses produtos químicos de vida curta têm meia-vida de 4 a 24 horas. Mesmo assim, os níveis de exposição humana a muitas substâncias químicas não persistentes, caso dos ftalatos e fenóis, tendem a ser razoavelmente estáveis devido ao nosso uso contínuo de produtos que os contêm.

O mundo moderno está tão impregnado da presença de produtos químicos que é impossível evitá-los por completo. Estamos expostos a eles diariamente, muitas vezes sem perceber. Muitas dessas substâncias químicas, sobretudo os ftalatos e retardantes de chama, estão presentes até mesmo na poeira doméstica, como pequenas partículas que podem ser inaladas, ingeridas ou absorvidas pela pele. Mesmo se você vivesse dentro de uma bolha higiênica, haveria uma boa chance de que alguns dos materiais usados para construí-la contivessem plastificantes, adesivos ou outros componentes químicos com potenciais efeitos de desregulação endócrina.

No entanto, nem todo ser humano é afetado da mesma forma. Norah MacKendrick, professora assistente de sociologia da Universidade Rutgers, escreve em *Better Safe Than Sorry* [*Melhor Prevenir Do Que Remediar*, em tradução livre]: "Embora todos os corpos contenham substâncias químicas sintéticas, as cargas corporais diferem de maneiras cruciais que refletem a organização social e política de risco, gênero e desigualdades sociais." Por exemplo, ainda que homens e mulheres estejam ambos expostos a esses produtos químicos diariamente, a maioria dos cosméticos – produtos para o cabelo, cremes, loções etc. – é comercializada principalmente para mulheres, e essas substâncias contêm um coquetel de metais pesados e desreguladores endócrinos. Porém, para a maioria dos outros produtos químicos, entre os quais ftalatos redutores de testosterona, os homens têm uma maior exposição geral.

Crianças também correm risco, mesmo antes do primeiro dia de vida. Hoje em dia os bebês já entram no mundo contaminados com produtos químicos, por causa das substâncias que absorvem no útero. E assim que vêm à luz, os recém-nascidos consomem muitos "produtos químicos eternos" que são armazenados na gordura no leite materno da mãe. Quanto mais tempo esta amamenta, mais descarrega essas substâncias tóxicas, especialmente para seus primogênitos. No documentário sueco *Submission* [*Submissão*], de 2010, uma atriz sueca grávida faz exame de sangue para verificar a presença de desreguladores endócrinos e fica horrorizada com os resultados. Uma mulher mais velha entra na conversa: "No mesmo instante pensei nos meus filhos e em quanto tempo os amamentei." Trata-se de uma percepção particularmente dolorosa para mulheres que acreditam estar, por meio da amamentação, aumentando a função imunológica e o desenvolvimento do cérebro de seus bebês.

CAUSANDO ESTRAGOS HORMONAIS

Uma vez dentro de nós, as toxinas ambientais causam danos de várias maneiras. Uma das mais sorrateiras se dá por meio da desregulação endócrina, interferindo no sistema endócrino (ou hormonal) do corpo. Os desreguladores endócrinos (DEs) podem interferir no funcionamento normal do sistema endócrino, uma complexa rede de glândulas e órgãos que produzem e secretam hormônios. Como você já leu, hormônios são substâncias químicas produzidas em determinada parte do corpo que em seguida viajam feito mensageiros, transportando informações importantes através da corrente sanguínea para outras áreas, a fim de regular o modo como certas células e órgãos cumprem suas funções. Há muitos tipos diferentes de hormônios no corpo humano; levando em conta o assunto deste livro, vou me concentrar primordialmente nos hormônios reprodutivos, em especial no estrogênio e na testosterona, o principal androgênio que estimula o desenvolvimento das características masculinas.

Alguns desreguladores endócrinos agem como hormônios impostores e se ligam a receptores locais onde o andrógeno ou estrógeno natural deveria se acoplar, dessa maneira enganando o corpo e induzindo-o a responder a eles como se fossem genuínos. Às vezes, isso resulta na produção e/ou liberação excessiva ou minguada desse hormônio natural; em outras ocasiões, isso pode alterar o transporte de hormônios, mudar sua direção e destino, o que pode impedi-los de cumprir as tarefas que lhes são atribuídas. Outros DEs podem afetar a forma como os hormônios que ocorrem naturalmente são decompostos ou armazenados no corpo, aumentando ou diminuindo os níveis desses hormônios na corrente sanguínea; há ainda DEs que podem alterar a sensibilidade de nosso corpo a diferentes hormônios. Quando um produto químico externo sintético muda a forma como um hormônio deve agir dentro do corpo, anomalias físicas podem se desenvolver nas células e tecidos, e há o risco de um órgão não funcionar como deveria. Os DEs podem ter propriedades antiandrogênicas ou potentes propriedades estrogênicas; como seria de esperar, os hormônios antiandrogênicos são particularmente problemáticos para os meninos, ao passo que os estrogênicos são piores para as meninas.

A amplitude das influências e interferências potencialmente nocivas dos desreguladores endócrinos é impressionante. Eles têm sido associados a vários efeitos adversos à saúde em quase todos os sistemas biológicos – não apenas o sistema reprodutivo, mas também o imunológico, o neurológico, o metabólico e o cardiovascular. Para piorar as coisas, a suscetibilidade genética do indivíduo a certas enfermidades, em combinação com exposições a outros produtos químicos e hábitos de vida, pode aumentar os efeitos produzidos por um DE em especial.

Agentes e substâncias químicos que atuam como desreguladores endócrinos também podem ter efeitos profundos no cérebro em desenvolvimento de maneiras capazes de afetar o gênero e a identidade sexual da pessoa. Você já deve ter ouvido falar que o cérebro é o mais poderoso órgão sexual. Os terapeutas sexuais costumam dizer isso porque é o cérebro que ativa a excitação sexual e a resposta ao estímulo sexual. Bem, eis aqui uma interessante reviravolta: em 2014, meu colega Bernie Weiss, que então trabalhava como toxicologista na Universidade de Rochester, se referiu de outra maneira ao cérebro como o maior órgão sexual do corpo. Ele estava aludindo ao modo como certos produtos químicos ambientais podem alterar a função e o comportamento cerebrais, com diferentes impactos em homens e mulheres. Não é apenas o que a pessoa tem entre as pernas que reflete seu gênero ou sexo; o cérebro também o faz. Substâncias químicas em nosso meio ambiente podem influenciar não apenas o desenvolvimento dos órgãos que determinam o sexo, mas também comportamentos que normalmente são diferentes em meninos e meninas. Por exemplo, meninos tendem a adquirir habilidade espacial (a capacidade de compreender as relações espaciais entre objetos e se lembrar delas) mais cedo, ao passo que com relação às habilidades de linguagem muitas vezes as meninas mostram uma vantagem inicial e em geral aprendem a falar antes que os meninos. Minha pesquisa e a de outros demonstraram que a maior exposição a algum hormônio influenciado ou alterado por produtos químicos pode diminuir as diferenças entre homens e mulheres nesse tipo de habilidade.

Assim que adquirem motricidade independente, as crianças são especialmente suscetíveis ao risco da exposição à poeira doméstica carregada de produtos químicos porque engatinham, brincam no chão e com frequência levam as mãos à boca. Como seus incipientes sistemas corporais ainda estão se desenvolvendo, as crianças pequenas são menos capazes que os adultos de metabolizar esses produtos químicos. Mesmo pequenas exposições podem se somar e fazer diferença. Assim que esses produtos químicos entram em nosso corpo, em qualquer idade, podem se distribuir por vários sistemas, da cabeça aos pés. A distância que são capazes de percorrer no corpo é verdadeiramente surpreendente (uma revelação de arrepiar os cabelos: em 2018, pela primeira vez, partículas de microplástico – nove tipos diferentes! – foram encontradas em fezes humanas, entre voluntários da Finlândia, Holanda, Reino Unido, Itália, Polônia, Rússia, Japão e Áustria).

Se você acha que não está diariamente exposto a esses produtos químicos, pense no seguinte: enquanto escreviam seu livro *Slow Death by Rubber Duck* [*Morte Lenta Causada pelo Patinho de Borracha*, em tradução livre], os ambientalistas canadenses Rick Smith e Bruce Lourie, usando a si mesmos como sujeitos de pesquisa, montaram um experimento para examinar o modo como os itens comuns de uso corriqueiro na vida cotidiana alteram a carga química do corpo. No verão de 2008, Rick ligou e me pediu para fazer as vezes de "especialista em ftalatos" em seu experimento científico e revisar seus protocolos e resultados. Norteados pelo princípio de que suas exposições deveriam reproduzir as da vida real, Rick e Bruce se concentraram em produtos químicos preocupantes e identificaram atividades que provavelmente aumentariam sua exposição a eles. Antes de iniciar o experimento, determinaram suas linhas de base pessoais, medindo as concentrações desses produtos em amostras de seu sangue e urina.

Eles projetaram uma "sala de testes" no condomínio de Bruce e lá permaneciam em turnos de doze horas, expondo-se aos produtos químicos da investigação: aplicavam em si mesmos artigos de higiene e cuidados pessoais – usando, por exemplo, sabonete antibacteriano –, alimentavam-se com comida enlatada ou embalada, bebiam café ou refrigerante em lata e matavam o tempo na sala, cujo tapete e sofá tinham sido revestidos com camadas do removedor Stainmaster, que serve para proteger os materiais e ajudá-los a resistir às manchas. Depois de quatro dias, coletaram mais amostras de urina e sangue e as enviaram para análise em um laboratório de alta precisão. Embora todos os níveis dos produtos químicos do teste tenham aumentado de maneira significativa, desde o início até quatro dias depois, houve um que chamou a atenção, como Rick observou no livro: "O resultado realmente drástico foi que, como consequência do uso do meu produto, meus níveis de MEP [monoetil ftalato] – uma das substâncias químicas que Shanna Swan havia associado a problemas do aparelho reprodutor masculino – subiram vertiginosamente, saltando de 64 para 1.410 nanogramas por mililitro." Isso foi o resultado direto de ele se lambuzar com artigos de toalete, que incluíram produtos para os cabelos, espuma de barbear, desodorante, fragrâncias, óleos e loções, além do uso de sabonete líquido perfumado e um difusor de aromas elétrico na sala de testes.

Desde 1999, a Pesquisa Nacional de Saúde e Nutrição (NHANES, na sigla em inglês) avaliou a saúde de 2.500 adultos e crianças em variadas amostras representativas da população e os Centros de Controle e Prevenção de Doenças (CDCs) medem periodicamente os níveis de produtos químicos ambientais dos participantes do estudo. Essa pesquisa revela quem está sendo exposto a quais produtos químicos e quando, o que ajuda os cientistas a mapear as exposições e os riscos associados em diferentes populações; em outras palavras, ela nos permite encontrar e estudar as áreas perigosas em termos de exposição. Isso é importante porque, embora até possamos perguntar às pessoas o quanto elas fumam ou que quantidades de Tylenol tomam de modo a tentar medir os níveis desses produtos químicos em seu corpo, não podemos fazer o mesmo com relação a produtos químicos presentes no meio ambiente. Afinal, nenhum de nós sabe exatamente até que ponto estamos expostos a essas substâncias químicas ou que quantidade delas pode estar em nossos corpos, portanto fazer essas perguntas seria inútil. Em vez disso, os químicos ambientais desenvolveram métodos para medir até mesmo níveis baixos de substâncias químicas em ínfimas quantidades de fluido corporal, geralmente urina e sangue, mas também leite materno e outros.[1]

Como já era de esperar, o número de produtos químicos testados aumentou ao longo do tempo, à medida que novas substâncias foram se tornando mais comuns e frequentes em itens domésticos comerciais e/ou suscitaram preocupações. Para a saúde reprodutiva, os ftalatos, o bisfenol A, os retardantes de chama e os pesticidas são extremamente preocupantes – os ftalatos são os que exercem influência mais robusta no lado masculino da equação, ao passo que o BPA é um agente especialmente nocivo no lado feminino. Em virtude da rapidez com que não somente a indústria, mas também a opinião pública aceitaram o lema "uma vida melhor por meio da química", incluindo plástico e outras conveniências modernas de base química, não surpreende o declínio na contagem de espermatozoides após a década de 1950, época em que a produção química aumentou em ritmo acelerado. Vamos dar uma olhada mais de perto nos efeitos desses vilões químicos.

FTALATOS

Classe numerosa e diversificada de produtos químicos, os ftalatos são encontrados em plásticos e vinil, revestimentos de piso e de parede, tubos e artefatos médicos e brinquedos, bem como em uma vasta gama de artigos de higiene e cuidados pessoais (entre os quais esmaltes de unha, perfumes, *sprays* para cabelo, sabonetes, xampus e outros). Os ftalatos se distribuem amplamente por todo o corpo e podem ser medidos na urina, no sangue e no leite materno. Os mais preocupantes são aqueles capazes de reduzir a produção de hormônios masculinos, por exemplo a testosterona (ftalatos antiandrogênicos) de que o homem precisa para se tornar completamente masculinizado, mudanças que podem aumentar o risco de ele ser infértil ou simplesmente ter uma

---

[1] A melhor maneira de medir o nível de produtos químicos persistentes que são armazenados na gordura (por exemplo, o DDT) é examinar o sangue; já no caso dos não persistentes (como os ftalatos), é mais confiável medi-lo na urina. (N. da A.)

contagem de espermatozoides mais baixa. Nesse quesito, os três agentes particularmente ruins são di-(2-etilhexil) ftalato (DEHP), dibutil ftalato (DBP) e butil benzil ftalato (BBzP). Por causa de sua toxicidade reprodutiva, a União Europeia elaborou um cronograma para eliminar gradualmente esses três ftalatos, além de outros; não é o caso nos Estados Unidos, entretanto.

Desses três ftalatos famosos, o DEHP parece ser o mais prejudicial ao sistema reprodutor masculino. Em 2018, uma revisão de pesquisa sobre a questão encontrou "robustas evidências de uma associação entre a exposição ao DEHP e ao DBP e resultados reprodutivos masculinos", entre os quais redução da distância anogenital (DAG), qualidade de sêmen reduzida, níveis mais baixos de testosterona com DEHP, qualidade de sêmen reduzida e tempo mais longo para a concretização de uma gravidez com DBP. Homens com alta exposição a ftalatos durante a idade adulta também tendem a ter contagens espermáticas mais baixas e espermatozoides de formato mais anormal.

Como você viu no capítulo 5, a exposição pré-natal a ftalatos antiandrogênicos pode alterar o desenvolvimento reprodutivo masculino no bebê, inclusive o tamanho dos genitais. Dados preliminares sugerem que, no início da idade adulta, homens cujas mães apresentaram maiores concentrações de vários ftalatos durante a gravidez tinham volume testicular reduzido, o que está associado à baixa função testicular (incluindo piores parâmetros espermáticos). De múltiplas perspectivas, é um conjunto de efeitos desastroso. Estudos mostraram que os espermatozoides de homens jovens com níveis mais elevados de metabólitos – subprodutos do metabolismo de substâncias químicas em nosso corpo – dessa substância têm motilidade precária e morfologia deficitária. É uma péssima notícia, uma vez que níveis mais elevados de metabólitos de ftalato estão associados também ao aumento da apoptose – termo que descreve o que é essencialmente suicídio celular. É seguro presumir que nenhum homem deseja ouvir que seus espermatozoides estão se autodestruindo.

Os ftalatos também significam encrenca para os ovários. Altos níveis de exposição a eles foram associados à anovulação (suspensão ou cessação da ovulação, quando os ovários não liberam um óvulo durante o ciclo menstrual) e à síndrome do ovário policístico (SOP), distúrbio hormonal envolvendo função ovariana anormal e elevados níveis de andrógenos.

Ademais, há algumas evidências de que níveis mais elevados de metabólitos de certos ftalatos no sangue podem estar associados à insuficiência ovariana primária (IOP, também conhecida como falência ovariana prematura). Além de potencialmente acelerar a chegada da menopausa, parece que a forte exposição a ftalatos de produtos de higiene e cuidados pessoais, sobretudo, está associada a uma maior frequência de ondas de calor (fogachos) em mulheres de 45 a 54 anos. No entanto, a maioria das mulheres não percebe que suas práticas de higiene pessoal podem trazer a reboque esse custo oculto para seu bem-estar na meia-idade.

Em 2002, uma coalizão de organizações ambientais e de instituições de saúde pública submeteu a testes 72 produtos de beleza de marcas conhecidas para detectar a presença de ftalatos e constatou que quase três quartos dos produtos, que incluíam desodorantes, perfumes, géis e musses para cabelo, cremes para as mãos e loções corporais, continham essas substâncias químicas. Em 2004, a União Europeia proibiu o uso de DEHP e DBP em cosméticos; embora o governo dos Estados Unidos não tenha seguido o exemplo, algumas empresas norte-americanas decidiram voluntariamente descartar de maneira escalonada seu uso em produtos de higiene e cuidados pessoais. É pelo menos um passo na direção correta.

BISFENOL A

O BPA foi sintetizado pela primeira vez em 1891, mas apenas no período entre as duas guerras mundiais é que suas possibilidades comerciais foram exploradas. Em meados da década de 1930, o pesquisador médico britânico Edward Charles Dodds, da Universidade de Londres, identificou as propriedades estrogênicas do BPA, e nos anos seguintes continuou testando compostos químicos enquanto procurava um estrogênio sintético potente. Ele o encontrou no dietilestilbestrol, mais conhecido como DES, tido como cinco vezes mais forte do que estradiol, o hormônio estrogênico mais poderoso que ocorre naturalmente em mamíferos. A partir da década de 1940, o DES foi usado para uma variedade de propósitos "terapêuticos", entre os quais aqueles relacionados à menstruação e à menopausa. O mais perigoso desses usos, por mulheres grávidas para prevenir o aborto espontâneo, foi proibido somente em 1971, quando se descobriu que causava um câncer raro nas filhas dessas gestantes.

Embora tenha uma estrutura química semelhante à do DES, o BPA nunca foi utilizado para fins farmacêuticos. Em vez disso, descobriu-se sua utilidade em plásticos. A partir do início dos anos 1950, ele passou a ser usado em resinas epóxi incorporadas a revestimentos de proteção em equipamentos de metal, tubulações e forro de latas de alimentos, bem como em adesivos, revestimentos antiderrapantes e plásticos. Com o tempo, começou a ser empregado em plásticos rígidos, eletrônicos, equipamentos de segurança, bobinas térmicas (que imprimem recibos, cupons fiscais, controles de segurança e *tickets*) e outros itens de uso diário – até que se tornou onipresente, apesar de suas propriedades semelhantes às do estrogênio continuarem a se esconder, espreitando nas sombras. Com o tempo, descobriu-se que a exposição ao BPA – principalmente a exposição ocupacional – está relacionada à diminuição da qualidade espermática nos homens. Quando pesquisadores da Kaiser Permanente[2]* realizaram um estudo junto a trabalhadores de fábricas na China para avaliar os efeitos da exposição ao BPA, descobriram que os homens com níveis detectáveis dessa substância na urina eram mais de quatro vezes mais propensos a ter menores contagens de espermatozoides, mais de três vezes mais propensos a ter vitalidade espermática mais precária, e mais de duas vezes mais suscetíveis a ter menor motilidade espermática do que os operários com BPA indetectável na urina.

Pode haver outros efeitos prejudiciais em cascata. Filhos de homens com alta exposição ao BPA costumam ter uma DAG (a extensão do ânus até a base do pênis) mais curta. E quando pesquisadores examinaram a satisfação sexual em empregados de fábricas de BPA e resina epóxi, descobriram que esses homens tinham taxas mais altas de disfunção sexual, que incluía mais casos de disfunção erétil, dificuldade de ejaculação e diminuição do desejo sexual.

Os potenciais efeitos sobre a saúde reprodutiva da mulher são ainda maiores, em parte porque, ao imitar o hormônio feminino estrogênio, o BPA pode induzir mudanças semelhantes às do estrogênio no corpo.

---

[2] Operadora de serviços de saúde e instituto de pesquisas em saúde que detém a propriedade e a gestão de diversos hospitais nos Estados Unidos. (N. da T.)

Existem evidências convincentes de que mulheres com níveis elevados de BPA no sangue podem ter um risco aumentado de problemas de fertilidade, entre os quais dificuldade de engravidar; ainda não está claro se isso se deve ao fato de o produto químico ter um efeito danoso sobre a função de vários órgãos reprodutivos ou por afetar o ciclo adequado de níveis de estrogênio, o que é crucial para a ovulação.

Entre mulheres que engravidam, as que têm os maiores níveis de BPA conjugado no sangue apresentam um aumento de 83% no risco de aborto espontâneo durante o primeiro trimestre. As que apresentam maiores concentrações de BPA na urina durante o primeiro trimestre da gravidez são propensas a dar à luz filhas com DAG significativamente mais curta. Acredita-se que o BPA também contribui para a síndrome do ovário policístico (SOP), uma vez que estudos em humanos descobriram que as concentrações sanguíneas dessa substância são maiores em mulheres com SOP do que em "mulheres reprodutivamente saudáveis". Além disso, a exposição ao BPA durante o início da vida e na idade adulta tem sido correlacionada com a má qualidade dos óvulos e citada como um dos possíveis causadores de insuficiência ovariana prematura, o que resulta em antecipação da menopausa. Ao longo da vida da mulher, o BPA pode muito bem ser considerado uma nêmesis para sua saúde reprodutiva.

RETARDANTES DE CHAMA

Desde a década de 1970, retardantes de chama químicos foram incorporados a inúmeros materiais – espuma e móveis estofados, colchões, tapetes, pijamas infantis, computadores e outros produtos comuns – a fim de prevenir ou retardar a ignição, o crescimento e a velocidade do fogo. Existem dezenas e dezenas de diferentes retardantes de chama. Embora alguns tenham sido retirados do mercado devido a questões de saúde ou segurança, essas substâncias químicas sumidas, mas não esquecidas, não se decompõem facilmente; pelo contrário, persistem no meio ambiente e podem se acumular no tecido adiposo de humanos e animais (isso significa que ingerimos esses produtos químicos quando consumimos gordura animal).

Ao longo dos anos, descobriu-se que os produtos químicos retardantes de chama têm efeitos adversos na saúde humana. Uma classe chamada de éteres difenílicos polibromados (PBDEs) está associada a problemas de neurodesenvolvimento em crianças e alterações da função tireoidiana em grávidas. Esses produtos químicos também exibem uma série de atividades de desregulação endócrina, desde ação estrogênica e propriedades antiestrogênicas a atuação antiandrogênica. Em face desses efeitos, não surpreende que pesquisas tenham descoberto que mulheres com concentrações mais altas de PBDEs no sangue levam mais tempo para engravidar. Os riscos não terminam depois que a mulher engravida, no entanto, porque também há evidências de que os elevados níveis sanguíneos desses produtos químicos estão associados a um risco aumentado de abortos espontâneos.

A exposição pré-natal a altos níveis de PBDEs pode alterar o fator tempo da puberdade da prole, causando principalmente um início tardio da menstruação em meninas, mas puberdade precoce em meninos. Quando o feto em desenvolvimento é exposto no útero a PBDEs e outros retardantes de chama bromados, esses produtos químicos podem ter efeitos prejudiciais no sistema endócrino do feto, sobretudo na função da tireoide, mas também na função reprodutiva e no neurodesenvolvimento. Também estão se avolumando evidências de que essas substâncias, como muitas outras, podem se acumular no leite materno e ser transferidas para bebês em fase de amamentação. Em um estudo publicado em 2017, pesquisadores examinaram as concentrações de PBDEs no leite materno coletado na América do Norte, na Europa e na Ásia ao longo de um período de quinze anos: as concentrações totais de PBDEs foram mais de vinte vezes maiores no leite materno da América do Norte do que na Europa ou na Ásia. *Lá se vai a pureza do leite materno!*

PESTICIDAS

Pesticidas – entre os quais os herbicidas, inseticidas e fungicidas – também podem ter efeitos adversos na saúde humana, como no nosso potencial reprodutivo e nos sistemas endócrinos. Dependendo do agente químico, esses efeitos podem incluir ligação competitiva a receptores de estrogênio, progesterona ou andrógeno. Em vez disso, podem inibir a produção, disponibilidade ou ação de andrógeno ou estrogênio – ou potencialmente aumentar a produção de hormônios femininos como estrogênio ou progesterona. Outros podem ainda causar interrupções na produção ou ação do hormônio tireoidiano. É meio que um vale-tudo.

No verão de 1977, um pequeno grupo de trabalhadores de uma fábrica de pesticidas em Lathrop, Califórnia, demonstrou preocupação com a forma como os produtos químicos estavam afetando sua saúde. De acordo com o testemunho de um operário da Occidental Chemical, "havia rumores de que qualquer pessoa que tivesse trabalhado naquele departamento por mais de dois anos não conseguia fazer filhos. E eu não consegui." Resultados de testes logo revelaram a substância por trás dos rumores: muitos trabalhadores da linha de produção apresentaram uma contagem anormalmente baixa de espermatozoides, tão pequena que em alguns casos era igual a zero. Por fim, a esterilidade dos operários foi associada à exposição ao dibromocloropropano (DBCP), que tinha sido amplamente utilizado em plantações de abacaxi e banana e chegou a ser o pesticida mais usado nos Estados Unidos, até ser proibido em 1979.

Logo em seguida, descobriu-se que trabalhadores que tiveram exposição prolongada ao dibrometo de etileno (EDB) utilizado no tratamento de infestação de mosca-das-frutas em plantações de mamão no Havaí apresentavam significativa diminuição na qualidade espermática em comparação com trabalhadores de uma refinaria de açúcar das imediações.

Na África do Sul, o inseticida DDT ainda é amplamente utilizado, em um esforço para controlar a malária. Além de ter efeitos prejudiciais no desenvolvimento reprodutivo de várias formas de vida selvagem, pesquisadores descobriram que a exposição a ele estava associada à deterioração da qualidade do sêmen e a defeitos urogenitais congênitos em homens nascidos de mães cuja casa havia sido borrifada com o inseticida; constataram também que homens adultos que viviam em aldeias cujas casas eram rotineiramente pulverizadas com esse desregulador endócrino tinham concentrações mais altas de estrogênio *e* testosterona.

Em 2000, lancei o Estudo para Famílias do Futuro, que examinou a qualidade do sêmen em homens recrutados em quatro partes muito diferentes do país. Descobrimos que as diferenças mais acentuadas em termos desses parâmetros reprodutivos se davam entre homens da zona rural do estado do Missouri, no centro do país, e da área urbana da cidade de Minneapolis, no estado de Minnesota, no norte. Os homens de Minnesota tinham o dobro de espermatozoides móveis em comparação com os homens do Missouri, que conviviam com quantidades muito maiores de terras agrícolas e uso de pesticidas. Para testar a possibilidade de que o vilão era a exposição a pesticidas, meus colegas e eu selecionamos um grupo de homens em que todos os parâmetros espermáticos fossem baixos e um grupo de seus pares com valores altos para todos esses parâmetros, e em seguida medimos a concentração de pesticidas em sua urina. Você provavelmente já adivinhou os resultados: os homens do Missouri tinham sido expostos a diversos herbicidas e inseticidas, o que piorou a qualidade de seu esperma.

A exposição a pesticidas também pode ocorrer quando as pessoas consomem alimentos contaminados por essas substâncias de combate a pragas, mas não está claro até que ponto isso pode afetar a saúde reprodutiva masculina. Em um estudo espanhol de 2015, pesquisadores examinaram as concentrações urinárias de certos metabólitos de pesticidas em homens em uma clínica de fertilidade e constataram que a concentração e a contagem total de espermatozoides eram menores naqueles cuja urina apresentava concentrações mais altas de subprodutos de quatro pesticidas diferentes. Também houve uma significativa associação adversa entre a porcentagem de espermatozoides móveis e as concentrações de metabólitos de três pesticidas diferentes em sua urina.

As mulheres não estão imunes quando se trata de pesticidas. Em um estudo envolvendo 1.710 grávidas e seus cônjuges na Groenlândia, na Ucrânia e na Polônia, pesquisadores examinaram amostras de sangue delas para detectar a presença de certos pesticidas e verificar se elas tinham um histórico de abortos espontâneos ou parto de natimortos. As participantes com níveis sanguíneos mais elevados de dois pesticidas – um dos PCBs (CB-153) e DDE (um metabólito de DDT) – apresentaram um risco significativamente maior de perda gestacional. Algumas evidências científicas sugerem também que mulheres com alta exposição a pesticidas organoclorados podem demorar mais tempo para engravidar.

Essas descobertas não se aplicam apenas a trabalhadores agrícolas; até certo ponto, dependendo da toxicidade de um determinado pesticida e do nível de exposição da pessoa, dedetizadores, desinsetizadores, jardineiros, floristas e trabalhadores de estufas também podem estar em risco. Assim como as pessoas que consomem, geralmente sem nem sequer perceber, um grande volume de alimentos e bebidas que contêm resíduos de pesticidas.

OUTROS DES QUE PASSAM DESPERCEBIDOS

As ameaças hormonais ocultas não param por aí. Níveis mais altos de compostos perfluoroalquil (ou perfluoroquímicos, PFCs) – classe de compostos sintéticos usados em antimanchas e repelentes de água e de gordura encontrados em uma ampla gama de produtos de consumo, como embalagens de fast-food, pratos de papel, tapetes resistentes a manchas e diluentes de limpeza – no sangue e no esperma de homens estão correlacionados com uma redução de qualidade do sêmen, volume testicular, comprimento peniano e distância anogenital. Algumas evidências sugerem que mulheres com exposição de moderada a alta a bifenilos policlorados (PCBs) por conta do consumo de peixes contaminados são suscetíveis ao encurtamento dos ciclos menstruais e à redução da fecundidade (apesar de terem sido banidos nos Estados Unidos, os PCBs persistem no meio ambiente e se acumulam na cadeia alimentar).

Em um estudo digno de nota, meninos russos que apresentaram altas concentrações sanguíneas de certas dioxinas – subprodutos de práticas industriais que persistem no meio ambiente – aos 8 ou 9 anos tinham contagens e concentrações de espermatozoides mais baixas e um número menor de espermatozoides móveis aos 18 ou 19 anos. A dioxina pode afetar de maneira prejudicial também a saúde reprodutiva da mulher. Em 1976, uma explosão numa fábrica de produtos químicos nos arredores de Seveso, Itália, levou à maior exposição já registrada de uma população a uma dioxina chamada TCDD (abreviação de 2,3,7,8-tetraclorodibenzo-p-dioxina). Pesquisadores mediram os níveis sanguíneos de TCDD entre 601 mulheres de 30 anos e mais jovens e monitoraram sua saúde ao longo de vinte anos; nas mulheres que tinham altas concentrações sanguíneas de TCDD, o risco de endometriose era duas vezes maior do que nas que tinham níveis mais baixos. Além

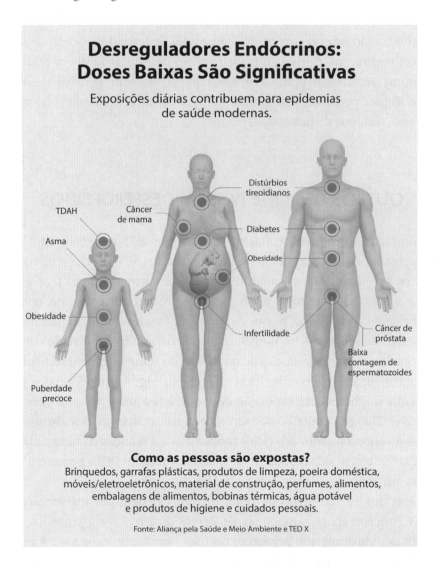

disso, altos níveis sanguíneos de TCDD foram associados a um maior tempo para engravidar e o dobro do risco de infertilidade.

Se parece que estamos vivendo em uma sopa de letrinhas de substâncias químicas malignas, bem, de fato estamos. E essa lista nem sequer inclui os produtos farmacêuticos a que estamos expostos![3]

---

[3] As drogas farmacêuticas provavelmente estão à espreita em nosso abastecimento de água, porque hoje em dia as estações de tratamento de água municipais são em sua maioria incapazes de remover esses produtos da água potável. Isso significa que estamos consumindo pequenas quantidades de agentes farmacêuticos, como analgésicos, antibióticos, anticoagulantes, antidepressivos, anti-histamínicos, anti-hipertensivos,

Mais um problema: ao contrário da suposição amplamente difundida de que "a dose faz o veneno", baseada na noção de que apenas a alta concentração de uma substância tóxica pode causar danos, os produtos químicos de desregulação endócrina muitas vezes não se comportam dessa maneira. Em vez disso, podem ter impactos nocivos, mesmo em doses muito baixas. Essas baixas doses não ocorrem a partir de exposições ocupacionais ou acidentes industriais, mas com o contato comum e rotineiro, como simplesmente aplicar maquiagem ou usar hidratante corporal ou até mesmo carregar este livro dentro de um saco plástico.

SUBSTITUIÇÕES DESASTROSAS

Seria ótimo pensar que, quando se descobre que um determinado produto químico é prejudicial, ele é substituído por outro durante o processo industrial e o problema está resolvido. Mas, infelizmente, as coisas nem sempre funcionam assim, uma vez que os produtos químicos substitutos podem ter os mesmos efeitos que os produtos químicos que estão substituindo. Esse padrão ocorreu na década de 1970, quando o DDT foi considerado um substituto "seguro" para o arseniato de chumbo, que era usado como pesticida e foi considerado neurotóxico. Quando se constatou que o DDT também era neurotóxico, ele foi trocado por pesticidas organofosforados, outra classe que também tem efeitos neurotóxicos que interferem no desenvolvimento do cérebro da criança.

Em minhas próprias pesquisas, constatamos isso também. Durante os dez anos (de 2000 a 2010) do recrutamento para nossos dois estudos de grande envergadura com mulheres grávidas, a exposição das pessoas ao di-(2-etilhexil) ftalato (DEHP), produto químico usado como plastificante,

---

hormônios (de contraceptivos orais e terapia hormonal) e relaxantes musculares presentes na água de nossas torneiras. Além disso, substâncias químicas de produtos de higiene e cuidados pessoais, como xampus, condicionadores, sabonetes e cremes, também estão escorrendo pelo ralo e penetrando em estações de tratamento de água; seus ingredientes químicos não são filtrados antes de chegarem às torneiras. O que significa que essa é mais uma maneira como os desreguladores endócrinos podem entrar em nosso corpo. (N. da A.)

diminuiu 50%, em parte devido à proibição de sua utilização em brinquedos. Sem dúvida a proibição foi uma coisa boa para a saúde pública e a saúde ambiental – exceto que, nesse ínterim, o DEHP foi substituído por outros compostos químicos, entre os quais o diisononil ftalato (ou ftalato de diisononilo, DINP), que, como no fim ficou claro, mostrou ser tão nocivo ao desenvolvimento reprodutivo masculino quanto o DEHP.

Da mesma forma, embora os éteres difenílicos polibromados (PBDEs) tenham sido banidos em 2004, um dos produtos químicos usados para substituí-los revelou-se quase tão perigoso quanto. Quando foi lançado pela Dow Chemical Company em 2011, o FR polimérico, que é usado principalmente em forros de telhados e paredes, foi apontado como um exemplo de "inovação química sustentável", mas acontece que seus compostos de degradação se parecem muito com antigos retardantes de chama – tóxicos. Outro exemplo: assim que o bisfenol S foi substituído pelo bisfenol A em muitos produtos alardeados como sendo "livres de BPA", ficou evidente que esses produtos também podem interferir na função endócrina de maneiras capazes de provocar puberdade precoce, obesidade e danos aos óvulos. *Tenho certeza de que você entendeu a situação.*

O problema é que não há nada que impeça a "substituição desastrosa", prática na qual os fabricantes trocam um produto químico prejudicial por outro, que pode acabar *não sendo* uma alternativa segura. Essa mudança de planos pode acontecer quando as indústrias dão uma resposta ao clamor público ou a pressões regulatórias sobre os potenciais efeitos nocivos de um produto químico na saúde, substituindo a substância identificada como danosa por outra, que o público supõe ser segura.[4] Mas isso nem sempre é verdade.

Ruthann Rudel, toxicóloga do Silent Spring Institute, centro de pesquisa em Newton, Massachusetts, disse a um repórter do jornal *The New York Times*: "Às vezes, nós, cientistas ambientais, pensamos que estamos jogando um grande jogo de esmaga-toupeira com as empresas químicas." Pode ser um jogo divertido para crianças, mas não devemos brincar com nossa saúde reprodutiva.

---

[4] Em essência, isso "tira proveito da equivocada percepção da opinião pública de que a substituição é inerentemente segura", segundo observa a organização ambientalista Collaborative on Health and the Environment. (N. da A.)

Problemas Reprodutivos em Homens e Mulheres e Suas Causas Ambientais

Homens ♂

Disfunção erétil

Pênis e escroto pequenos

Baixas contagem e qualidade de espermatozoides

Testosterona reduzida

Defeitos genitais de nascença

Ambos

Infertilidade

Genitália ambígua

Anomalias hormonais

Baixa libido

Danos ao DNA do espermatozoide e do óvulo

Fracasso da tecnologia de reprodução assistida (TRA)

Baixo peso ao nascer/prematuridade

Problemas menstruais

Endometriose

Esgotamento prematuro dos óvulos

Puberdade precoce

Aborto espontâneo

Mulheres ♀

Culpados Químicos

Ftalatos, bisfenóis, retardantes de chama, pesticidas, compostos químicos perfluorados, "produtos químicos de legado"

Fatores de Estilo de Vida

Envelhecimento, tabagismo, alto consumo de álcool, estresse, obesidade, alguns medicamentos, alimentação precária, estilo de vida sedentário

PARTE III

Consequências e Repercussões Reverberantes

8

O LONGO ALCANCE DAS EXPOSIÇÕES:
Efeitos Reprodutivos em Cascata

ESPIRAIS DE SAÚDE

Seria ingenuidade achar que os efeitos das complicações relativas à fertilidade ou às anomalias reprodutivas permaneceriam quietinhos, cuidando da própria vida e sem se meter onde não são chamados, sem acarretar outras consequências. Essas dificuldades complexas podem afetar a vida sexual da pessoa, sua capacidade de conceber à moda antiga, sua autoimagem e estima corporal, suas relações sexuais e seu estado emocional. Mas os efeitos em cascata não param por aí. A baixa contagem de espermatozoides, os abortos espontâneos recorrentes e os distúrbios reprodutivos – por exemplo, endometriose e síndrome do ovário policístico (SOP) – podem ter repercussões profundas para a saúde do homem ou da mulher a longo prazo, e até mesmo levar à morte prematura.

Vamos começar com os caras. Uma coisa que muita gente não percebe é que a saúde reprodutiva danificada, que inclui baixa concentração de espermatozoides e baixos níveis de testosterona, está associada à diminuição da saúde geral entre homens. Em um estudo de 2016 com cerca de 13 mil participantes com diagnóstico de infertilidade do fator masculino, os pesquisadores descobriram que os homens com baixas concentrações de espermatozoides tinham um risco 30% maior de desenvolver diabetes e um risco 48% maior de desenvolver doença cardíaca isquêmica, em comparação com homens sem o diagnóstico de infertilidade. A infertilidade masculina, que inclui a baixa concentração espermática, também está associada a um aumento do risco de câncer, sobretudo câncer testicular e câncer de próstata de alto grau. De acordo com um estudo de 2017, homens com concentrações de espermatozoides abaixo de 15 milhões por mililitro corriam risco 50% maior de ser hospitalizados por *qualquer motivo médico*, em comparação com aqueles cujas concentrações superavam 40 milhões por mililitro.

Diante desses riscos elevados, não surpreende que entre os homens com infertilidade a expectativa seja morrer mais cedo do que seus pares mais férteis. Em um estudo de 2014, pesquisadores da Universidade Stanford acompanharam a saúde de 12 mil homens que haviam sido submetidos à avaliação de infertilidade e constataram que aqueles com baixa contagem de espermatozoides, motilidade espermática prejudicada ou volume seminal inferior – elementos que se qualificam como infertilidade do fator masculino – apresentaram taxas de mortalidade maiores durante a década seguinte do que aqueles com qualidade de sêmen normal. Homens com dois ou mais parâmetros seminais anormais, o que os pesquisadores consideravam sêmen "gravemente danificado", mostraram um risco 2,3 vezes maior de morrer – no período de acompanhamento de dez anos – do que os que tinham qualidade de sêmen normal.

Os mecanismos exatos por trás desses liames não são conhecidos, mas existem teorias sobre o que poderia estar acontecendo. Já se sugeriu que defeitos nos mecanismos de reparo do DNA prejudicam os processos de divisão celular de maneiras que afetam a produção de espermatozoides e aumentam a probabilidade de desenvolvimento de câncer. Outra teoria aponta para uma explicação hormonal, ou seja, que homens inférteis têm níveis circulantes de testosterona mais baixos do que aqueles que são férteis; baixos níveis de testosterona em homens podem aumentar seu risco de desenvolver doenças cardiovasculares e preparar o terreno para perda muscular, aumento de gordura abdominal, enfraquecimento dos ossos, disfunção erétil e problemas de memória, humor e energia, circunstâncias que muitos caras querem desesperadamente evitar. Pesquisadores também propõem a hipótese de que perturbações uterinas na programação genética podem prejudicar não apenas o desenvolvimento genital, mas também afetar a saúde do homem em um momento posterior da vida. De fato, é uma emaranhada teia de fatores contribuintes.

Qualquer que seja o nome – "um sexto sinal vital", um "precursor" ou "um biomarcador fundamental" –, uma coisa é clara: a qualidade do sêmen do homem pode dizer alguma coisa sobre os futuros riscos de saúde a que ele está sujeito. Por outro lado, homens com sêmen de alta qualidade têm expectativa de vida mais longa e menor incidência de uma ampla gama de doenças em comparação com seus pares inférteis, de acordo com um estudo com 40 mil dinamarqueses que foram monitorados por até quarenta anos. Simplificando, ter um estoque abundante de esperma está associado a uma saúde mais robusta para os homens – virilidade em várias frentes.

INFELIZES EFEITOS EM CADEIA PARA AS MULHERES

Para a mulher, também existem fortes associações entre saúde reprodutiva e bem-estar futuro. Mulheres com SOP geralmente têm resistência à insulina ou padecem de diabetes e sofrem de síndrome metabólica, o que aumenta o risco de desenvolverem doenças cardiovasculares, além de diminuir sua fertilidade. Aquelas que começam a menstruar cedo (antes dos 12 anos) podem estar sujeitas a um risco 23% maior de morrerem jovens por qualquer causa do que seus pares cuja primeira menstruação chega mais tarde, provavelmente porque a puberdade precoce em meninas é associada a um risco aumentado de desenvolver obesidade, diabetes tipo 2, asma e câncer de mama. A anovulação, que ocorre quando o ovário não libera um óvulo durante determinado ciclo menstrual, tem sido relacionada a um risco aumentado de câncer uterino, ao passo que a endometriose e a infertilidade por fator tubário podem aumentar o risco de câncer de ovário.

Mulheres com diagnóstico de infertilidade também correm maior risco de ter cânceres sensíveis a hormônios. Isso faz sentido, uma vez que elas não têm trégua em meio aos altos e baixos hormonais associados à menstruação: a gravidez proporciona à mulher um hiato de nove meses sem menstruar, além de mais ou menos um mês após o parto, se *não* estiver amamentando, e até seis meses ou mais se estiver amamentando exclusivamente. Isso é significativo, porque ciclos menstruais ininterruptos (se a mulher nunca engravidar) significam uma exposição permanente a flutuações hormonais ovarianas, que estimulam o crescimento das células nos seios, ovários e endométrio. Em menor grau, isso também se aplica a mulheres que têm o primeiro filho mais tarde (ou nunca têm filhos). A mulher que tem o primeiro filho aos 40 anos ou mais apresenta um risco quatro vezes maior de desenvolver câncer de mama em comparação com outra que tem um filho aos 15 anos, principalmente porque as mulheres mais velhas passaram décadas sem tirar férias prolongadas da estimulação hormonal.

Em um estudo de 2019 envolvendo mais de 64 mil mulheres com diagnóstico de infertilidade e submetidas a testes ou tratamentos para esse problema e mais de 3 milhões de mulheres atendidas em consultas de atendimento ginecológico de rotina, pesquisadores da Universidade Stanford procuraram investigar se riscos semelhantes aplicavam-se também a outros tipos de câncer, rastreando a saúde dessas mulheres ao longo de muitos anos. No fim ficou claro que as mulheres submetidas a tratamento para infertilidade tinham um risco 18% maior de desenvolver cânceres de útero, ovário, tireoide, fígado e pâncreas, bem como leucemia. É interessante notar que, entre as mulheres classificadas como inférteis e que ainda assim engravidaram e deram à luz durante o período de acompanhamento, os riscos de câncer de útero e ovário caíram a ponto de coincidir com os de suas congêneres naturalmente férteis.

Além disso, o estilo de vida e os agentes estressores relacionados a produtos químicos capazes de alterar a saúde reprodutiva do homem e da mulher também podem modificar a expressão de seu código genético e possivelmente afetarão futuras gerações de suas famílias.

AJUSTANDO O PLANO DIRETOR

Como esses efeitos de segunda mão podem funcionar? Aqui entramos nos domínios de um campo chamado *epigenética*, que significa literalmente "acima da genética". O termo, cunhado pelo cientista britânico Conrad Waddington em 1942, refere-se ao estudo de mecanismos biológicos que podem alterar a função e a expressão do gene – por exemplo, ativando e desativando determinados genes, ou ajustando sua expressão para cima ou para baixo, sem alterar a sequência de DNA subjacente. Ao longo de várias décadas, esse ramo da biologia floresceu e forneceu novas ideias sobre como o ambiente em que a pessoa vive, incluindo sua exposição a determinados produtos químicos e práticas de estilo de vida, pode influenciar a expressão de certos genes, o que por sua vez pode alterar seu risco de desenvolver distúrbios de saúde específicos.

É aí que as coisas ficam complicadas. Alguns cientistas usam o termo *epigenética* para se referir a mudanças químicas ou físicas que afetam a regulação dos genes sem alterar a sequência de DNA essencial. Já outros acreditam que o termo deve ser aplicado apenas a alterações que são hereditárias – ou seja, transmitidas de uma célula para outra ou de um organismo para outro. Se você acha difícil entender tudo isso, está em boa companhia. No livro *O gene: Uma história íntima*, Siddhartha Mukherjee observa: "As mudanças do significado da palavra *epigenética* criaram uma enorme confusão dentro do campo de estudos."

Aqui está a essência do que é preciso saber: seus genes e o ambiente em que você vive podem interagir de maneiras capazes de mudar a forma como seus genes são usados ou expressos. Isso por si só já é incrível, mas a parte surpreendente vem agora. A comida que comemos, o ar que respiramos, os produtos que usamos e as emoções que sentimos têm o potencial de influenciar não apenas como nossos próprios genes são expressos, mas também como os genes de nossos descendentes ainda por nascer poderão se comportar no futuro. É isso mesmo – nosso estilo de vida e o meio ambiente podem ter um efeito em cascata na saúde e no desenvolvimento de nossos filhos e netos ainda não nascidos, por meio de mecanismos que fomentam a memória celular e podem ser mantidos por várias gerações.

Esses efeitos são considerados transgeracionais quando vistos em uma geração que *não* foi diretamente exposta ao estímulo em questão, a exemplo de filhos e filhas de um pai ou mãe que *foi* exposto. Quando os efeitos se estendem à segunda, terceira ou quarta gerações após a geração que sofreu a exposição inicial, aí são considerados multigeracionais. Juntas, essas influências repassadas de uma geração para outra podem ser consideradas *intergeracionais*, termo abrangente que prefiro por uma questão de simplicidade.

Uma analogia: imagine que está sendo produzido um documentário sobre o desenvolvimento e a maturação do seu corpo. Os genes que você carrega forneceriam o roteiro, descrevendo as principais ações ou eventos a serem apresentados com destaque no filme; as mudanças ou modificações epigenéticas refletiriam as possíveis alterações ou ajustes do diretor na forma como o roteiro é executado – nesse caso, fazendo com que certos conjuntos de genes sejam ativados (expressos) ou desativados (inibidos ou silenciados). Em outras palavras, o diretor (as mudanças ou modificações epigenéticas) tem o poder de gritar "Ação!" ou "Corta!" ou sugerir que seja dado um toque ou tom diferente a determinado evento.

Na vida real, mudanças ou modificações epigenéticas, que fazem parte do desenvolvimento, saúde e sobrevivência normais da espécie, podem influenciar o risco de doenças a que a pessoa está sujeita ao longo de sua existência. Quando alguém é exposto a um determinado estímulo – seja um produto químico tóxico, estresse intenso ou certo fator alimentar –, essa influência pode suscitar modificações epigenéticas capazes de ter efeitos duradouros no desenvolvimento, no metabolismo e na saúde da pessoa – e às vezes até mesmo no desenvolvimento e na saúde de sua prole.

Conhecemos três mecanismos epigenéticos principais, que explicarei aqui, e outros provavelmente serão identificados no futuro. Um dos mais bem caracterizados é a metilação do DNA, processo químico que adiciona um grupo metil (unidade estrutural de compostos orgânicos bastante comum) ao DNA. A metilação do DNA, que ajuda a regular importantes processos celulares, atua essencialmente como um interruptor que ajusta a atividade dos genes para cima ou para baixo, modificando as interações com o maquinário no interior do núcleo da célula. Em outro mecanismo epigenético, histonas, proteínas que servem como um carretel em torno do qual o DNA se enrola, podem ser modificadas por meio de processos químicos específicos; uma modificação específica da histona pode, então, calibrar com precisão a expressão do gene.

Um terceiro mecanismo epigenético envolve o ácido ribonucleico (RNA na sigla em inglês), que está presente em todas as células vivas e desempenha papéis essenciais na codificação, regulação e expressão de genes. O mecanismo de silenciamento de RNA é uma modificação durante a qual a expressão de um ou mais genes é infrarregulada[1]* ou suprimida

---

[1] *Downregulated*, no original; *downregulation* é a diminuição, inibição ou "regulação decrescente", que ocorre quando a célula diminui a quantidade de um componente celular, como RNA ou proteína, em resposta a uma variável externa; ao contrário, chama-se

por pequenas sequências não codificantes de RNA. Sem entrar nas minudências da função do RNA não codificador, basta dizer que essas moléculas de RNA podem alterar a expressão gênica e desempenhar um papel relevante em processos biológicos. De uma forma ou de outra, todos esses mecanismos epigenéticos atuam como interruptores, moduladores ou etiquetas de identificação (servem como uma espécie de memória celular) que podem mudar a paisagem epigenética. Essas mudanças são semelhantes a editar e reescrever o roteiro da história de sua vida.

Agora, imagine que alguém está usando canetas marca-texto de cores diferentes para destacar diferentes partes do roteiro, de modo a indicar quais partes precisam ser lidas com mais atenção (digamos, alaranjado) e quais não são tão importantes (digamos, azul). O sistema de codificação de cores pode mudar ao longo de sua vida, em resposta a influências ambientais, de modo que uma parte que antes era azul torna-se alaranjada ou vice-versa. Além disso, algumas falas ou direções de palco podem ser passadas para seu parente mais próximo, assim como algumas partes destacadas de um documento ainda aparecem, como uma cor ou sombra, quando ele é fotocopiado. Essa é a essência de como funciona a epigenética.

LEGADOS INDESEJÁVEIS

No entanto, talvez a história de sua vida não pare com você, e essa pode ser a parte mais surpreendente. Esses efeitos epigenéticos podem influenciar o risco de a criança desenvolver asma ou alergias, obesidade, doença cardíaca ou renal, alguns distúrbios neurológicos e algumas anormalidades reprodutivas. Há muito tempo se reconheceu que existe uma transmissão intergeracional – da mãe para os filhos e filhas – decorrente da exposição a substâncias químicas, metais, produtos farmacêuticos, estresse e trauma, além de outros fatores nocivos, o que faz sentido em termos intuitivos, uma vez que o corpo da mãe é o primeiro lar do bebê. Cada vez mais, pesquisas estão sugerindo que o mesmo se aplica a homens.

---

upregulation (suprarregulação) o aumento reativo na transcrição de certos genes ou a atividade de certas enzimas. (N. da T.)

Eis uma área em que isso foi ilustrado: as experiências de um pai ou uma mãe com guerra, trauma ou estresse intenso podem ter efeitos de segunda mão na saúde mental de sua prole, mesmo que os filhos não cresçam ouvindo histórias sobre esses horrores. Os descendentes de sobreviventes de traumas parecem herdar uma memória biológica das tribulações que o pai e a mãe enfrentaram – isto é, por meio de alterações em certos genes e níveis de hormônios do estresse circulante, de acordo com Rachel Yehuda, professora da psiquiatria e neurociência da Escola de Medicina Icahn do Hospital Mount Sinai.

Em uma pesquisa, Yehuda e seus colegas entrevistaram adultos com pelo menos um dos progenitores sobrevivente do Holocausto e adultos cujos pais não tinham sido expostos a ele e tampouco vivenciado algum episódio de transtorno de estresse pós-traumático (TEPT); em seguida, coletaram amostras de sangue dos participantes para comparar a metilação de um gene que está envolvido na resposta ao estresse $(GR-1^F)^{2*}$ e níveis de cortisol em resposta à ingestão de uma baixa dose de dexametasona (medicamento anti-inflamatório). Descobriram que os sujeitos do estudo cujo pai ou mãe passaram por um episódio de TEPT tiveram alterações na metilação desse gene específico, sinal de modificações epigenéticas induzidas por trauma.

Isso pode parecer um amontoado de palavrório técnico empolado, mas essas alterações podem ter consequências significativas para gerações posteriores. Outro estudo de Yehuda, envolvendo descendentes do Holocausto, constatou que o TEPT da mãe aumentava de maneira considerável o risco de seu filho ou filha desenvolver esse transtorno, enquanto o TEPT do pai elevava de modo expressivo o risco de depressão no filho ou filha. Ainda não se determinou se esses efeitos se devem, em última análise, ao comportamento imprevisível do pai ou da mãe ou a mudanças ou modificações epigenéticas no esperma do pai. Mas a ideia de que experiências traumáticas podem afetar o DNA de maneiras que são transmitidas para as gerações subsequentes, à feição de cicatrizes moleculares, é um legado familiar perturbador.[3]

---

[2] GR: receptor de glicocorticoides (*glucocorticoid receptor*), ao qual o cortisol e outros glicocorticoides se ligam. (N. da T.)

[3] A pesquisa de Yehuda tem seus críticos, que questionam como é possível separar os efeitos de filhos que ouviram relatos horríveis sobre o Holocausto da influência da epigenética. Outro possível senão: a questão do tipo "Quem nasceu primeiro: o ovo ou a

No lado masculino da árvore genealógica, pesquisas envolvendo camundongos descobriram que a prole de machos que passaram por estresse significativo antes da reprodução exibia alterações substanciais na reatividade ao estresse do eixo hipotálamo-pituitária-adrenal (HPA), que controla a resposta da pessoa ou animal ao estresse – nesse caso, devido à reprogramação epigenética. Isso é especialmente digno de nota porque a reatividade alterada ao estresse é uma característica evidente do TEPT, de modo que parece que o TEPT anterior do pai ou da mãe pode se tornar o TEPT do filho ou filha por meio de mecanismos moleculares herdados. Em conjunto, esses estudos conferem credibilidade à teoria de que traumas psicológicos ou estresse extremo podem induzir mudanças ou modificações epigenéticas passíveis de serem transmitidas pelo pai ou pela mãe, ou por ambos, com consequências na vida real para seus filhos e filhas.

O SISTEMA DIGESTÓRIO MULTIGERACIONAL

Outro exemplo da transmissão intergeracional de efeitos na saúde: grandes flutuações na disponibilidade de alimentos – de escassez à fartura, ou o contrário – durante os primeiros anos de vida dos avós podem ter surpreendentes efeitos em cascata nas gerações subsequentes. Pesquisas realizadas na Suécia constataram que se uma avó paterna passava por mudanças drásticas em seu acesso à comida, de um ano para o outro até a puberdade, as filhas de seus filhos (ou seja, suas netas) tinham um risco 2,5 vezes maior de morrer de doenças cardiovasculares na vida adulta. Da mesma forma, bebês expostos ainda no útero a deficiências nutricionais durante um grave período de fome generalizada nos Países Baixos, conhecido como Fome Holandesa (ou Inverno da Fome), em 1944-5,[4*] corriam risco aumentado de se tor-

---

galinha?", em que é impossível definir causa e efeito: se a metilação do DNA é resultado de trauma ou se a metilação do DNA aumenta o risco de sofrer de TEPT. (N. da A.)

[4] Ao final da Segunda Guerra Mundial, milhões de holandeses que viviam na porção do país ocupada pelos nazistas sofreram com o racionamento de comida. Milhares morreram de fome. (N. da T.)

nar obesos e de desenvolver esquizofrenia quando adultos (por outro lado, descobriu-se que, para as mulheres que eram crianças com idade entre 2 e 6 anos e passaram fome extrema durante o Inverno da Fome holandês, a menopausa natural chegou mais cedo, em comparação com mulheres que não foram expostas à inanição).[5]

A linhagem paterna não escapa incólume no que se refere à alimentação. Estudos concluíram que crianças concebidas por homens subnutridos pesavam mais, e em alguns casos eram mais obesas, do que crianças nascidas de pais e mães que eram bem alimentados antes da concepção. Aos 9 anos, os meninos nascidos de homens que começaram a fumar antes dos 11 anos têm maior risco de se tornarem crianças com sobrepeso ou obesidade; curiosamente, enquanto os meninos cujos pais adquiriram o hábito de fumar desde cedo têm um índice de massa corporal mais alto, o mesmo não acontece com as filhas desses homens. Outro *corpus* de pesquisa com camundongos machos sugere que filhos de homens com deficiência de ácido fólico ou que têm a maior dose de suplementação de ácido fólico apresentam menores contagens de espermatozoides. Em outras palavras, do lado da equação referente ao pai, sem dúvida esses efeitos da linhagem paterna são transmitidos via esperma.

AVISOS AOS PAIS E MÃES

Diante de tudo isso, não é surpresa que os fatores de estilo de vida e produtos químicos ambientais aos quais o homem e a mulher estão expostos podem ter efeitos que reverberam e repercutem na saúde reprodutiva das gerações futuras. Nenhuma dessas potenciais influências epigenéticas tem efeitos peremptórios, no entanto: elas não ocorrem em todas as crianças nascidas de pais e mães submetidos a exposições específicas que podem induzir alterações epigenéticas. Mas, em tese, *podem* ocorrer em qualquer criança, e exposições em gerações anteriores tornam mais provável que essas mudanças venham a acontecer.

---

[5] Isso sugere que a restrição calórica drástica, qualquer que seja a causa, reduz a idade em que a mulher passa naturalmente pela menopausa. (N. da A.)

Todavia, quando essas mudanças ou modificações epigenéticas ocorrem, o número de gerações que serão afetadas por tais exposições permanece uma questão aberta a debates e pesquisas. Não está claro, por exemplo, se os efeitos nocivos de uma determinada exposição são perpetuados em crianças tanto do sexo masculino quanto do feminino, bem como na terceira ou na quarta gerações de descendentes. A resposta parece depender do culpado em questão.

Como exemplo, vamos dar uma olhada no dietilestilbestrol (DES), que, você há de se lembrar, até a década de 1970 era receitado para milhões de mulheres grávidas porque, acreditava-se, prevenia abortos espontâneos. Em primeiro lugar, o tratamento não impediu a ocorrência destes – na verdade, aumentou o risco. Pior, aumentou a incidência de certos distúrbios reprodutivos na prole masculina e feminina que foi exposta à substância no útero. A maior parte das pesquisas sobre a exposição pré-natal ao DES concentrou-se nos efeitos reprodutivos em meninas e mulheres – e eles são muitos, como você viu.

Menos conhecidos são os potenciais efeitos em meninos e homens cujas mães tomaram DES durante a gravidez – e eles são significativos. Não apenas a exposição uterina ao DES pode aumentar o risco de bebês do sexo masculino terem testículos não descidos, hipospadia (deformação congênita das vias urinárias, na qual a abertura da uretra se encontra fora do lugar), cistos epididimários e infecção ou inflamação dos testículos, como também esses meninos apresentam maior risco de ter micropênis (pênis anormalmente pequenos, mas com estrutura normal).[6] Não está claro se há também uma associação com contagens de espermatozoides diminuídas ou câncer testicular, porque a pesquisa sobre os efeitos do DES em filhos homens não foi extensa.

A verdadeira surpresa: algumas evidências sugerem que os *filhos homens* de mulheres que foram expostas ainda no útero ao dietilestilbestrol – os *netos homens* das gestantes que foram expostas ao DES – têm uma incidência aumentada de duas anomalias genitais: testículos que

---

[6] Caso você esteja se perguntando, a definição de "pênis anormalmente pequeno" não está nos olhos de quem vê. É um diagnóstico médico feito quando o comprimento do órgão está 2,5 desvios padrões, ou mais, abaixo do comprimento médio para a faixa etária. Para o homem adulto, o comprimento médio do pênis alongado é de 13,3 centímetros, ou 5,2 polegadas, portanto um micropênis teria no máximo 9,3 centímetros ou 3,7 polegadas – um encolhimento substancial, de fato! (N. da A.)

não desceram e pênis anormalmente pequeno. Nesses casos, o dano do DES pode ser replicado duas ou três gerações adiante, efeito que poderia ser o resultado de mudanças ou modificações epigenéticas transmitidas às gerações subsequentes por intermédio dos homens.

Aqui está um exemplo de como esses efeitos podem se manifestar, dado o atual estado de exposições químicas e desenvolvimento reprodutivo. Em um estudo de 2017, pesquisadores examinaram os níveis de ftalatos na urina de homens submetidos a fertilização in vitro (FIV) e descobriram que vários desses ftalatos estavam associados a mudanças no DNA espermático (por meio do que é chamado metilação de DNA) que resultavam em qualidade embrionária mais precária e menos probabilidades de implantação bem-sucedida. Os ftalatos afetavam os genes que podem influenciar o desenvolvimento reprodutivo do bebê do sexo masculino e, futuramente, a qualidade do sêmen e o status de fertilidade do homem adulto – isto é, se *ele* é capaz ou não de ter filhos. Também há evidências de que a exposição do homem a produtos químicos que agem como desreguladores endócrinos pode se estender mais longe na árvore genealógica, afetando o desenvolvimento reprodutivo em sucessivas gerações de homens. Do lado feminino, a pesquisa também descobriu que a exposição a toxinas ambientais pode levar à herança intergeracional de SOP ou a uma redução prematura na reserva de óvulos viáveis (também conhecida como diminuição da reserva ovariana, DRO, ou reserva ovariana reduzida).

Infelizmente as coisas ficam piores, porque parece que, diante do número e do volume cada vez maiores de produtos químicos que agem como desreguladores endócrinos e outras toxinas em nosso mundo, os efeitos nocivos podem se acumular ao longo do tempo em descendentes da pessoa originalmente exposta. Em estudos envolvendo camundongos machos, pesquisadores da Universidade Estadual de Washington procuraram investigar o potencial para esse efeito de aumento. Em seguida, testaram os efeitos cumulativos da exposição pré-natal – e, logo após, da exposição pós-natal – do camundongo macho a substâncias químicas estrogênicas, não apenas em uma geração, mas também em três gerações sucessivas, e compararam a gravidade dos efeitos nas várias gerações. Descobriram que a exposição aos desreguladores endócrinos afetava tanto o desenvolvimento do trato reprodutivo quanto a produção de espermatozoides nos camundongos machos que foram expostos. Nenhuma surpresa nisso.

Mais espantosa foi a descoberta de que, quando gerações subsequentes foram expostas a esses produtos químicos de desregulação endócrina, os efeitos das alterações originalmente constatadas em células produtoras de espermatozoides haviam sido amplificados. Ademais, observaram-se com frequência cada vez maior a incidência e a gravidade das anomalias do trato reprodutivo – como torção ou colapso dos canais ou dutos deferentes (que transportam os espermatozoides dos testículos para a uretra) e fibrose testicular (que pode levar à infertilidade masculina) –, sugerindo um efeito cumulativo. Os impactos foram piores na segunda geração em comparação com a primeira, e ainda piores na terceira. O fato de os danos se agravarem à medida que mais gerações eram expostas sugere que a sensibilidade masculina a estrogênios ambientais aumenta em sucessivas gerações que vão sendo expostas a desreguladores endócrinos comuns, levando a uma progressiva diminuição na contagem de espermatozoides ao longo de várias gerações — fenômeno a que o cientista ambiental Pete Myers se refere como uma "espiral de morte da fertilidade masculina". Isso talvez soe como um enredo de jogo de videogame ou filme com temática apocalíptica, mas a possibilidade de os estragos estarem ficando cada vez piores à medida que as gerações subsequentes são expostas a DEs é para lá de assustadora. Onde a deterioração vai parar?

REVISANDO NOSSOS PROGRAMAS REPRODUTIVOS

Efeitos epigenéticos e intergeracionais desse tipo são significativos e preocupantes para seres humanos e animais. Afinal, as evidências sugerem que, tão logo essas mudanças ocorram, o programa revisado para o futuro desenvolvimento de células e sistemas corporais em gerações sucessivas pode se tornar permanente. É como se o novo padrão se tornasse estruturado em caráter imutável e irrevogável, e não pudesse ser alterado ou apagado nem para o homem específico em questão nem, possivelmente, para seus futuros herdeiros do sexo masculino.

Essas descobertas lançam luz sobre a grande revelação de minha própria pesquisa. Que a sensibilidade masculina a hormônios ambientais, aumentada em sucessivas gerações de exposição – de pai para o filho homem para o neto homem –, poderia explicar o contínuo declínio nas contagens de espermatozoides que vimos nas gerações subsequentes. Como os parentes de segunda, terceira e quarta gerações estão sujeitos a essas influências ambientais nocivas, tornam-se mais sensíveis a seus efeitos, e pode haver também danos no DNA herdado, o que é mais um fator cumulativo propenso a criar um círculo vicioso. Ninguém sabe em que ponto na linhagem de uma família esses efeitos prejudiciais vão parar.

Há, no entanto, um lampejo de esperança de que alguns efeitos epigenéticos possam ser reversíveis. Por exemplo, é teoricamente plausível que a propensão à obesidade seja passível de alteração mudando-se o ambiente no útero e o estilo de vida da pessoa na idade adulta. Pesquisas em camundongos constataram que a suplementação dietética com ácido fólico ou genisteína durante a gravidez anula a hipometilação do DNA e pode neutralizar os efeitos nocivos sobre o filhote ainda por nascer da exposição ao bisfenol A, produto químico industrial usado para endurecer o plástico (pense em mamadeiras, por exemplo). É o equivalente biológico a clicar na função "desfazer" em seu computador e apagar o erro que você acabou de cometer.

Mas ainda não se sabe até que ponto é possível salvar as futuras gerações de seres humanos de alterações epigenéticas indesejáveis, ou quais efeitos são potencialmente reversíveis. Se alguém tem sorte suficiente para escapar dessa fieira epigenética de influências intergeracionais indesejadas parece ser uma questão de acaso. Anomalias reprodutivas, complicações de fertilidade e um maior risco de doenças crônicas não são traços adquiridos que qualquer pai ou mãe desejaria passar para seus filhos e filhas. Mas a vida moderna tornou cada vez mais difícil evitar esses riscos. É por isso que cientistas de todo o mundo estão fazendo apelos à ação – por exemplo, no sentido de proteger as provisões de alimentos e reduzir a exposição a coquetéis químicos no meio ambiente – de modo a preservar a fertilidade e a saúde reprodutiva de gerações futuras.

9

PONDO O PLANETA EM PERIGO:
Não Tem A Ver Apenas com os Humanos

SUJANDO NOSSOS NINHOS

No Pacífico Norte encontra-se um enorme vórtice de lixo, uma convergência de mais de 87 mil toneladas de detritos flutuantes, que incluem partículas de plástico, lama química e outros fragmentos. Essa mixórdia de restos e resíduos passou a ser conhecida como a Grande Mancha de Lixo do Pacífico. Mais que uma massa discreta à feição de uma ilha, o redemoinho rodopiante de sujeira assemelha-se a uma difusa galáxia de dejetos que cresceu a ponto de ter mais ou menos duas vezes o tamanho do Texas. Representa um perigo ecológico para a vida selvagem, uma vez que os detritos muitas vezes acabam no estômago ou enrolados no pescoço dos animais. Da população de 1,5 milhão de albatrozes que habitam o atol de Midway nas imediações da Grande Mancha de Lixo, a grande maioria tem partículas de plástico em seu sistema digestivo, e aproximadamente um terço de seus filhotes morrem. Os detritos flutuantes absorvem poluentes orgânicos na água do mar, portanto peixes e outras espécies marinhas consomem esses pedaços de plástico contendo toxinas. Quando nós, humanos, comemos esses peixes, ingerimos micropartículas de produtos químicos tóxicos – outro efeito nocivo em cascata em nosso ecossistema.

Isso está longe de ser uma ocorrência isolada. Também há uma maré de resíduos de plástico ao longo do que outrora foi a idílica costa da ilhota hondurenha de Roatán, bem como, nas proximidades, uma série de "ilhas de lixo", compostas de detritos, principalmente isopor e plástico, junto com algas marinhas. Em 2017, foi descoberta no Pacífico Sul uma massa flutuante de minúsculos pedaços de plástico maior do que o território do México. Enquanto isso, no oceano Atlântico, concentrações "extremas" de poluição microplástica foram encontradas no mar dos Sargaços. E, em 2019, pesquisadores identificaram um aglomerado flutuante de resíduos plásticos, com dezenas de quilômetros de comprimento, entre as ilhas da Córsega e Elba, no mar Mediterrâneo.

Em cada um desses locais, criaturas marinhas estão literalmente nadando em sopas químicas de lixo e plástico de um tipo ou de outro. A Conferência das Nações Unidas para os Oceanos estimou que até 2050 pode ser que os oceanos contenham mais peso em *plástico* do que em *peixes*. Intencionalmente ou não, os seres humanos estão tratando os oceanos do planeta como um depósito de lixo.

Os oceanos atulhados de detritos não são as únicas vítimas de nossa "sociedade do desperdício e do descarte", em que se joga tudo fora, e essas massas de lixo não são apenas horrorosas. Também são prejudiciais ao meio ambiente, sobretudo tendo em vista que os plásticos, em especial, levam milhares de anos para se decompor. De acordo com algumas estimativas, o plástico despejado nos oceanos está matando por ano mais de 100 mil tartarugas marinhas e pássaros, seja porque essas criaturas ingerem fragmentos de plástico, seja porque ficam enredadas em resíduos de plástico sólido. Por sua vez, as substâncias químicas contidas nos plásticos contaminam os peixes e entram na cadeia alimentar, o que significa que podem ser passadas de uma espécie para outra e afetar também a saúde humana. Como observa a Agência de Proteção Ambiental (EPA), "a vida selvagem também pode atuar como sentinela da saúde humana: anormalidades ou declínios detectados nas populações de vida selvagem podem fazer soar um sinal de alerta precoce para as pessoas."

Mas isso não diz respeito apenas a nós, porque a saúde e a vitalidade de outras espécies são importantes – para elas e para a saúde e a integridade do planeta em geral. A diferença é que outras espécies não optaram por trazer esses produtos químicos para sua vida e seus habitats. Os humanos fizeram isso por elas, o que significa que as outras espécies foram vítimas inocentes do nosso comportamento imprudente e irresponsável.

Como você leu, mesmo quando produtos químicos específicos são proibidos, podem perdurar durante anos no meio ambiente, onde acabam prejudicando outras criaturas. Essas substâncias químicas persistentes incluem metais pesados, a exemplo do chumbo e do mercúrio, bem como o arsênio, bifenilos policlorados (PCBs), o DDT, a dioxina e outros, todos os quais são substâncias químicas de desregulação endócrina (DEs) conhecidas ou suspeitas. E, como no caso dos humanos, outras espécies são amiúde expostas simultaneamente a vários DEs, o que cria o potencial para efeitos cumulativos nocivos. Mas isso não é apenas uma afirmação lógica do tipo 1 + 1; tais efeitos podem interagir de maneiras que tornam a combinação, ou efeito como um todo, ainda pior do que a soma das partes separadas.

Afinal de contas, ftalatos estão presentes em plásticos, tubos de PVC, artigos de decoração e produtos de higiene e cuidados pessoais; fenóis, em antissépticos, desinfetantes e produtos médicos, entre outros; o ácido perfluoro-octanoico (PFOA), em carpetes e tapetes, protetores de tecido, antimanchas e panelas de Teflon. Essa contínua exposição pode ser a razão pela qual substâncias químicas não persistentes são facilmente detectadas na urina e são encontradas na maioria das pessoas que compõem as populações ocidentais. Embora outras espécies não "usem" esses produtos, estão expostas a eles por meio de subprodutos formados durante a fabricação e a combustão de produtos químicos, do transporte global desses produtos por meio do oceano e das correntes de ar, da reciclagem e do lixo eletrônico, e de outros processos.

Se o uso de alguns poluentes orgânicos persistentes diminuiu, o uso de compostos não persistentes aumentou. No entanto, ambas as classes ainda representam riscos para o desenvolvimento dos órgãos reprodutivos e podem causar efeitos neurológicos, endócrinos, genéticos e sistêmicos adversos em humanos e outras espécies.

CARGAS CORPORAIS EM ANIMAIS

Infelizmente, esses onipresentes produtos químicos ambientais cobram um alto preço do reino animal de muitas maneiras diferentes. Um estudo recente descobriu que 88% das biópsias do golfinho-nariz--de-garrafa do norte do mar Adriático tinham concentrações de PCBs acima do limite de toxicidade fisiológica para efeitos em mamíferos marinhos, e 66% tinham concentrações acima do limite para a deficiência reprodutiva. Enquanto isso, a exposição a pesticidas organoclorados, PCBs e retardantes de chama bromados exerceu impacto adverso na função reprodutiva de focas-cinzentas do Báltico, incluindo a alta incidência de miomas uterinos em fêmeas, resultando em acentuados declínios em sua população. No caso dos ursos machos do leste da Groenlândia, as elevadas concentrações de poluentes orgânicos persistentes, como pesticidas organoclorados e PCBs, encontradas nos tecidos de altor teor de gordura levaram à redução dos níveis de testosterona, pênis excepcionalmente curtos e testículos de tamanho menor que o normal. Existe até mesmo um distúrbio chamado imposex, que faz com que *fêmeas* de gastrópodes desenvolvam órgãos sexuais masculinos, como pênis e canal deferente.[1] A causa: exposição a certos poluentes marinhos, sobretudo tributilestanho (TBT), substância química extremamente tóxica bastante usada como anti-incrustante, para evitar o crescimento de craca e organismos marinhos no casco de grandes navios.

O que quero dizer é: os efeitos dos produtos químicos que liberamos no mundo são vastos e de longo alcance, pondo em risco a saúde reprodutiva de inúmeras espécies e possivelmente sua própria sobrevivência.

Um bom exemplo disso: em uma série de estudos realizados na Universidade da Califórnia, *campus* de Berkeley, o endocrinologista do desenvolvimento Tyrone Hayes investigou os efeitos da atrazina, herbicida usado principalmente no milho, na soja e em outras culturas no Meio-Oeste dos Estados Unidos e ao redor do mundo, no desenvolvimento sexual de rãs-leopardos-do-norte. Ele descobriu que a exposição à atrazina tinha um efeito feminilizante em rãs machos, levando a anomalias nas gônadas, tais como a presença de óvulos nos testículos, e níveis de testosterona mais baixos do que em rãs fêmeas normais. Constatou-se que alguns sapos tinham respostas reprodutivas disfuncionais semelhantes para vários DEs. Diante dessas anormalidades reprodutivas, é de admirar que rãs e sapos estejam passando por um declínio populacional vertiginoso em todo o mundo?

---

[1] Lembre-se de que o canal deferente é o duto que transporta os espermatozoides do testículo para a uretra. (N. da A.)

Um dos exemplos mais drásticos e amplamente divulgados desse tipo de impacto químico sobre a vida selvagem veio da região central da Flórida. Por muitos anos, o Apopka, um dos maiores lagos de água doce da Flórida – com 12.500 hectares –, figurou entre os mais contaminados do estado. Isso ocorria devido ao uso de pesticidas em atividades agrícolas em torno do lago, uma estação de tratamento de esgoto nos arredores e, em 1980, um enorme derramamento de pesticida – uma mistura de dicofol, DDT e seus metabólitos e ácido sulfúrico – da antiga Tower Chemical Company, que ficava ao lado do lago. Esses pesticidas podem atuar como estrogênios, ligando-se para ativar receptores de estrogênio e induzir o crescimento celular, que é dependente desse hormônio.

Na década de 1990, Lou Guillette Jr., biólogo da vida selvagem da Universidade da Flórida, e seus colegas compararam o desenvolvimento reprodutivo em jacarés do lago Apopka ao de espécimes de um lago de controle (limpo), o Woodruff, no centro da Flórida. Percorrendo os lagos à noite em aerobarcos, as equipes de pesquisadores capturavam jacarés bebês e faziam várias medições corporais e de fluidos corporais, ou coletavam ovos de ninhos durante o dia. Os biólogos descobriram que, aos 6 meses de idade, jacarés filhotes do sexo feminino do lago Apopka tinham níveis de estrogênio no sangue quase duas vezes maior do que os dos jacarés fêmeas do Woodruff, o lago não contaminado – e evidentemente não era porque as fêmeas estivessem ingerindo estrogênio por vontade própria. Os jacarés fêmeas do Apopka também tinham alterações no desenvolvimento do trato reprodutivo, com mais anomalias nos óvulos e nos folículos ovarianos (como o que acontece com a SOP em fêmeas humanas).

Não eram apenas as fêmeas que estavam tendo dificuldades reprodutivas. Os jacarés jovens do lago Apopka tinham seus próprios problemas, sobretudo pênis anormalmente pequenos e túbulos seminíferos (onde os espermatozoides germinam e amadurecem antes de serem transportados) mal organizados nos testículos. Além do mais, os jacarés machos do Apopka tinham concentrações de testosterona significativamente mais baixas – níveis três vezes menores do que os jacarés machos de lago Woodruff e comparáveis aos jacarés *fêmeas* deste. Não é surpresa alguma que essas anomalias tinham o potencial de tolher de maneira expressiva a maturação sexual normal dos jacarés e suas possibilidades de sucesso reprodutivo.[2] Mesmo em estado selvagem no lago Apopka, a taxa de sucesso de incubação desses animais era de apenas 5%, em comparação com a de 85% que deveria ocorrer em um lago menos contaminado.

Essas descobertas foram perturbadoras por si mesmas, mas também proporcionaram dados reveladores sobre os riscos da exposição humana. Os jacarés têm vida útil semelhante à dos humanos e também podem se reproduzir ao longo de décadas. Assim, esses pesquisadores foram capazes de aprender sobre efeitos dos poluentes na reprodução que podem ser relevantes para os humanos, embora não estejamos literalmente nadando em uma sopa tóxica.

Mas de forma alguma esses efeitos adversos da exposição a produtos químicos se limitam a criaturas que residem na água. Em terra, constatou-se que panteras da Flórida expostas a altas concentrações de DDE, mercúrio e PCBs têm menor densidade e motilidade dos espermatozoides, menor volume de sêmen e maior número de espermatozoides de formato anormal em comparação com outras populações desses felinos. No Canadá, entre 1998 e 2006, pesquisadores obtiveram 161 carcaças de vison junto a caçadores comerciais nas províncias da Columbia Britânica e Ontário para que pudessem examinar os efeitos dos DEs, entre os quais pesticidas organoclorados, PCBs e éteres difenílicos polibromados (PBDEs), no desenvolvimento reprodutivo dos machos. Eles descobriram uma relação significativa entre os níveis de DDE no fígado do vison adulto e o comprimento e o tamanho do pênis, provavelmente porque o DDE é antiandrogênico. Criaturas peludas e animais com escamas tinham a mesma probabilidade de sofrer efeitos colaterais negativos em termos reprodutivos como consequência da exposição a esses produtos químicos.

A DRÁSTICA DIMINUIÇÃO DA POPULAÇÃO DE INSETOS E PÁSSAROS

Já faz algum tempo que temos ouvido avisos terríveis sobre o que está sendo chamado de "apocalipse dos insetos". Um estudo alemão de 2017

---

[2] A baixa testosterona por si só pode ter frustrado o interesse dos jacarés machos por sexo. (N. da A.)

descobriu um declínio de 75% das reservas naturais de insetos voadores ao longo dos últimos 27 anos. Em áreas costeiras da Califórnia, a população de borboletas-monarcas-ocidentais despencou 86% de 2017 a 2018. Em Porto Rico, a abundância de artrópodes – incluindo insetos que possuem exoesqueletos (como besouros), bem como aranhas e centopeias – vem diminuindo a uma taxa perturbadora, e o mesmo ocorre com as populações de lagartos, sapos e pássaros que os comem.

Gostemos ou não de insetos, tenhamos medo deles ou não, a realidade simples é que *não podemos sobreviver sem eles*. Como observou o biólogo, naturalista e escritor norte-americano Edward O. Wilson em uma frase famosa: "Se toda a humanidade desaparecesse amanhã, os ecossistemas do mundo iriam se regenerar, voltando ao rico estado de quase equilíbrio existente cerca de 10 mil anos atrás. No entanto, se os insetos desaparecessem, o meio ambiente terrestre logo iria entrar em colapso e mergulhar no caos."[3] Os insetos polinizam plantas e árvores e fornecem alimento para pássaros e outros animais. As vacas não conseguiriam sobreviver sem grama, e a grama não existiria se benévolos insetos não proporcionassem uma forma natural de controle de pragas, contendo os insetos que danificam a grama; além disso, eles ajudam na decomposição de matéria orgânica para que nutrientes possam ser devolvidos ao solo. Algumas espécies de peixes não existiriam se não tivessem insetos para comer. E as galinhas dependem de plantas polinizadas por insetos para obter as sementes e nozes de que se alimentam. Os insetos são parte integrante do ciclo da vida.

Entre as razões suspeitas para a morte de várias populações de insetos estão mudanças climáticas e o uso generalizado de herbicidas e pesticidas. O declínio global das populações e da diversidade de insetos tem o potencial de causar significativos efeitos em cascata nas "redes alimentares", as cadeias alimentares interconectadas no âmbito de uma comunidade ecológica e, portanto, na sobrevivência de vários ecossistemas.

Desde 1970, a América do Norte perdeu quase 3 *bilhões* de pássaros, uma redução de 29%, entre eles centenas de espécies que vão de mariquitas e pintassilgos a andorinhas e pardais, de acordo com um estudo de 2019. Trata-se de uma crise, porque os pássaros também são uma parte decisiva tanto da cadeia alimentar natural quanto da integridade

---

[3] A frase está em seu célebre livro *A criação: Como salvar a vida na Terra*, de 2006. (N. da A.)

ecológica do planeta. Embora a degradação de habitats de alta qualidade seja a maior causa da redução das populações de aves, de acordo com Michael Parr, presidente da entidade de proteção aos pássaros American Bird Conservancy, os pesticidas são um fator contribuinte. Depois que o DDT foi proibido ou teve o uso reduzido de forma gradual, outro fator pernicioso foi a introdução da geração de pesticidas chamados neonicotinoides (também conhecidos como neônicos).[4] Em um artigo de opinião publicado em setembro de 2019 no jornal *The Washington Post*, Parr escreveu: "Os neônicos são usados para inocular plantas contra insetos [...]. Eles eliminam tanto os insetos prejudiciais quanto os benéficos. Se você usar 454 milhões de quilos de veneno de inseto anualmente, como fazemos na paisagem dos Estados Unidos, acabará tendo um número cada vez menor de insetos. Depois, cada vez menos pássaros."

Isso já vem acontecendo na costa noroeste da Islândia, onde as coisas estão estranhamente quietas hoje em dia. Nos últimos anos, colônias de papagaios-do-mar, gaivotas tridácticas, andorinhas-do-mar e outras espécies de pássaros, e também seus animados chilreios, estão morrendo ou desaparecendo. O número de airos-de-Brünnich (ou airos-de-freio, aves semelhantes ao pinguim) caiu 7% ao ano entre 2005 e 2008, ao passo que as populações de airos comuns e papagaios-do-mar diminuíram consideravelmente entre 1999 e 2005, de acordo com um relatório divulgado pela ONU em 2016. Não é apenas que essas aves estejam morrendo em um ritmo mais rápido; elas não estão se reproduzindo na taxa em que outrora se reproduziam.

Uma das principais razões para essas mortes lamentáveis: nosso estilo de vida com alto teor de carbono está elevando as temperaturas dos oceanos, mudando sua composição química, cargas de poluição e redes alimentares, e pondo em risco a saúde de várias formas de vida marinha. Os níveis de "produtos químicos eternos", como PCBs e retardantes de chama bromados, estão afetando essas populações. A calamitosa situação dessas aves marinhas está fazendo soar um sinal de alerta no mundo inteiro, advertindo-nos de que mais padrões como esse provavelmente serão vistos no futuro. Mais uma vez, nós, humanos, criamos esses efeitos fatais e causadores de alterações na fertilidade.

---

[4] Este é outro exemplo de substituição desastrosa. (N. da A.)

SEQUESTRANDO O JOGO DO ACASALAMENTO

Nesse meio-tempo, descobriu-se que alguns contaminantes ambientais alteram o comportamento reprodutivo e de acasalamento de certas espécies. Vimos modificações no comportamento de cortejo sexual e de acasalamento em íbis-brancos que foram expostos à contaminação por metilmercúrio, a forma mais tóxica de mercúrio, na Flórida. Um estudo constatou um significativo aumento na homossexualidade em íbis machos que foram expostos ao metilmercúrio, resultado que os pesquisadores atribuem a um padrão desmasculinizante de expressão de estrogênio e testosterona nos machos; o comportamento sexual em pássaros (assim como em humanos) é fortemente influenciado por níveis circulantes de hormônios esteroides, entre eles a testosterona.

Também estamos vendo mudanças no comportamento reprodutivo entre peixes fêmeas de água doce expostos a desreguladores endócrinos androgênicos; simplificando, essas fêmeas passam menos tempo na companhia de suas congêneres masculinas. Em outros casos, ambos os sexos podem ter seu comportamento sexual "sequestrado" pela exposição ambiental a produtos químicos de desregulação endócrina. Um bom exemplo disso: o acetato de trembolona é um esteroide anabolizante (com ação semelhante à da testosterona) fartamente utilizado em algumas partes do mundo para aumentar a massa muscular dos rebanhos bovinos; costumava ser popular na comunidade de fisiculturistas, mas seu uso em humanos foi banido.

Infelizmente, vários metabólitos de acetato de trembolona foram encontrados em sistemas aquáticos localizados nas proximidades de áreas de confinamento e engorda de animais. Pesquisadores descobriram que os peixes expostos mesmo que a baixas concentrações desse produto químico androgênico podem sofrer distúrbios em seu desenvolvimento e função reprodutivos; em particular, peixes fêmeas tornam-se masculinizados durante seu desenvolvimento inicial, e fêmeas adultas podem sofrer efeitos prejudiciais na fertilidade. Em outra linha de pesquisa, um estudo da Austrália constatou que a exposição de curto prazo à trembolona alterou o cortejo e o comportamento sexual dos peixes barrigudinhos (ou lebistes) machos, bem como a receptividade dos barrigudinhos fêmeas às investidas sexuais dos machos.

OUTROS PERIGOS NA ÁGUA

No mundo ocidental, as pessoas esperam que a água potável seja segura, razão pela qual a crise da contaminação da água por chumbo em Flint, Michigan, em 2016, e a mais recente em Newark, Nova Jersey, suscitaram uma fortíssima indignação política e pública. Contudo, uma realidade muitas vezes esquecida é que, além da possível presença de metais tóxicos, fármacos – inclusive contraceptivos orais e outros hormônios – podem estar à espreita em nosso abastecimento de água, bem como em cursos de água que são o lar de peixes e outras criaturas.[5]

Lamentavelmente, os produtos químicos desses fármacos acabam nos cursos de água após serem excretados do corpo humano, ou quando medicamentos não utilizados são descartados no vaso sanitário. Essas substâncias também podem entrar em nossos cursos de água por meio de resíduos da indústria de ração animal, excreção animal, escoamento de operações de alimentação animal ou lixiviação de aterros municipais, de acordo com um relatório do Conselho de Defesa dos Recursos Naturais (NRDC, na sigla em inglês). Além disso, medicamentos excretados na urina humana, nas fezes e na água do banho acabam migrando dos esgotos para oceanos, rios, lagos e riachos, onde podem prejudicar várias formas de vida selvagem.

Como resultado, não é à toa que cursos de água poluídos por fármacos sejam agora o lar de uma variedade de peixes intersexo – a saber, machos que produzem ovos. E não chega a ser surpresa que peixes e camarões que vivem na água contendo traços de antidepressivos mostrem alterações em seu comportamento normal, como permanecer na superfície da água ou nadar em direção à luz, o que pode torná-los vulneráveis a predadores. Enquanto isso, peixes da espécie vairão-gordo expostos a antidepressivos e anticonvulsivantes na água exibiram alterações neurológicas, algumas das quais se assemelham a distúrbios parecidos com o autismo.

---

[5] É público e notório que o uso de medicamentos farmacêuticos aumentou de maneira acentuada nos Estados Unidos e em outros países nos últimos anos. Mesmo ajustando-se os valores pela inflação, os gastos com medicamentos prescritos no varejo aumentaram de 90 dólares por pessoa em 1960 para 1.025 dólares em 2017, apenas nos EUA. (N. da A.)

ENFRENTANDO A ENCRENCA QUE CRIAMOS

Isso deve nos dar uma imagem bastante clara do que está acontecendo – e do que está dando errado – com outras espécies em todo o mundo. Quando os produtos químicos que nós, humanos, criamos se infiltram no meio ambiente, podem prejudicar a saúde, o desenvolvimento, o comportamento e até mesmo a sobrevivência de outras criaturas. Moral da história: essencialmente, estamos ministrando doses de remédios ao planeta inteiro quando tomamos esses medicamentos ou os descartamos de maneira inadequada. As outras criaturas não pediram nada disso.

Para piorar as coisas, os produtos químicos que estão alterando *nosso* desenvolvimento e função reprodutivos, bem como os dos jacarés, sapos e outras espécies, vêm em grande parte de indústrias que estão prejudicando também nosso clima. De acordo com o que um painel de cem cientistas especialistas em distúrbios endócrinos e mudanças climáticas escreveu em um comentário de 2016 no jornal francês *Le Monde*,

> *Muitas das ações necessárias para reduzir a carga de desreguladores endócrinos ajudarão também na luta contra as alterações climáticas.* Em sua maioria, os produtos químicos sintéticos são derivados de subprodutos fósseis de combustíveis fabricados pela indústria petroquímica. [...] *Esses produtos químicos põem em perigo a saúde reprodutiva masculina e contribuem para os riscos de câncer.*[6]

Já existe a preocupação de que a exposição a DEs possa prejudicar a capacidade de outras espécies de se adaptar às mudanças ambientais que são impulsionadas pelas mudanças climáticas, uma vez que os DEs alteram a programação e a função hormonais. Como escreveu o cientista norueguês Bjørn Munro Jenssen, que estuda o modo como os poluentes ambientais afetam os animais, "ao levar em consideração o transporte de longo alcance de DEs para o ecossistema do Ártico, a

---

[6] Como os cientistas notaram, a diminuição da dependência de combustíveis fósseis e a mudança para formas alternativas de energia poderiam resultar na redução das emissões de gases do efeito estufa, o que ajudaria na crise climática; isso também reduziria a produção de substâncias químicas que podem prejudicar a saúde reprodutiva de homens, mulheres, crianças e outras espécies. (N. da A.)

170 Contagem regressiva

combinação de DEs e mudanças climáticas pode ser o pior cenário para mamíferos e aves marinhas dessa região."

No passado, a presença de substâncias químicas no meio ambiente era regulamentada sobretudo com base no que era cancerígeno, mas os níveis que ameaçam a saúde reprodutiva são geralmente mais baixos. Isso significa que regulamentar produtos químicos com base no risco de câncer pode deixar passar despercebidos perigos reprodutivos significativos. Por exemplo, quando a EPA analisou o tecido de peixes de 540 rios dos Estados Unidos, o valor de triagem para *endpoints* não cancerígenos,[7] incluindo a reprodução, foi quatro vezes maior do que aquele para o câncer. Em 48% das amostras, constatou-se que a concentração de 21 PCBs excedia o nível considerado suficiente para representar um risco aumentado de câncer em humanos; isso provavelmente significa que os limites para danos reprodutivos já tinham sido atingidos. Descobertas como essa sugerem que é hora de adotar um novo conjunto de padrões regulatórios, que protejam o desenvolvimento e a função reprodutivos de todas as criaturas vivas.

Ao fim e ao cabo, por meio seja de nosso estilo de vida, seja dos contaminantes químicos que desenvolvemos e liberamos, estamos pondo em perigo o mundo no qual vivemos. Não se sabe aonde os efeitos irão parar – a menos que tomemos medidas cruciais para reverter a exposição a produtos químicos em nosso meio e as cargas que esses produtos químicos impõem a outras criaturas vivas. Se por um lado é verdade que distúrbios reprodutivos induzidos pelo meio ambiente em outras espécies são importantes sentinelas para a saúde reprodutiva de homens e mulheres, o desenvolvimento e a funcionalidade sexuais de outras espécies são importantes por si sós. Não se trata de uma afirmação lógica do tipo "nós ou eles". Estamos todos

---

[7] Na terminologia oncológica, *endpoints* (termo por vezes traduzido como "desfechos") são os critérios, métricas e parâmetros utilizados no desenho, análise e interpretação de resultados de estudos clínicos que envolvem tratamentos e medicamentos contra o câncer, para a avaliação de sua eficácia e toxicidade. Nos ensaios clínicos, o *endpoint* diz respeito a um evento ou resultado que pode ser medido objetivamente para determinar se a intervenção em estudo é benéfica. Os desfechos de um ensaio clínico geralmente são incluídos nos objetivos do estudo. Alguns exemplos de desfechos são sobrevivência, melhorias na qualidade de vida, alívio dos sintomas e desaparecimento do tumor. (N. da T.)

rodeados pelo mesmo ensopado tóxico. Simplesmente não há lugar no planeta que esteja a salvo desses produtos químicos.

Nós criamos esses problemas, ainda que de maneira involuntária, então cabe a nós encontrar as soluções, como você verá nos capítulos seguintes. Embora até aqui limitadas, as ações governamentais para coibir ou restringir o uso de produtos químicos potencialmente prejudiciais, a fim de reduzir a exposição a eles, já contribuíram para a diminuição da frequência de certos distúrbios na vida selvagem, o que foi reconhecido pelo relatório da OMS de 2012. Por exemplo, após um declínio nas concentrações ambientais de PCBs e de pesticidas organoclorados, as populações de focas do mar Báltico, que anteriormente tinham uma alta incidência de miomas associados à exposição a esses produtos químicos, estão se recuperando. Depois que, em 2008, a legislação proibiu o uso do tributilestanho (TBT) em tintas marítimas anti-incrustantes, as populações de gastrópodes marinhos vêm se recuperando no mundo inteiro; e, em 2017, nenhum sinal de genitália ambígua foi encontrado entre caramujos marinhos em qualquer uma das estações de monitoramento ao longo da costa norueguesa. São exemplos importantes de como limpar o meio ambiente pode eliminar ameaças ao desenvolvimento reprodutivo.

Ao contrário de outras espécies, nós, como seres humanos, temos a escolha e a capacidade de tomar providências para reverter essas influências nocivas. Alterar essa trajetória que é uma espiral de decadência provavelmente exigirá mudanças drásticas em nosso estilo de vida coletivo e em nossos processos regulatórios para substâncias químicas, fármacos e produtos de consumo. O desafio pode parecer semelhante a tirar o *Titanic* do fundo do mar. Mas é algo que pode ser feito e o esforço vale a pena, porque a saúde, a vitalidade e a longevidade da espécie humana, de outras espécies e do planeta dependem disso.

10

INSEGURANÇAS SOCIAIS IMINENTES:
Desvios Demográficos e o Desmanche das Instituições Culturais

VALORES DE REPOSIÇÃO

Quando as pessoas ouvem falar do abrupto declínio na contagem de espermatozoides em curso nos países ocidentais, algumas dão de ombros e dizem: "Bem, o mundo está superpovoado; menos crianças é uma coisa boa." Mas isso não é necessariamente verdade. As culturas ocidentais estão passando por uma "transição demográfica" – suas populações estão envelhecendo, e em meio à queda das taxas de natalidade esses países não estão substituindo suas populações. Isso é ainda mais verdadeiro durante a era da COVID-19. Seria necessário que os casais tivessem uma média de 2,1 bebês para manter a população de um país apenas por meio de novos nascimentos. Porém, na maioria dos países ocidentais e orientais, esse valor de referência não está sendo alcançado.

Nos Estados Unidos, por exemplo, a taxa de fecundidade, que é definida como o número médio de nascimentos por mil mulheres em idade fértil, foi de 1,8 em 2017, uma queda de 50% em relação a 1960, de acordo com dados do Banco Mundial. Em 2018, o país teve o menor número de nascimentos em 32 anos! No Canadá, a taxa de fecundidade caiu de 3,8 em 1960 para 1,5 em 2017. Na Itália e na Espanha, ela caiu para 1,3. Em Hong Kong, de 5,0 em 1960 para 1,1 em 2017, enquanto na Coreia do Sul caiu de 6,1 em 1960 para 1,1 em 2017. E em 2019 o número de nascimentos na China caiu para seu ponto mais baixo desde 1961, desencadeando o que está sendo chamado de "uma iminente crise demográfica". Uma importante análise do Estudo da Carga Global de Doenças corrobora essas descobertas em todo o mundo. Usando dados de fertilidade e fecundidade de 195 países e territórios, depois de contabilizar as taxas de mortalidade e migração, os pesquisadores descobriram que a taxa de fecundidade total diminuiu em todos os países incluídos no estudo e teve uma diminuição em âmbito global da ordem de 49% entre 1950 e 2017 (se você está sofrendo de sobrecarga de estatísticas, desculpe, mas é que quero lhe dar uma noção do escopo e da magnitude dessas mudanças).

É uma mudança drástica. Por muitos anos, a população mundial parecia estar aumentando em um ritmo constante. Se a taxa de fecundidade média do mundo em 1970 tivesse permanecido consistente e se mantivesse nos mesmos níveis ainda hoje, a população global seria de 14 bilhões de pessoas, quase o dobro da atual. Mas as coisas não funcionaram dessa maneira. Se por um lado o declínio nas contagens de espermatozoides nos países ocidentais sem dúvida desempenhou um papel relevante nesse decréscimo das taxas de fecundidade e fertilidade, também há outros fatores influenciando as mudanças. Nos Estados Unidos e em muitos outros países, homens e mulheres estão esperando mais tempo para se casar, e terão o primeiro filho em uma idade mais avançada, o que resulta em famílias menos numerosas. Quando as pessoas começam a ter menos filhos, é improvável que essa tendência pare, porque elas podem descobrir que ter menos filhos é mais barato e mais fácil de gerenciar.

Uma das principais causas da tendência de queda da fecundidade, de acordo com um relatório sobre as taxas globais de fertilidade divulgado em 2018, reflete o aumento nas opções das mulheres, que cresceram de maneira exponencial em algumas partes do mundo. Especificamente, o aumento nos seus níveis educacionais e nos seus direitos reprodutivos, incluindo a disponibilidade de métodos anticoncepcionais, estão impulsionando o declínio das taxas de natalidade em âmbito global. A correlação entre as oportunidades educacionais da mulher jovem e o número de filhos que ela provavelmente terá é evidente em todo o mundo, mas notável sobretudo em países onde historicamente as meninas não tinham as mesmas oportunidades educacionais que os meninos. Um estudo publicado em 2015 por pesquisadores da Escola de Saúde Pública da Universidade Harvard examinou os efeitos da escolaridade sobre a fertilidade de adolescentes na Etiópia, com base nas políticas de reforma educacional introduzidas no país em 1994. Os pesquisadores descobriram que cada ano de escolaridade adicional levava a uma redução de 6% na probabilidade de casamento na adolescência e gravidez precoce.

Constataram-se relações semelhantes entre o incremento na educação de jovens mulheres e menores taxas de gravidez precoce na Indonésia, bem como na Nigéria, em Gana, no Quênia e em outros países da África subsaariana, onde, historicamente, as diferenças de gênero no número de matrículas no ensino médio sempre foram consideráveis. Ademais, entre 1950 e 2016, quedas drásticas na taxa de natalidade ocorridas na Coreia do Sul e em Cingapura coincidiram com grandes investimentos na educação de meninas, esforços para aumentar a participação de mulheres na força de trabalho e altas taxas de urbanização.

Com efeito, a urbanização foi reconhecida como um fator significativo para o declínio da fecundidade nas últimas décadas. Entre 2011 e 2015, mulheres que viviam em áreas rurais dos Estados Unidos eram 32% mais propensas a ter três ou mais partos do que mulheres que residiam em áreas urbanas. Talvez isso se deva, em parte, ao fato de que nas áreas rurais as crianças são vistas como bens valiosos, como parte da mão de obra (gratuita) capaz de trabalhar nos campos, alimentar as vacas ou cavalos, coletar ovos ou cuidar de outras tarefas essenciais. Nas cidades, por outro lado, os filhos, por mais amados que sejam, tornam-se mais um fardo financeiro do que um bem – um indivíduo a mais para alimentar, vestir, educar e criar, o que geralmente é mais caro em uma cidade ou ambiente suburbano do que em áreas rurais. Uma vez que entre 2000 e 2016 o quinhão de pessoas residentes em áreas urbanas nos Estados Unidos permaneceu estável, ao passo que essa proporção aumentou nas áreas suburbanas e nas pequenas regiões metropolitanas e diminuiu nas zonas rurais, não é surpresa alguma que a taxa de fecundidade do país esteja diminuindo.

ALTOS E BAIXOS DA POPULAÇÃO GLOBAL

Apesar do viés de queda nas taxas de natalidade no mundo ocidental, uma grande porção do planeta ainda tem taxas de fecundidade acima dos níveis de reposição. No Chade, é 5,8. No Congo e no Mali, 6,0. E na

Somália, 6,2. Assim, embora essa taxa esteja diminuindo em algumas partes do mundo, ainda é alta em outras regiões, sobretudo em alguns países africanos, e é por isso que a população mundial está aumentando atualmente. No entanto, é improvável que o crescimento da população do planeta continue da maneira que os demógrafos previram.

A Divisão de População das Nações Unidas elaborou vários cenários hipotéticos, com base em modelos estatísticos, para projetar as trajetórias de crescimento da população mundial. De particular interesse são três cenários chamados de variantes (ou previsões de crescimento) alta, média e baixa. A variante média, que muitos demógrafos consideram ser a mais provável de se concretizar ao longo do restante do século, é a hipótese moderada. Em 2019, a variante média da ONU estimou uma população mundial em 2100 de aproximadamente 11 bilhões de pessoas. Por outro lado, a projeção de variante alta é baseada na previsão de uma taxa de natalidade mais alta do que a da variante média, ao passo que a previsão da variante baixa reflete taxas de natalidade mais modestas. No hipotético cenário da variante alta, em 2100 a população mundial seria de 15,5 bilhões, quase o dobro da atual. A variante baixa prevê um aumento seguido de queda da fertilidade mundial, caso em que a população global atingirá o pico em 8,5 bilhões de habitantes em 2050 e, logo após (surpreendentemente!), cairá para cerca de 7 bilhões no final do século.

Embora o cenário da variante média seja citado amiúde, alguns demógrafos e especialistas em população discordam dessa projeção. O acadêmico norueguês Jørgen Randers, coautor do livro *Limites do crescimento*, publicado em 1972, certa vez alertou sobre uma potencial catástrofe global causada pela superpopulação. Ele mudou de ideia desde então. Em uma palestra TEDx Talk de 2014, Randers afirmou: "A população mundial jamais chegará a 9 bilhões de pessoas. O pico será de 8 bilhões em 2040 e, em seguida, diminuirá." Ele acredita que o principal fator para esse declínio será a escolha por parte das mulheres de ter menos filhos do que no passado.

Outros especialistas ecoam essas convicções. Por exemplo, um relatório do Deutsche Bank de 2013 sugeriu que a população do planeta atingirá um pico de 8,7 bilhões em 2055 e depois cairá para 8 bilhões em 2100. O demógrafo Wolfgang Lutz, diretor fundador do Centro Wittgenstein para Demografia e Capital Humano Global, em

Viena, Áustria, acredita que as populações que estão apresentando baixas taxas de fecundidade se veem enredadas em uma espécie de "armadilha de baixa fertilidade". A essência da hipótese de Lutz é que "uma vez que a fertilidade tenha caído abaixo de certos níveis e aí permanecido por certo período, pode ser muito difícil, se não impossível, reverter essa mudança de regime." Essa hipótese tem por base três elementos independentes. Quando uma sociedade passa por uma fase de queda na taxa de fertilidade abaixo do nível de reposição, há menos mulheres em idade fértil, o que significa uma diminuição do número de nascimentos; as novas gerações adotam a ideia de que uma família menos numerosa é o tamanho ideal de família, com base, em parte, na fecundidade mais baixa que elas verificam em grupos anteriores, o que cria reforço sociológico; e, como terceiro aspecto, partindo do pressuposto de que as aspirações dos jovens adultos estão em uma trajetória ascendente, é improvável que sua renda esperada corresponda a esse aumento, o que torna mais realista a perspectiva de ter menos filhos. Na opinião de Lutz, esses três fatores contribuirão no sentido de uma "espiral descendente" no número de nascimentos futuros.

DE CERTA FORMA, A IDADE É MAIS DO QUE APENAS UM NÚMERO

A situação demográfica dos Estados Unidos e do restante do mundo hoje parece bem diferente do cenário das últimas décadas – e essa tendência deverá continuar. "De 1950 a 2010 o crescimento foi rápido – a população global quase triplicou e a população dos EUA dobrou", segundo observou um relatório do Pew Research Center de 2014. "No entanto, as projeções indicam que o crescimento populacional de 2010 a 2050 será significativamente mais lento, e a expectativa é que haja uma forte inclinação para os grupos de faixa etária mais velha, tanto em âmbito global como nos Estados Unidos."

Já estamos vendo mudanças consideráveis nessa direção: em 1960, 5% da população mundial tinha 65 anos ou mais; em 2018, essa proporção aumentou para 9%, de acordo com o Banco Mundial. Da mesma forma, 9% da população dos Estados Unidos tinha 65 anos ou mais em 1960; em 2018, a proporção subiu para 16%. E nos 28 países que compõem a União Europeia, 10% da população tinha mais de 65 anos em 1960, ao passo que em 2018 esse número subiu para 20%. De um extremo a outro do mundo, a fatia da população com idade superior a 65 anos quase dobrou em comparação com os números de 1960.

À medida que a taxa de natalidade diminui e a expectativa de vida aumenta, a população de pessoas idosas continua a crescer em todo o mundo. Hoje a expectativa de vida nos Estados Unidos é de 79 anos, um aumento em relação aos 70 anos de 1960. No Japão e na Suíça, a expectativa de vida atual é de 84 anos, em comparação com 68 e 71 anos, respectivamente, em 1960. É inegável que esse aumento na expectativa de vida é uma das grandes conquistas do século XX. Mas o declínio da taxa de natalidade não é. Essa mudança é o oposto do que estava acontecendo há um século, quando as contagens de espermatozoides e as taxas de fertilidade eram altas e a expectativa de vida, consideravelmente mais curta.

É aqui que entra em cena a já mencionada "bomba-relógio demográfica" – cientistas e especialistas em população temem que as gerações futuras enfrentem dificuldades para atender às necessidades de um número cada vez maior de adultos mais velhos e trabalhadores aposentados e suas obrigações previdenciárias. Acerca de países onde a taxa de fertilidade caiu, sobretudo na América do Norte, na Ásia e na Europa, o relatório *Situação da População Mundial 2018*, publicado pelo Fundo de População das Nações Unidas, observou: "Com grupos maiores de pessoas idosas e uma força de trabalho cada vez menor, esses países estão diante de economias potencialmente mais fracas no curto prazo."

Na maioria das áreas desenvolvidas do mundo, a proporção de adultos mais velhos já ultrapassa a de crianças e, em 2050, uma em cada seis pessoas no planeta terá mais de 65 anos, um aumento em relação à proporção de um indivíduo a cada onze em 2019. Haverá muito menos pessoas em idade ativa e produtiva para sustentar os idosos de mais de 65 anos. À medida que a população envelhece, projeta-se um aumento na proporção de adultos mais velhos em relação aos adultos em idade ativa e produtiva (de acordo com a definição, indivíduos de 20 a 64 anos). Nos Estados Unidos, por exemplo, em 2020 havia cerca de 3,5 adultos em idade ativa e produtiva para cada adulto em idade de aposentadoria; em 2060, as projeções indicam que essa proporção deverá encolher para 2,5. Uma vez que pessoas economicamente ativas pagam valores bem mais altos de imposto de renda e outros tributos, ao passo que pessoas economicamente inativas – como crianças e idosos – tendem a ser as maiores beneficiárias dos gastos governamentais em educação pública, saúde e previdência social, um aumento na proporção dos dependentes causaria problemas fiscais para o governo do país.

Os potenciais impactos dessas mudanças "são para lá de imensos", afirma Darrell Bricker, analista demográfico e coautor de *Empty Planet: The Shock of Global Population Decline* [*Planeta Vazio: O Choque do Declínio da População Global*, em tradução livre].

> Há dúvidas sobre como sustentar uma população envelhecida, e há a necessidade de repensar todos os aspectos de como o dinheiro é gasto em previdência social, assistência médica, infraestrutura da cidade, escolas, os militares. Isso são coisas para gente jovem. O que vai acontecer quando não houver jovens suficientes? Quem vai custear as aposentadorias e pensões? Quando se tem uma economia baseada no consumo, o que acontece quando a população envelhece e a riqueza está na geração mais velha?

Essas mudanças têm muitas consequências potenciais para as sociedades, entre elas "reduções no crescimento econômico, diminuição da receita tributária, maior uso da seguridade social com número menor de contribuintes e aumento do uso dos serviços do sistema de saúde e outras demandas ensejadas por uma população envelhecida", segundo o Estudo da Carga Global de Doenças de 2017. Nos Estados Unidos, a duplicação no número de adultos com mais de 65 anos projetada até 2060 poderia levar a um aumento de mais de 50% no número de adultos mais velhos exigindo cuidados domiciliares de enfermagem até 2030, de acordo com o Departamento de Referência da População. A maneira como gerenciamos essas mudanças terá implicações significativas não apenas na economia, mas também em nossa cultura, na política e em quase todos os aspectos da sociedade.

Nos Estados Unidos, essas mudanças podem levar a uma crise "épica" para o sistema de saúde Medicare[1] e a Administração da Seguridade Social, alerta Daniel Perrin, nacionalmente conhecido líder e ativista de políticas sociais e lobista das áreas da saúde, dívida pública e especialista em questões referentes aos idosos. Afinal, ambos os programas são financiados por meio de impostos vinculados a ganhos dos trabalhadores; um declínio na população em idade ativa e produtiva pode esvair as reservas financeiras desses recursos. Ainda assim, afirma Perrin, muitas pessoas não estão cientes dessas mudanças demográficas, e "aquelas que têm conhecimento sentem grande dificuldade de entender o problema. Para elas é penoso conciliar a questão com a história humana". Como resultado, formuladores de políticas públicas nos Estados Unidos não estão preparados para essas mudanças populacionais e os desafios de ordem econômica e de amparo social que vêm se esgueirando sorrateiramente junto com elas. A projeção da Administração da Seguridade Social para o ano de 2091 é que as despesas excederão as receitas em pelo menos 4,48%, número que possivelmente aumentará para 5,97% se as taxas de fecundidade permanecerem baixas. Não é necessário ser um gênio da matemática para ver como isso é problemático para a sustentabilidade dessa instituição destinada a assegurar os direitos relativos à saúde, à previdência e à assistência social.

Pesquisas sugerem que o potencial máximo de um país para o crescimento econômico ocorre quando a proporção da população que está em idade ativa e produtiva, apta a trabalhar (entre os 15 e os 64 anos), é maior do que a proporção da população fora da chamada idade ativa e produtiva – diz-se que esse país colhe um dividendo demográfico. Esse conceito se aplica a todo o mundo, mas também nessa frente estão ocorrendo mudanças. Desde 1960, a proporção da população em idade ativa e produtiva aumentou nos países mais ricos, cruzou o significativo limiar de 65% no

---

[1] Nos Estados Unidos não há um modelo de saúde universal para toda a população, mas operam diversos programas de saúde diferentes, dos quais três são excepcionalmente públicos: o Medicare, o Medicaid e o Veterans Affairs (VA, cuja cobertura é voltada para militares aposentados, conhecidos como "veterans" ou "veteranos"). O Medicare é um seguro de saúde gerido pelo governo federal e fornecido para idosos (acima de 65 anos) e pessoas com menos de 65 anos que se qualificam devido a certas doenças e deficiências. Já o Medicaid é um programa de assistência pública financiado com fundos públicos coletados por meio de imposto de renda e oferece seguro de saúde a norte-americanos de baixa renda de todas as idades. (N. da T.)

final dos anos 1970 e em seguida permaneceu relativamente estável nas duas décadas seguintes. As coisas começaram a mudar em 2005, quando a proporção de pessoas em idade ativa e produtiva começou a diminuir nesses países abastados; a partir de 2017, em doze de 34 países de alta renda em todo o mundo, a proporção da população em idade ativa e produtiva é inferior a 65%. Isso é problemático em muitos níveis.

Mudanças como essas podem ter profundas implicações para a vitalidade econômica, bem como para as condições culturais e sociais de determinada região. Nesses países, as mudanças na proporção de adultos em idade ativa e produtiva e adultos mais velhos podem afetar de maneira tão expressiva a produtividade econômica a ponto de provavelmente levar a aposentadorias mais tardias, bem depois dos 65 anos, o que já está ocorrendo nos Estados Unidos, na Austrália e no Japão. Essas mudanças significam que, quando *você* tiver mais de 65 anos, talvez não seja capaz de sacar os pagamentos do Seguro Social ou do Medicare ou de ter acesso aos cuidados de saúde de que precisa, se não houver pessoas suficientes para fornecê-los.

Digno de nota é o fato de que a proporção da população em idade ativa e produtiva do Japão caiu para menos de 60%. A proporção de adultos japoneses com mais de 65 anos era de 6% do total em 1960 e atingiu colossais 27% em 2018. Hoje em dia, não há profissionais de saúde suficientes para cuidar da população idosa (e as restritivas leis de imigração não ajudam nem um pouco). Nesse ínterim, a taxa de natalidade caiu para 1,4, as contagens de espermatozoides estão baixas e nascem menos homens em comparação com mulheres, como costuma acontecer em resposta a agentes estressores ambientais.

Ao mesmo tempo, mais mulheres em idade fértil estão pondo a carreira em primeiro lugar e adiando ou rejeitando o casamento e a maternidade. A cultura japonesa valoriza tanto o sucesso profissional e longos expedientes de trabalho que, segundo consta, muitas pessoas em idade reprodutiva não se interessam em fazer sexo ou desprezam o contato sexual, de acordo com várias fontes. Acredita-se que isso tenha dado origem à "síndrome do celibato" (*sekkusu shinai shokogun*), descrita como um declínio no interesse por sexo e pela atividade sexual, ou até mesmo por relações românticas entre jovens adultos no Japão.

As razões para esse desinteresse sexual não são bem compreendidas. Um artigo publicado no jornal inglês *The Independent* observou em

2017: "A crise de fertilidade deixou os políticos no Japão confusos, sem entender por que os jovens não fazem mais sexo." Logicamente existem teorias, que vão dos duradouros valores japoneses de recato e pureza (que tornam difícil lidar com a perspectiva de sexo fortuito e descompromissado) às mudanças nas aspirações dos jovens – que agora desejam, por exemplo, se dedicar mais à carreira, sem se envolver em relacionamentos tradicionais, e mostram maior interesse em pornografia on-line. Se fatores hormonais ou influências alimentares desempenham um papel relevante ainda é uma questão de conjecturas, mas algumas evidências sugerem que os níveis de testosterona são mais baixos entre asiáticos e que o maior consumo de alimentos à base de soja, ricos em compostos estrogênicos, podem ter algum efeito prejudicial à libido em homens. Pode ser que, no Japão, uma rara combinação de circunstâncias desfavoráveis de influências fisiológicas, culturais, alimentares e ambientais esteja levando a uma perda do sentimento amoroso (não apenas uma frequência sexual mais baixa, mas também uma menor satisfação sexual).

Curiosamente, esse desapego consciente ou inconsciente – somado à chamada "epidemia de solidão" que foi identificada no país – gerou algumas novas invenções sociais para ajudar as pessoas a se sentirem menos solitárias. No Japão, qualquer pessoa que quiser ter um filho, sem realmente tê-lo, pode comprar um companheiro robô, do tamanho de um brinquedo e com a acuidade mental de uma criança do quinto ano do ensino fundamental. Por 3 mil dólares ou mais, homens podem adquirir bonecas sexuais de silicone, anatomicamente idênticas a mulheres de carne e osso, em tamanho natural e aparência muito realista, e transformá-las em parceiras e companheiras. Não é incomum ver homens levando essas bonecas em cadeiras de rodas para passear em público. A artesã japonesa Tsukimi Ayano confecciona bonecos de pano em tamanho natural e os posiciona em vários pontos do vilarejo de Nagoro, no sul do Japão, em um projeto para "repovoar" o lugar e evocar as pessoas reais que outrora ali habitavam. Recentemente surgiu uma indústria que permite a pessoas solitárias "alugar" familiares – atores que interpretam os papéis de cônjuges, pais, filhos ou netos – como companhia temporária. Um dos perigos dessa atividade: a dependência dos clientes, que por vezes simplesmente não querem dizer adeus a esses parentes alugados.

Shiori, de 43 anos, proprietária de um salão de beleza em San Francisco, foi criada no Japão e se mudou para os Estados Unidos em

2001. Casada e mãe de dois filhos, ela viaja com a família para o Japão a cada par de anos para rever parentes, entre os quais sua irmã mais nova, que é solteira e não quer ter filhos. Durante uma visita ao país em agosto de 2019, Shiori ficou impressionada com a sensação que "as pessoas são solitárias. As escolas rurais foram reduzidas a uma sala, porque há muito poucas crianças. Em vez de namorar, os jovens adultos preferem relaxar indo a uma *lan house*, um café de mangá ou um cibercafé."

A população japonesa vem encolhendo de maneira constante desde a década de 1970. Em 2065, as expectativas são de que caia para cerca de 88 milhões de habitantes, em comparação com 126,5 milhões em 2018. Uma vez que no Japão o número de recém-nascidos registra quedas recordes e o segmento populacional de idosos aumenta sem parar, o país enfrenta a perspectiva de uma crise demográfica sem precedentes, que pode ter significativos efeitos em cascata em âmbito social, econômico e político. Para tentar evitar essa catástrofe iminente, alguns governos locais têm oferecido incentivos em dinheiro para encorajar as jovens japonesas a ter filhos. Embora algumas evidências sugiram que essa medida estimulou um ligeiro aumento na taxa de fecundidade em certas áreas, se isso vai durar é algo que só o futuro dirá.

A situação em Cingapura é igualmente preocupante. De acordo com os números mais recentes, a taxa de fertilidade total está na casa de 1,1. Em 2018, a vida pessoal dos cidadãos cingapurenses foi examinada em detalhes no parlamento do país, enquanto os deputados torciam as mãos de aflição por conta da baixa taxa de natalidade do país e se perguntavam por que as ações do governo para encorajar a paternidade e a maternidade não tinham produzido mais resultados. Um ministro afirmou que já fazia cerca de quarenta anos que a taxa de fertilidade total de Cingapura caíra abaixo dos níveis de reposição, observando que essas mesmas tendências ocorreram em sociedades desenvolvidas do Leste Asiático, como Japão e Coreia do Sul. O parlamento reconheceu que medidas financeiras e legislativas por si sós não são suficientes para mudar o estado de coisas.

Quando uma popular publicação on-line solicitou aos leitores que propusessem ideias para melhorar a taxa de natalidade de Cingapura, todas elas estavam relacionadas a melhorias no amparo social, incentivos financeiros, acesso a creches e testes de fertilidade gratuitos – e encorajamento para que os cingapurenses fizessem mais sexo, o que, indicam as pesquisas, eles não estão fazendo por iniciativa própria. Um homem de 32 anos sugeriu: "O parlamento deveria iniciar uma campanha para que transar entre na moda." Outra sugestão: "O melhor papel para as mulheres é o de dona de casa", o que indica que uma reação adversa e indesejada às baixas taxas de fertilidade, pelo menos naquele país, é tentar manter as mulheres longe do mercado de trabalho e fazer com que fiquem em casa para criar os filhos.

O que está acontecendo em Cingapura e no Japão serve como um alerta, uma nota de advertência acerca do futuro dos Estados Unidos e de outros países cujas taxas de fertilidade e fecundidade estão em declínio. Até agora, Japão e Cingapura foram incapazes de reverter suas taxas de natalidade em queda e o declínio populacional. Nos Estados Unidos, estamos na mesma trajetória e podemos acabar enfrentando problemas semelhantes.

QUAL DOS SEXOS ESTÁ EM MENOR NÚMERO AGORA?

No mundo inteiro, a proporção de homens e mulheres também está mudando. Historicamente, em média nasciam cerca de 105 homens para cada cem mulheres, o que significa que 51,5% dos nascimentos eram do sexo masculino. Isso se chama proporção sexual secundária,[2] e é essa proporção de homens e mulheres (também conhecida como razão sexual) que a Organização Mundial da Saúde espera – em outras palavras, é o que se considera o equilíbrio natural. Mas essa proporção não é estável, porque sofre influência de fatores biológicos, ambientais, sociais e econômicos.

Por que isso é importante? A proporção entre os sexos pode mudar, tanto em humanos quanto em populações de vida selvagem, em resposta a fatores ambientais e a agentes estressores pessoais. Uma mudança na proporção de sexos, geralmente no sentido de menos nascimentos masculinos, pode ser um importante e sensível indicador de súbitos e invasivos perigos ambientais. Surpreendentemente, é a exposição do

---

[2] A proporção sexual *primária* é a proporção entre homens e mulheres no momento da concepção, ao passo que a proporção sexual *secundária* é a proporção no momento do nascimento. (N. da A.)

homem a esses perigos – mais do que a exposição de sua parceira – que tende a reduzir a probabilidade de que sua prole seja do sexo masculino.

Como você viu nos capítulos anteriores, enquanto estão no útero os homens parecem ser mais sensíveis à exposição pré-natal a produtos químicos tóxicos, bem como a eventos catastróficos no mundo externo. Uma pesquisa descobriu que mães que tiveram maior exposição a bifenilos policlorados (PCBs), decorrente do consumo de peixes contaminados dos Grandes Lagos,[3] eram menos propensas a ter um filho homem. E estudos no Canadá, em Taiwan e na Itália produziram descobertas semelhantes, em consequência da exposição a toxinas ambientais (lembre-se de que, apesar de terem sido banidos em 1979, os PCBs e outros poluentes orgânicos persistentes, ou POPs, permaneceram em nosso ar, água e solo; são "produtos químicos eternos", com o potencial de causar danos perenes).

Enquanto isso, demonstrou-se que o terremoto na cidade japonesa de Kobe em 1995, os ataques de 11 de setembro de 2001 em Nova York, crises econômicas e guerras diminuíram ligeiramente a proporção de nascimentos de meninos e meninas. No caso do terremoto de Kobe, alguns pesquisadores sugerem que "as mudanças na proporção sexual podem ser atribuídas ao estresse agudo e a uma redução da motilidade dos espermatozoides" (felizmente, o efeito sobre a motilidade espermática é quase sempre temporário, e em geral os nadadores voltam a se mover nos mesmos níveis de antes em questão de dois a nove meses). As mudanças climáticas também parecem estar distorcendo a proporção entre os sexos: um estudo constatou que recentes alterações de temperatura no Japão – sobretudo verões muito quentes e invernos muito frios – correspondem a uma proporção mais baixa de recém-nascidos do sexo masculino e feminino, em parte devido a um drástico aumento na proporção de meninos natimortos. Em particular, nove meses depois de um verão muito quente em 2010 e nove meses depois de um inverno intensamente frio em janeiro de 2011 nasceram mais meninas do que meninos.

Não são apenas fatores ambientais externos que podem afetar as chances de um bebê do sexo masculino sobreviver no útero. O nível de

---

[3] São cinco os Grandes Lagos no leste da América do Norte, entre o Canadá e os Estados Unidos: Superior, Michigan, Huron, Erie e Ontário. Juntos, ocupam uma superfície de cerca de 246 mil quilômetros quadrados, formando a maior área conectada de água doce do planeta. (N. da T.)

estresse da gestante também pode desempenhar um papel decisivo. Um estudo na Dinamarca demonstrou que, entre 8.719 mulheres grávidas, as que foram submetidas a níveis altos ou moderados de mal-estar psicológico no início da gravidez eram menos propensas a parir meninos. As mães com os maiores níveis de estresse psicológico, com base em suas respostas a um questionário de saúde-padrão, tiveram meninos em 47% das gestações, e as mães sem estresse, em 52%. Essa discrepância pode não parecer grande coisa, mas significa a diferença entre uma proporção sexual de 0,85 e 1,07 – uma lacuna considerável. Os pesquisadores concluíram que o estresse durante a gravidez é um dos prováveis culpados pela diminuição da proporção entre os sexos em muitos países.

Embora os mecanismos biológicos por trás desses efeitos não sejam claros, alguns pesquisadores suspeitam que, após a vigésima semana de gestação, fetos masculinos podem ser mais sensíveis do que fetos femininos aos corticosteroides – os hormônios que são produzidos pelas glândulas suprarrenais em níveis mais elevados em resposta ao estresse – da mãe. Essa "elevada reatividade ao estresse" poderia pôr em risco a viabilidade de fetos masculinos enquanto estão no útero. Independentemente dos mecanismos precisos por trás dessas influências, uma vez que fetos masculinos são especialmente ameaçados por produtos químicos ambientais, por mudanças climáticas e pelo estresse psicológico da mãe, eles continuarão a enfrentar perigos no útero, a menos que o mundo tal como o conhecemos passe por uma drástica mudança.

POTENCIAIS EFEITOS COLATERAIS FUTUROS

Todas essas mudanças sociais deveriam nos fazer parar para pensar: quem vai comandar o show no futuro se não nascerem crianças suficientes para manter o mundo que construímos? Quem vai cuidar de nossos adultos mais velhos? O que isso significa para o destino da espécie humana?

Seja porque nascem menos homens ou porque mulheres vivem mais tempo do que eles, a proporção de mulheres para homens continuará a aumentar, como parte da mudança demográfica, e uma população mais velha será composta em grande medida por mulheres. E se o declínio nos níveis espermáticos realmente estiver ocorrendo em um ritmo mais rápido nos países ocidentais do que nos países em desenvolvimento, como sugerem os dados atuais, haverá alterações socioeconômicas em todo o mundo.

A população mundial está em constante processo de mudança em vários níveis, e essa incerteza é um inquietante desalento para o futuro de programas de amparo social, a estabilidade econômica, as decisões de planejamento nacional e internacional e outros fatores que são fundamentais para a capacidade de um país subsistir com eficiência. Essas mudanças podem afetar também a funcionalidade de países individuais, bem como causar alterações no peso relativo das populações dos países no cenário global. Em 1950, as regiões de alta renda da Europa Central e Oriental e da Ásia Central respondiam por 35% da população mundial; em 2017, as populações desses países constituíam 20% da população mundial. Nesse meio-tempo, ocorreram grandes aumentos populacionais no Sul da Ásia, África subsaariana, América Latina e Caribe, Norte da África e Oriente Médio, conforme constatou o Estudo da Carga Global de Doenças.

Quando essas tendências são levadas em consideração em conjunto com as decrescentes contagens de espermatozoides, há ainda mais motivos para preocupação; não são apenas os *homens* que estão em perigo, mas também a espécie humana como um todo. Mesmo que exista a vontade de se reproduzir e aumentar as taxas de natalidade, o maquinário já não é tão funcional como antes, tanto para homens como para mulheres. O cenário que temos hoje é de contagens de espermatozoides em declínio, diminuição de reservas ovarianas, aumento das taxas de aborto espontâneo e outros problemas relacionados à reprodução que podem dificultar o sucesso no campo da geração de bebês.

Agora alguns cientistas estão sugerindo que os efeitos nocivos sobre a reprodução humana, e os fatores subjacentes que contribuem para eles, podem ser uma ameaça à *sobrevivência* da espécie humana. Parece difícil de entender, mas é possível argumentar que o *Homo sapiens* já se encaixa no padrão de uma espécie em extinção, com base nos parâmetros do Serviço de Pesca e Vida Selvagem (FWS, na sigla em inglês).[4] Dos cinco critérios possíveis que refletem o risco de extinção de uma

---

[4] O FWS é um órgão dos Estados Unidos equivalente ao Instituto Brasileiro do Meio Ambiente e dos Recursos Naturais Renováveis (IBAMA). (N. da T.)

espécie, apenas um deles precisa ser atendido; o estado atual das coisas para os humanos atende a pelo menos três.

O primeiro é que estamos passando por "destruição, modificação ou redução" do nosso habitat. Ele inclui nosso ar, comida e água, e todos estão sendo contaminados por pesticidas, plastificantes, ácidos perfluoro--octanoicos (PFOAs) e outras toxinas que ameaçam a saúde e a longevidade humanas. Quase 25% de mortes em todo o mundo – o que equivale a 12,6 milhões de mortes anuais – estão relacionadas a questões ambientais, de acordo com a Organização Mundial da Saúde.

O segundo critério do FWS atendido de modo a mostrar que a espécie humana se enquadra na categoria que denota risco de extinção é que temos "uma inadequação de mecanismos regulatórios existentes" – nossos processos regulatórios partem do pressuposto de que a maioria das substâncias químicas usadas nos produtos são seguras até que se prove que causam danos aos seres humanos; ademais, os métodos de testagem por trás desses regulamentos são arcaicos.

E o terceiro padrão do FSW que nos põe na lista vermelha do risco de extinção é que existem outros "fatores feitos pelo homem que afetam" nossa existência contínua – entre os quais aumentos nas temperaturas globais. Provavelmente você está familiarizado com o rol de problemas decorrentes das mudanças climáticas. O que você talvez não saiba: suspeita-se que o aquecimento global também contribui para diminuir as contagens de espermatozoides. Em um estudo realizado em quatro cidades europeias sobre a qualidade do sêmen, as contagens de espermatozoides mostraram-se 40% mais baixas no verão do que no inverno.

Uma coisa está mais clara do que nunca: em muitos países já não está assegurada a reposição populacional; as proporções entre os sexos estão mudando; e os números de casamentos estão caindo – o que cria uma potencial receita para desarmonias sociais e econômicas de um tipo que nunca vimos. Enquanto persistirem as mudanças climáticas e a poluição ambiental, a proporção de recém-nascidos do sexo masculino e feminino provavelmente diminuirá ainda mais, e a proporção de adultos com mais de 65 anos continuará a ofuscar a multidão com menos de 15 anos. É difícil saber como será o futuro para as sociedades em todo o mundo.

PARTE IV

O Que Podemos Fazer a Respeito

11

UM PLANO DE PROTEÇÃO PESSOAL:
Eliminando Nossos Hábitos Nocivos

O empresário e palestrante motivacional norte-americano Jim Rohn deu o famoso conselho: "Cuide bem do seu corpo. É o único lugar que você tem onde viver." Isso é uma verdade absoluta, é claro, e somente *você* pode dar a seu corpo o cuidado de que ele precisa, tanto por dentro quanto por fora. Como você viu, hábitos e práticas de estilo de vida podem afetar a saúde e a funcionalidade reprodutivas de homens e mulheres, para melhor ou para pior. Alguns dos efeitos negativos são reversíveis; outros tantos, não – e às vezes os piores vilões são diferentes para homens e mulheres.

Quando a mulher quer ter um bebê, muitas vezes ouve recomendações do tipo: "Comece a se comportar da maneira adequada", "Tome jeito", "Entre na linha", mas provavelmente é ainda mais importante que o homem faça isso. Por exemplo, é aconselhável que ele fique longe de banheiras de hidromassagem e saunas secas ou a vapor depois de seus treinos de musculação, sobretudo se estiver tentando conceber, uma vez que a exposição ao calor intenso pode prejudicar a contagem e a qualidade dos espermatozoides.[1] Esse efeito muitas vezes é reversível se os homens começarem a evitar ambientes quentes.

Em alguns casos, as mulheres também podem recuperar parte da saúde e da funcionalidade reprodutivas que foram roubadas por hábitos

---

[1] Se você é uma mulher grávida, deve ficar longe desses ambientes extremamente quentes, porque podem causar superaquecimento ou desidratação, o que pode ser prejudicial ao feto em desenvolvimento. (N. da A.)

nocivos. Mas se seus hábitos de vida pouco saudáveis chegaram a ponto de prejudicar seus óvulos, o estrago já está feito e não pode ser revertido.

Considerando o que você leu no capítulo 6, talvez possa pensar que precisa começar a levar uma existência semelhante à de um monge franciscano para o bem de sua fertilidade e sua saúde reprodutiva. Mas não há a necessidade de ter uma vida que de tão imaculada beire o extremo da austeridade monástica. Se você tiver um estilo de vida saudável, isso o ajudará a proteger sua fertilidade e sua saúde reprodutiva ao longo do tempo. A boa notícia é que, quanto a fatores de estilo de vida, uma regra simples é a seguinte: o que é bom para o coração, a mente e o sistema imunológico também é benéfico para a capacidade do sistema reprodutivo. Felizmente, as estratégias de proteção que são amplamente recomendadas para sua saúde geral também ajudarão a proteger sua saúde reprodutiva.

Embora possa ser difícil melhorar seus hábitos alimentares e de exercícios físicos, principalmente quando a vida é agitada, faça o possível para seguir as diretrizes abaixo, sem deixar que o perfeito se torne inimigo do bom. O objetivo é eliminar as práticas de estilo de vida mais prejudiciais à saúde e desenvolver hábitos de estilo de vida mais saudáveis em outras áreas. Veja como:

Fique longe da fumaça do cigarro. Se você fuma, apenas pare – simples assim. Fumar cigarros é tóxico para o esperma, e as substâncias químicas deles, como a nicotina, o cianeto e o monóxido de carbono, são tóxicas para os óvulos e aceleram a velocidade em que estes morrem.[2] Mesmo que você *não* fume, inalar a fumaça de derivados do tabaco e conviver com fumantes em diferentes ambientes respirando as mesmas substâncias tóxicas que eles inalam (o que também é conhecido como fumo passivo) pode afetar sua saúde reprodutiva; isso é especialmente verdadeiro se você é mulher. Portanto, se você mora com alguém que fuma, incentive a pessoa a parar ou a proíba de fumar, pelo menos dentro de casa.

Esforce-se para manter um peso saudável. Isso significa um índice de massa corporal (IMC) entre 20 e 25. Como você já leu aqui, estar

---

[2] Lembre-se de que ainda não se chegou a qualquer decisão definitiva acerca dos efeitos de longo prazo da maconha na saúde e na funcionalidade reprodutivas. (N. da A.)

substancialmente acima ou abaixo do peso normal tem um efeito negativo na qualidade espermática, e a obesidade (IMC 30 ou superior) é ainda mais prejudicial, devido a suas associações com contagem, concentração e volume mais baixos de espermatozoides, diminuição da motilidade espermática e maior incidência de anomalias de formato. Da mesma maneira, no caso da mulher, estar consideravelmente abaixo do peso (com IMC inferior a 18,5) pode causar estragos nos seus níveis hormonais – provocando ciclos menstruais irregulares ou problemas de ovulação ou na implantação do feto – e aumenta o risco de aborto espontâneo se ela conseguir engravidar.

Se você está acima do peso ou é obeso, faça um esforço para emagrecer, reduzindo sua ingestão de alimentos (calorias) e aumentando seu gasto calórico por meio da prática de exercícios físicos. Tomar essas providências para perder o excesso de peso pode fazer uma grande diferença caso você esteja tentando engravidar. Uma série de estudos já constatou que quando mulheres com sobrepeso ou obesas que procuram tratamento de fertilidade adotam uma dieta hipocalórica e a prática de exercícios aeróbicos regulares, suas perspectivas de gravidez podem melhorar (segundo um estudo, 59%). Do mesmo modo, se mulheres abaixo do peso ganham peso ou reduzem a carga excessiva de exercícios, em alguns casos seus ciclos menstruais podem se normalizar, o que aumentará sua saúde reprodutiva.

Aprimore sua dieta. Há um cartaz que já vi várias vezes que diz: A CHAVE PARA UMA ALIMENTAÇÃO SAUDÁVEL? EVITE QUALQUER COMIDA QUE SEJA ANUNCIADA EM COMERCIAIS DE TV. É um bom conselho, porque alimentos que geralmente não são divulgados em anúncios publicitários, a exemplo de maçãs e brócolis, ou cujos rótulos não trazem listas de ingredientes são quase sempre mais nutritivos – e, portanto, melhores para sua saúde geral – do que alimentos embalados (há o benefício adicional de evitar as substâncias químicas das embalagens, como você verá no próximo capítulo).

Muitas vezes as pessoas querem saber se existe uma alimentação que melhora a fertilidade. A resposta é: não exatamente, mas há uma que chega perto disso. Constatou-se que mulheres que consomem uma dieta de estilo mediterrâneo – rica em frutas, hortaliças, cereais integrais, legumes, nozes, sementes, batatas, ervas, especiarias, peixes, frutos do mar, frango sem pele

194 Contagem regressiva

e azeite de oliva extravirgem – têm 44% menos chances de enfrentar dificuldades para engravidar. Uma pesquisa holandesa concluiu que casais que seguiam uma dieta mediterrânea antes de se submeterem ao tratamento de fertilização in vitro (FIV) e ao método de injeção intracitoplasmática de espermatozoides (ICSI) tinham uma probabilidade 40% maior de gravidez do que casais que seguiam outros padrões alimentares. Além disso, pesquisas sugerem que a adoção desse tipo de dieta saudável está associada a uma melhor qualidade do esperma, no caso dos homens, e a uma maior fertilidade das mulheres. Uma vantagem adicional: isso também pode ajudar no controle de peso e na melhoria da saúde geral.

Não demora muito para que uma alimentação melhor faça a diferença nos espermatozoides. Um estudo sueco de 2019 constatou que, depois que homens jovens e em plena forma começaram a seguir uma dieta saudável – com iogurte, cereais integrais, frutas, vegetais, nozes, ovos e coisas desse tipo –, a mobilidade espermática aumentou depois de apenas *uma semana*. Por sua vez, verificou-se que uma maior ingestão de gorduras monoinsaturadas – de azeite de oliva, abacate e certas nozes – está associada a concentrações mais altas e maior contagem total de espermatozoides.

Uma alta ingestão de ácidos graxos ômega-3 também foi relacionada a incrementos na qualidade do sêmen e aumento dos níveis de hormônio reprodutivo em homens,[3] bem como redução dos riscos de problemas ovulatórios e melhoria da fertilidade em mulheres. O problema potencial é que algumas fontes de peixes e frutos do mar são ricas em mercúrio, o que é motivo de preocupação para o cérebro do feto que está em formação no útero. Para evitar o mercúrio presente em alimentos do mar, inclua em sua lista de comidas proibidas as espécies cavala, agulhão ou marlim, peixe-relógio, tubarão, peixe-espada e peixe-paleta; fique com salmão selvagem, sardinha, mexilhões, truta-arco-íris e cavala-do-Atlântico.[4]

Pesquisas convincentes sugerem que a vitamina D vem se mostrando um fator importantíssimo na saúde reprodutiva. Constatou-se que ela melhora a potencial fertilidade masculina principalmente por ter um efeito positivo na motilidade dos espermatozoides. E se descobriu

---

[3] Há até mesmo algumas evidências preliminares de que tomar suplementos de óleo de peixe regularmente pode melhorar a função testicular geral de homens jovens. (N. da A.)

[4] Dica quentíssima: para reduzir sua exposição aos PCBs presentes nos peixes, remova a pele e a gordura visível antes de cozinhar. Grelhe ou asse o peixe e deixe a gordura escorrer durante o processo. (N. da A.)

que incrementa a função e a satisfação sexuais entre mulheres com problemas nessa área. Além disso, foi comprovado que a *deficiência* de vitamina D é muito maior entre mulheres subférteis, e é por isso que se recomenda sua otimização por meio da alimentação e possivelmente de suplementos vitamínicos.

Mantenha-se em movimento. Além de ajudar você a controlar o peso e a ficar em forma, exercícios aeróbicos regulares e exercícios de treinamento de força são benéficos para sua função reprodutiva, seja você homem ou mulher. A atividade física é benéfica para a produção e virilidade dos espermatozoides, além de ser saudável para o resto do corpo do homem. No Estudo de Rapazes da Universidade de Rochester, descobrimos que jovens saudáveis que se dedicavam à prática de atividades físicas de moderadas a vigorosas e passavam menos horas diante da TV tinham maiores contagens e concentrações de espermatozoides do que homens menos ativos. A descoberta mais surpreendente: aqueles que praticavam exercícios de moderados a vigorosos por quinze ou mais horas por semana tinham uma concentração de espermatozoides 73% maior do que os que faziam menos exercícios. Sim, sem dúvida é *um bocado* de exercício – pouco mais de duas horas por dia, o que é uma carga proibitiva para muitos caras obrigados a cumprir longas jornadas de trabalho.

Felizmente, essa não é uma sugestão do tipo "tudo ou nada", porque outras pesquisas sugerem que homens que se dedicam a mais de sete horas semanais de atividade física de moderada a vigorosa têm concentrações de espermatozoides 43% mais altas do que homens que se exercitam por uma hora ou menos por semana. Mais recentemente, um estudo de potenciais doadores de esperma na China constatou que homens com os níveis mais altos de atividade física de moderada a vigorosa têm motilidade espermática significativamente maior.

Mais uma boa notícia: homens que no momento não têm o hábito de praticar exercícios deveriam criar coragem e se animar, porque não é tarde demais para começar a suar a camisa. Pesquisas descobriram que quando homens sedentários e obesos começaram a se exercitar com intensidade moderada em uma esteira durante 35 a 50 minutos três vezes por semana, a contagem, a motilidade e a morfologia de seus espermatozoides melhoraram após dezesseis semanas. É uma boa opção de investimento de prazo relativamente curto no potencial de fertilidade.

Moral da história: exercícios moderados são uma fonte saudável de estresse físico, ao passo que os exercícios em excesso fazem a balança pender para o território da sobrecarga. Isso se aplica a homens, e esse mesmo meio-termo ou justa medida – na definição de Aristóteles – se aplica também a mulheres.[5] Constatou-se que a atividade física regular melhora seus perfis hormonais e sua função reprodutiva geral, propiciando ciclos menstruais regulares e ovulação e fertilidade boas. Até mesmo mulheres com sobrepeso que passaram pela experiência de perda gestacional e estão tentando engravidar novamente se beneficiam de caminhadas de dez minutos ou mais de cada vez – sua fertilidade melhora de maneira expressiva ao longo de seis meses.

Controle o estresse prejudicial à saúde. O objetivo não é eliminar o estresse, porque (a) isso simplesmente não é possível no mundo moderno; e (b) na verdade, um pouco de estresse é bom para você. A maioria das pessoas raramente pensa no estresse como uma coisa positiva, mas uma forma chamada *eustresse* é apenas isso – um estresse positivo, porque nos motiva, nos desafia e nos ajuda a crescer em termos psicológicos, emocionais e físicos. Assim, queremos agarrar as oportunidades de criar esse bom estresse no trabalho e em nossa vida pessoal. Níveis moderados de estresse positivo não afetam de forma negativa a função reprodutiva de homens ou mulheres, tampouco o tempo que a mulher leva para engravidar.

Em vez disso, o objetivo é minimizar o estresse negativo (também conhecido como *distresse*),[6] e/ou melhorar sua capacidade de gerenciá-lo. Ele pode cobrar um preço alto e afetar a saúde reprodutiva, possivelmente causando anormalidades hormonais, menstruação irregular e problemas de ovulação nas mulheres e, nos homens, redução da qualidade espermática, sobretudo

---

[5] Em sua discussão acerca das virtudes e do comportamento moral, Aristóteles ressaltou o "meio-termo" ou a "áurea mediania" (representando a moderação, o equilíbrio) como o caminho correto entre os extremos de excesso e deficiência. Eu argumentaria que a mesma noção se aplica a fatores de estilo de vida, tais como exercícios, alimentação e estresse – uma curva em forma de U invertida caracteriza a zona ideal de uma vida harmoniosa entre os extremos da demasia e da falta. (N. da A.)

[6] *Distresse* é um termo da psicologia e da psiquiatria para o estresse excessivo, ou seja, maior que o necessário, a ponto de provocar estados de sofrimento emocional, com sintomas de depressão e ansiedade. (N. da T.)

se for excessivo.[7] Você sabe o que fazer para prevenir a sobrecarga de estresse: use boas estratégias de gerenciamento de tempo, diga "não" para solicitações não essenciais, delegue responsabilidades sempre que possível e desenvolva boas habilidades de enfrentamento e uma robusta rede de apoio.

O apoio social pode neutralizar os efeitos potencialmente prejudiciais do estresse na mente e no corpo. Quando pesquisadores na China examinaram os efeitos do estresse no trabalho sobre a qualidade do sêmen de 384 homens, descobriram que aqueles com altos níveis de estresse no trabalho apresentavam um risco maior de ter nadadores classificados abaixo do limite estipulado pela OMS para o que se considera uma concentração e contagem total "normais" de espermatozoides em comparação aos níveis dos homens com baixo estresse no trabalho. Até aí, nenhuma surpresa. Mas é agora que as coisas ficam interessantes: os homens que enfrentavam alto estresse no trabalho *e* contavam com altos níveis de apoio social tinham esperma perfeitamente normal.

Além de buscar apoio social, controlar o estresse requer encontrar sua válvula de descompressão pessoal por meio de meditação, respiração profunda, relaxamento muscular progressivo, ioga ou hipnose – e usá-la com frequência. Além de ajudar você a ganhar a batalha contra a ansiedade e as preocupações, essas práticas podem melhorar suas chances de manter níveis normais de hormônios reprodutivos. Constatou-se que participar de uma atividade de intervenção baseada na atenção plena ou um programa de terapia de grupo cognitivo-comportamental aumenta as possibilidades de engravidar de mulheres que estão lutando com a infertilidade. Pesquisas descobriram que a prática de respiração diafragmática, de relaxamento muscular progressivo e de técnicas de relaxamento associadas a visualizações guiadas, duas vezes por dia, melhora o desejo e a satisfação sexuais – fatores que muitas vezes sofrem diminuição decorrente do estresse excessivo – em adultos jovens saudáveis.

Pense nessas medidas como formas de defesa de sua saúde reprodutiva. Combine-as com ações para reduzir a carga química – e, portanto, sua exposição – em casa, como verá no capítulo a seguir, e você vai melhorar ainda mais a sua saúde. É um plano de proteção multicamadas.

---

[7] Outra preocupação é que a pessoa possa beber álcool em excesso, fumar, comer demais ou se entregar a outros comportamentos prejudiciais à saúde, em um esforço para lidar com a sobrecarga de estresse. Essas práticas potencialmente nocivas podem afetar de modo adverso a saúde reprodutiva, bem como a saúde geral. (N. da A.)

12
Reduzindo as pegadas químicas em casa:
Transformando Seu Lar em um Refúgio Mais Seguro

O conhecimento pode ser poderoso, mas também pode deixar a pessoa morrendo de medo. Se o que você sabe agora sobre o perigoso declínio nas contagens de espermatozoides e sobre os danos ao desenvolvimento reprodutivo em homens e mulheres o deixou nervoso, perguntando-se se tem "munição suficiente no arsenal" (caso você seja homem) ou acariciando a barriga com preocupação (caso você seja gestante), anime-se. Existem várias coisas que você pode fazer para proteger sua função reprodutiva e a saúde reprodutiva de seu futuro bebê. Ao tomar medidas importantes para melhorar seu estilo de vida e reduzir a carga de exposições químicas, você aumentará sua capacidade de preservar as contagens e a motilidade espermáticas e sua fertilidade, seja você homem ou mulher.

Em 2010, participei de um segmento do programa jornalístico *60 Minutes* chamado "Ftalatos: são seguros?", em que Lesley Stahl e eu percorremos os cômodos de uma casa de subúrbio e fui apontando onde os ftalatos provavelmente se escondiam. Foi uma experiência esclarecedora para ela e para os telespectadores, mas, como o foco eram os ftalatos, identificamos apenas uma pequena porcentagem dos riscos ambientais. Ainda assim, essa abordagem "cômodo a cômodo" me pareceu útil, então a usarei aqui para lhe mostrar onde os produtos químicos de desregulação endócrina podem estar à espreita em sua casa e como você pode evitá-los.

COZINHA

Ela é muitas vezes o ponto central da casa – o principal centro de atividade e uma das maiores fontes de exposição a ftalatos, bisfenol A (BPA) e outros produtos químicos de desregulação endócrina. Afinal, essas furtivas substâncias químicas podem se infiltrar em alimentos e bebidas a qualquer momento da jornada que percorrem da fazenda ao garfo ou da fábrica até o copo ou garrafa. Quer uma prova? Pesquisadores alemães compararam os níveis de ftalato na urina de cinco adultos, antes de estes jejuarem e 48 horas após o jejum (em que se abstiveram de alimentos e consumiram apenas água em garrafas de vidro), e constataram que os níveis de di-(2-etilhexil) ftalato (DEHP), redutor de testosterona, e seus substitutos mais contemporâneos na urina dos sujeitos da pesquisa caíram, em um intervalo de 24 horas a partir do início do jejum, para apenas 10% a 20% dos patamares iniciais. É com essa rapidez que ardilosos produtos químicos podem fixar residência dentro do nosso corpo – ou sair dele.

Para evitar vários desreguladores endócrinos e outros produtos químicos tóxicos na cozinha, tome as seguintes medidas:

• **Compre produtos orgânicos, sempre que possível.** Às vezes eles são mais caros, às vezes não – mas, mesmo que sejam, pode valer a pena o investimento extra em sua saúde, para que você possa evitar a ingestão de vestígios de pesticidas e os ingredientes inertes em pesticidas, que incluem alguns ftalatos. Se você não está disposto a comprar todas as frutas, legumes e hortaliças orgânicos, é inteligente eliminar os que normalmente contêm os níveis mais altos de resíduos de pesticidas, típicos dos métodos de cultivo convencionais. Todos os anos, o Environmental Working Group (EWG, na sigla em inglês, www.ewg.org), organização sem fins lucrativos dedicada à proteção da saúde humana e do meio ambiente, divulga listas enumerando as frutas, legumes e hortaliças com a maior e a menor quantidade de resíduos de pesticidas – chamadas respectivamente de "A Dúzia Suja" e "Os Quinze Limpos". Em 2019, morangos, espinafre, couve, nectarina, maçãs e uvas lideraram o ranking dos mais contaminados, enquanto abacate, milho verde, abacaxi, ervilha (congelada), cebola e mamão papaia estavam entre os menos contaminados. Compre frutas, legumes e hortaliças orgânicos sempre que puder, e quando não puder enxágue bem seus produtos com água da torneira e, em seguida, seque-os com um pano limpo; isso removerá a maior parte dos produtos químicos residuais (não há a necessidade de fazer uma lavagem especial). Um estudo realizado por pesquisadores da Universidade da Califórnia, *campus* de Berkeley, descobriu que comer alimentos cultivados organicamente por apenas uma semana reduz de maneira expressiva os níveis de treze metabólitos de pesticidas no corpo.

• **Escolha alimentos frescos e não processados.** Dê preferência a alimentos frescos – especialmente frutas, legumes, hortaliças, nozes, sementes e peixes –, que, além de serem mais nutritivos do que alimentos embalados, ajudarão a reduzir sua exposição a produtos químicos. Durante o processamento, os alimentos embalados entram em contato com ftalatos, a exemplo de DEHP e dibutil ftalato (DBP) – ou BPA no plástico ou no revestimento de latas –, e como esses produtos químicos não estão vinculados ao material de embalagem, podem lixiviar para a comida. Mesmo se no rótulo constar "LIVRE DE BPA OU FTALATO", ainda assim os alimentos podem conter BPS e BPF, por exemplo, para substituir o BPA, ou ftalatos substitutos que às vezes são tão tóxicos quanto os produtos químicos cujo lugar estão ocupando. De maneira geral, é melhor tentar consumir menos alimentos enlatados e embalados.

• **Evite contaminantes em produtos de origem animal.** Não é segredo que alguns animais criados para fins comerciais, sobretudo bovinos e ovinos, são alimentados com hormônios como testosterona ou estrogênio para promover seu crescimento, ou com antibióticos para prevenir doenças. Ainda é matéria de debates até que ponto esses hormônios e medicamentos podem afetar a saúde humana quando se consomem alimentos de origem animal, entre os quais laticínios. Todavia, por precaução, você pode procurar alimentos com o selo "ORGÂNICO USDA",[1] o que significa que esses animais comeram apenas ração cultivada organicamente (sem subprodutos animais) e não foram tratados com hormônios sintéticos nem antibióticos. Da mesma forma, as frases "Criado sem antibióticos", "Criado sem adição de hormônios" e "Sem hormônios sintéticos" indicam que o animal nunca recebeu antibióticos ou hormônios.

---

[1] USDA: United States Department of Agriculture, o Departamento de Agricultura dos Estados Unidos. (N. da T.)

202   Contagem regressiva

• **Selecione seus recipientes de armazenamento de alimentos.** Ftalatos e BPA são usados na fabricação de muitos recipientes de alimentos e bebidas; você está exposto a esses produtos químicos de desregulação endócrina que se infiltram em seus alimentos ou bebidas ou são liberados quando os recipientes são aquecidos no micro-ondas. Recipientes de plástico que contém ftalatos têm o número 3 e as letras V ou PVC no símbolo de reciclagem. Ainda se usa o BPA em muitas garrafas de água e recipientes de plástico e nas resinas epóxi que protegem os alimentos enlatados contra contaminações.[2] Para armazenar alimentos, a melhor aposta é usar recipientes de vidro, metal ou cerâmica, com tampa ou papel-alumínio. Se optar por recipientes de plástico, use esta rima para ajudá-lo a se lembrar de quais códigos de reciclagem são mais seguros e quais não são: *4, 5, 1 e 2, todo o resto faz mal e fica pra depois.*

• **Evite o uso de plástico no micro-ondas.** Se quiser reaquecer comida no micro-ondas, não faça isso em um recipiente de plástico. Transfira a comida para um prato ou tigela, e, se precisar cobrir, use papel antiaderente, papel-manteiga parafinado, papel-toalha branco ou um recipiente com tampa (de vidro ou cerâmica) que caiba no prato ou tigela. Não leve ao micro-ondas saquinhos plásticos transparentes para conservar alimentos ou sacolas plásticas de supermercado, mesmo que na embalagem esteja escrito que são seguras para esse fim.

• **Prepare as refeições em casa com a maior frequência possível.** Acredite ou não, jantar fora com frequência ou pedir comida para entrega são práticas associadas a níveis mais altos de ftalatos no corpo, por causa dos materiais das embalagens de acondicionamento dos alimentos ou das luvas de manipulação dos alimentos que são utilizadas. Um estudo constatou que adolescentes acostumados a comer habitualmente fora de casa tinham níveis 55% maiores de produtos químicos de desregulação endócrina que seus pares que consumiam apenas comida feita em casa. Sempre que puder, opte por refeições caseiras ou preparadas em casa.

---

[2]   Os códigos de reciclagem para plásticos com maior probabilidade de conter BPA são 3 (polivinil cloreto) e 7 (policarbonato). (N. da A.)

Reduzindo as pegadas químicas em casa 203

• **Atualize seus utensílios de cozinha.** Se você estiver usando panelas e frigideiras antiaderentes, é hora de uma mudança: panelas antiaderentes são feitas com compostos de ácido perfluoro-octanoico (PFOA) ou Teflon (marca comercial do polímero politetrafluoretileno usado como revestimento). Claro, a limpeza de panelas e utensílios antiaderentes é mais fácil, mas cozinhar em uma superfície antiaderente aquecida dá aos produtos químicos de desregulação endócrina ampla oportunidade de se infiltrarem na comida. Se continuar usando sua panela antiaderente, faça isso apenas por curtos períodos em fogo médio-baixo e descarte a panela ou frigideira se a superfície ficar arranhada ou começar a descascar. Na minha casa, passamos a usar panelas e caçarolas de ferro fundido, que adoramos. Aço inoxidável é outra boa alternativa.

• **Filtre sua água potável.** Mesmo que você goste do sabor da água que sai da torneira e confie no serviço de abastecimento de água da sua cidade, é uma boa ideia comprar um filtro para sua casa (ou geladeira) e lembrar-se de trocá-lo regularmente. Como você viu, vários produtos químicos industriais e agrícolas podem escoar para as estações de tratamento de água, e isso ocorre também com produtos farmacêuticos, que nem sequer são monitorados pelos departamentos de abastecimento. Assim, na verdade você não sabe com total certeza o que está bebendo. E beber água engarrafada não é a solução, porque ela vem dentro de recipientes de plástico! Invista em um sistema de tratamento de água para sua casa, seja um jarro de vidro (nunca de plástico!) barato que você enche manualmente, seja um sistema de filtragem por carvão ativado que se instala debaixo da pia, ou um sistema de filtragem por osmose reversa, ou um filtro de carbono para a casa inteira que removerá contaminantes de toda a água que entrar nela (para obter mais informações sobre sistemas de filtragem de água, consulte a NSF International, www.nsf.org, em inglês).[3]* Se quiser carregar com você uma garrafa de água portátil, prefira uma de vidro ou de aço inoxidável.

---

[3] Organização norte-americana de testagem, inspeção e certificação de produtos. Sediada em Ann Arbor e fundada em 1944 na Escola de Saúde Pública da Universidade de Michigan, a NSF International padroniza os requisitos de saneamento e segurança alimentar, o que inclui produtos e equipamentos para o tratamento da água. (N. da T.)

• **Limpe seus produtos de limpeza.** Limpa carpetes e tapetes, produtos de limpeza doméstica multiuso, produtos para limpeza de janelas e de madeira, desinfetantes, removedores de manchas e a maioria dos outros produtos de limpeza contêm potentes toxinas e DEs. Percorra seu arsenal de produtos de limpeza doméstica e livre-se daqueles que apresentam no rótulo palavras como "perigo", "alerta", "veneno" ou "fatal". Substitua-os por produtos que tenham na composição ingredientes que você seja capaz de identificar; aqui, novamente, o Environmental Working Group é um recurso útil (http://www.ewg.org/guides/cleaners/content/top_products, em inglês). Ou você pode preparar seus próprios produtos de limpeza, usando água, vinagre, bicarbonato de sódio ou óleos essenciais; na internet é possível encontrar receitas de produtos de limpeza caseiros, naturais e ecológicos do tipo "faça você mesmo".

BANHEIRO

Depois da cozinha, o banheiro pode ser o lugar da casa mais propício à exposição a DEs e outros produtos químicos potencialmente nocivos. Isso se deve em grande parte aos cosméticos e outros artigos de higiene e cuidados pessoais que usamos, mas outras questões também entram em jogo. Infelizmente, a indústria de cosméticos e beleza é precariamente regulamentada, e muitas empresas lançam mão de rótulos ou marcas cuja linguagem sugere que os produtos são puros, naturais, frescos ou saudáveis. Mas esses termos não significam literalmente *nada* do ponto de vista legal ou regulatório.

Isso é especialmente verdadeiro porque a agência Administração de Alimentos e Medicamentos (FDA, na sigla em inglês)[4] tem muito menos autoridade sobre a indústria de cosméticos do que sobre a indústria farmacêutica, e nem a FDA nem qualquer outro órgão

---

[4] Órgão regulatório ligado ao Departamento de Saúde do governo norte-americano que faz o controle dos alimentos (para humanos e animais), suplementos alimentares, medicamentos (para humanos e animais) e cosméticos, entre outros. Equivale à brasileira Agência Nacional de Vigilância Sanitária (Anvisa). (N. da T.)

Reduzindo as pegadas químicas em casa   205

governamental do país aprovam ou regulamentam os cosméticos antes que cheguem às prateleiras das lojas. Em vez disso, as empresas de cosméticos é que são responsáveis por comprovar a segurança de seus produtos e certificar-se de que sejam rotulados corretamente antes de entrar no mercado. Tudo isso significa que recai sobre os consumidores a responsabilidade de fazer escolhas inteligentes e seguras (ou pelo menos não tão prejudiciais). Para evitar a presença de inúmeros desreguladores endócrinos e outros produtos químicos tóxicos em seu banheiro, tome as seguintes providências:

• **Preste atenção nos rótulos dos produtos de higiene e cuidados pessoais.** Às vezes você verá pura linguagem de marketing, mas algumas expressões e frases podem ser significativas. Produtos que estampam o selo "ORGÂNICO USDA", por exemplo, devem conter pelo menos 95% de ingredientes produzidos de maneira orgânica, ou seja, foram cultivados sem pesticidas, herbicidas, fertilizantes à base de petróleo ou organismos geneticamente modificados; o rótulo "100% ORGÂNICO" indica que o produto contém *apenas* ingredientes produzidos organicamente. Vez por outra, o que um produto *não* contém é alardeado com o mesmo estardalhaço – e isso pode ser digno de nota. Alguns exemplos: "sem perfume" significa que nenhuma fragrância foi adicionada ao cosmético ou item de higiene e cuidados pessoais; em vez disso, ele pode ter recebido a adição de óleos essenciais ou extratos botânicos com aromas para mascarar o cheiro dos ingredientes básicos. Da mesma forma, "livre de parabenos" e "livre de ftalatos" indicam que essas substâncias químicas não estão presentes na composição do produto. Evite produtos de limpeza e cuidados com a pele rotulados como "antibacterianos"; água e sabão são tudo de que você precisa para lavar o rosto. Lembre-se também de que um produto para higiene e cuidados pessoais que em tese é livre desses agentes nocivos pode perder sua integridade – seu status de isento de ftalatos e BPA – se vier em um pote ou frasco de plástico; portanto, escolha produtos em vidro sempre que possível.

• **Leia as listas de ingredientes dos produtos.** Claro que pode parecer que você precisa de um diploma de graduação em química para decifrar o que há nos produtos com os quais você está lambuzando sua pele, cabelo ou corpo. Mas é possível entender minimamente as listas de ingredientes desses produtos. Acima de tudo, evite aqueles que contenham os seguintes DEs ou outras substâncias químicas nocivas: triclosan (frequente em sabonetes líquidos e cremes dentais), dibutil ftalato ou DBP (em *sprays* para cabelo e produtos para as unhas) e parabenos como metil-, etil-, propil-, isopropil-, butil- e isobutil-parabeno (conservantes encontrados em xampus, condicionadores, artigos de limpeza facial e limpeza de pele, como demaquilantes, sabonetes, água micelar, tônicos, soluções, géis e esfoliantes, hidratantes, desodorantes, protetores solares, cremes dentais e maquiagem). Para examinar de perto os artigos de higiene e cuidados pessoais de que você gosta, dê uma olhada na detalhada base de dados [em inglês] "Skin Deep" [À flor da pele] do Environmental Working Group. Seguir essas etapas seletivas pode fazer diferença: um estudo descobriu que, quando meninas adolescentes passaram a usar artigos de higiene e cuidados pessoais rotulados como livres de ftalatos, parabenos, triclosan e benzofenona-3 (composto orgânico encontrado com frequência em filtros solares), suas concentrações urinárias desses produtos químicos potencialmente desreguladores do sistema endócrino diminuíram entre 27% e 44% – em apenas três dias!

• Descarte de maneira adequada medicamentos não utilizados.
Nada de jogar remédios na pia ou no vaso sanitário; em vez disso, misture-os com borra de café ou areia higiênica para gato,[5] coloque-os em um saco plástico lacrado e depois leve para a lixeira. Uma solução ainda melhor é participar de algum programa de descarte de medicamentos vencidos e não utilizados; nos Estados Unidos, verifique no site da Administração de Fiscalização de Drogas (DEA, na sigla em inglês), órgão de polícia federal do Departamento de Justiça dos Estados Unidos encarregado da repressão e controle de narcóticos, as informações sobre a iniciativa Drug Take Back (https://www.deadiversion.usdoj.gov/drug_disposal/takeback/, em inglês), com detalhes sobre datas e locais das coletas, que acontecem duas vezes por ano. Em outras épocas do ano, você pode encontrar em sua região

---

[5] O fundamento lógico é que misturar comprimidos e outros medicamentos não utilizados com essas substâncias os torna menos atraentes para crianças e animais de estimação e (tomara) irreconhecíveis para quem vasculha o lixo em busca de drogas. (N. da A.)

uma farmácia que faça o descarte de medicamentos por meio do programa Dispose My Meds (https://disposemymeds.org/).[6]

• **Livre-se da sua cortina para box de banheiro feita de vinil.** Sabe aquele cheiro que a cortina de vinil (PVC) do box do seu banheiro exala? É resultado de gases químicos, a liberação de compostos orgânicos voláteis e ftalatos no ar. Não é bom para você. Então prefira uma opção ecológica feita de algodão, linho ou cânhamo.

• **Elimine os purificadores de ar.** Se você está usando um purificador de ar elétrico, um difusor elétrico com fragrâncias, um aromatizador ou ionizador de ambientes, pare. Todos eles contêm ftalatos e outros produtos químicos potencialmente perigosos. Para melhorar o aroma do ar no banheiro, recorra a um exaustor, abra uma janela ou deixe uma caixa aberta de bicarbonato de sódio no ambiente para absorver os odores. Além disso, use produtos de limpeza não tóxicos no banheiro.

OUTRAS PARTES DA CASA

Pode ser que uma vasta gama de diferentes produtos químicos tenha fixado residência em outras áreas de sua casa, entre elas o quarto de dormir, a sala de estar e os armários. Entre os criminosos de mais alta periculosidade incluem-se os ftalatos, os retardantes de chama (PBDEs) e os bifenilos policlorados (PCBs) (que ainda existem em muitas casas, embora tenham deixado de ser fabricados). Ninguém espera que você faça uma reforma completa em sua residência, do piso ao teto; isso teria um custo proibitivo. Mas você pode reduzir consideravelmente a quantidade de produtos químicos nela presentes. Veja como:

---

[6] No Brasil, muitas farmácias fazem a coleta adequada de medicamentos vencidos, incluindo, por exemplo, frascos, cartelas de comprimidos, tubos de cremes ou pomadas; vários supermercados e Unidades Básicas de Saúde (UBSs) também. Esporadicamente, algumas universidades e prefeituras, por meio das secretarias de Saúde e do Meio Ambiente, também organizam campanhas e postos de coleta para o descarte desses produtos. (N. da T.)

• **Remova carpetes e tapetes de parede a parede.** Tapetes e carpetes sintéticos, como os feitos de náilon ou polipropileno, podem expelir no ar substâncias químicas (outro exemplo de liberação de gás) durante muitos anos. Assoalhos de madeira de lei natural e pisos de cerâmica são escolhas melhores, porque são os menos propensos a absorver poeira e produtos químicos tóxicos. Se quiser adicionar um tapete de área, para cobrir apenas parte do piso, opte por um que seja feito de lã ou materiais vegetais naturais, como juta ou sisal. Evite usar forros antiderrapantes de tapete que contenham PBDEs; prefira lã ou feltro em vez disso. Além do mais, evite tapetes que tiveram tratamentos à prova de água ou manchas, que adicionam produtos químicos à equação. Use o aspirador de pó para limpar completamente todos os tapetes, de preferência com um aparelho equipado com filtro HEPA, pelo menos uma vez por semana.

• **Evite o acúmulo de poeira.** Além de ser um alérgeno e uma medonha chateação, a poeira doméstica pode absorver produtos químicos tóxicos e se tornar um repositório deles. Não há necessidade de se tornar um obcecado por limpeza, mas é aconselhável elevar seus esforços na hora de varrer e espanar, sobretudo porque a poeira doméstica contém substâncias químicas tóxicas dos produtos que você tem em casa. Um estudo de 2017 constatou que 45 produtos químicos potencialmente nocivos – entre os quais ftalatos, fenóis, retardantes de chama e substâncias perfluoroalquil (PFASs) – foram encontrados na poeira em 90% das casas das quais foram extraídas amostras, de um extremo a outro dos Estados Unidos. Portanto, use um esfregão úmido em pisos de madeira ou cerâmica. Limpe móveis, peitoris de janelas, molduras das portas e ventiladores de teto com um pano de microfibra ou de algodão úmido, porque retém partículas de poeira com mais eficácia do que panos de outro tipo (ou secos). Tire o pó dos equipamentos eletroeletrônicos – incluindo as TVs – com frequência, pois são fontes comuns de retardantes de chama. Enquanto estiver limpando, abra portas e janelas, e, depois de espanar e limpar, lave bem as mãos.

• **Atualize suas compras de reposição.** Se você pretende comprar um novo aparelho de som ou equipamentos de mídia, escolha eletrônicos sem PBDEs ou outros retardantes de chama bromados. Se está pensando em comprar um sofá novo, uma cadeira confortável ou um colchão, dê preferência aos que são livres de produtos químicos retardantes de chama, adesivos tóxicos (como os que contêm formaldeído) e plásticos (se não conseguir substituir seus antigos produtos de espuma com a capa rasgada, pense na ideia de comprar uma capa de algodão ou linho para manter a superfície intacta). Escolha mesas e armários feitos de madeira natural, nada de madeira sintética ou aglomerado. E compre um protetor de colchão de algodão orgânico, não uma das barreiras de plástico que liberarão seus próprios produtos químicos no ar.

• **Deixe os sapatos na porta.** Além de trazer para dentro de casa a sujeira de fora, as solas dos seus sapatos podem carregar não apenas germes, mas também metais pesados do solo e resíduos de pesticidas. Pesquisas concluíram que pessoas e animais de estimação podem trazer consigo porta adentro herbicidas e outros pesticidas que foram aplicados em gramados até uma semana depois do tratamento. Pense na ideia de separar um par de sapatos ou chinelos "exclusivos para uso dentro de casa". E limpe as patas do seu animal de estimação quando ele entrar em casa.

• **Limpe os armários.** Livre-se das bolinhas de naftalina, que contêm naftaleno ou paradiclorobenzeno, produtos químicos tóxicos; para proteger suas roupas contra traças, use pedaços e lascas de cedro ou sachês de lavanda no armário. Se possível, escolha serviços de lavagem a seco "verdes" ou aqueles que usam dióxido de carbono líquido ou métodos de limpeza úmida; senão, areje as roupas lavadas a seco, removendo o plástico e deixando-as penduradas por um dia na garagem ou na varanda antes de guardá-las no armário.

• **Diga "não" às sacolas plásticas.** Invista em sacolas de tecido ou lona reutilizáveis de vários tamanhos e carregue-as com você ou guarde-as no carro para transportar as compras. Lave-as regularmente para mantê-las limpas.

BRINQUEDOTECA

Se você tem filhos pequenos, esteja ciente de que produtos químicos tóxicos podem estar presentes em brinquedos e outros produtos infantis. Mesmo que nos Estados Unidos e na União Europeia vários ftalatos tenham sido proibidos em concentrações acima de 0,1% em brinquedos, mordedores e artefatos para a fase de dentição, muitas vezes os brinquedos importados de outras partes do mundo contêm essas substâncias. Crianças são especialmente vulneráveis aos efeitos de produtos químicos de desregulação endócrina, uma vez que seu corpo ainda está se desenvolvendo; além disso, como seu corpo é pequeno, em relação a cada quilo de peso corporal elas absorvem mais contaminantes por meio dos pulmões, sistema digestivo e pele do que os adultos. E como crianças pequenas costumam colocar os brinquedos na boca, isso pode aumentar ainda mais sua exposição.

A melhor decisão é esquadrinhar as opções na hora de comprar brinquedos ou escolher as atividades das crianças. Ao comprar brinquedos de plástico, procure aqueles cujos rótulos indicam "livre de ftalato" e "sem PVC". Da mesma forma, compre mamadeiras e copinhos com canudinho em cujo rótulo se lê "livre de BPA" (alerta: isso não elimina os sósias do BPA, como o BPS e o BPF). Ao mobiliar a brinquedoteca, inclua materiais naturais sempre que possível. Prefira mesas e cadeiras de madeira, com almofadas, se desejar, e cestos em vez de caixas de plástico para guardar os brinquedos e materiais de artes. Lembre-se: tecidos e tapetes de algodão são fáceis de limpar e resistem a mofo e bolor.

QUINTAL

Se você mora em casa, deve prestar atenção aos potenciais efeitos secundários químicos existentes no ar livre – no gramado ou jardim, por exemplo –, mesmo que não tenha mão boa para jardinagem. Isso significa: evite usar pesticidas, herbicidas e fertilizantes sintéticos. São um perigo para crianças e animais de estimação e para todos nós. Caso esteja desesperado para se livrar das ervas daninhas, faça isso com segurança – arrancando-as pela raiz, aplicando vinagre ou sal por cima, ou usando uma espessa camada de cobertura morta (de cedro ou lascas de casca de árvore, por exemplo) para inibir seu crescimento. Compartilhe seus esforços benéficos ao planeta e incentive outras pessoas a seguirem seu exemplo, instalando no gramado ou jardim uma placa de LIVRE DE PESTICIDAS. Tenha em mente também que sua velha mangueira de jardim de PVC pode estar esguichando uma grande dose de chumbo, BPA e ftalatos junto com a água. Talvez seja hora de uma troca. Procure uma mangueira sem PVC cujo rótulo indique "livre de ftalatos" ou, melhor ainda, "segura para água potável".

★ ★ ★

Esses são alguns dos vilões mais frequentes que podem ter efeitos perversos na contagem de espermatozoides e outros aspectos da saúde reprodutiva de homens e mulheres. Em virtude das despesas envolvidas, pode ser que você não esteja em condições de se livrar de tapetes, sofás, utensílios de cozinha e outros itens domésticos que contêm alguns dos nocivos produtos químicos mencionados; mas, quando estiver disposto a substituí-los, procure itens livres de ftalatos, PFOAs, retardantes de chama e outras substâncias químicas potencialmente tóxicas. Nesse meio-tempo, livre-se de bolinhas de naftalina, odorizadores de ambiente e purificadores de ar, velas perfumadas, sabonetes antibacterianos e outros itens que podem representar uma ameaça aos espermatozoides e à sua saúde geral. O Silent Spring Institute oferece um aplicativo gratuito para smartphone chamado Detox Me [Desintoxique-me, em tradução livre], que fornece dicas simples e baseadas em evidências científicas sobre como reduzir a exposição a esses produtos químicos em sua casa, e um "kit Detox Me", teste de urina que permite detectar a presença de toxinas domésticas comuns no corpo. Além disso, evite o manuseio de recibos impressos em papel térmico, porque a maioria deles contém bisfenol A, que pode ser absorvido pelo corpo.

Pense nessas importantes medidas como maneiras de se comprometer com uma vida limpa, tanto por dentro quanto por fora. Ao melhorar seus hábitos de estilo de vida, incluindo suas escolhas alimentares e técnicas de preparação de alimentos, e ao eliminar de sua casa produtos químicos perniciosos, você estará tomando precauções inteligentes para proteger seu sistema reprodutivo e sua saúde geral. Como você viu, é possível reduzir a carga química impingida a seu corpo. Mas aprender a se esquivar e ziguezaguear pelo campo minado de deletérias influências químicas presentes em nosso meio requer esforço, zelo e dedicação. Esta é a sua oportunidade de proteger o seu futuro e o de sua família.

13

IMAGINANDO UM FUTURO MAIS SAUDÁVEL:
O Que Precisa Ser Feito

Em 1898, a inspetora de fábrica Lucy Deane, do Reino Unido, alertou sobre os efeitos danosos da exposição ao pó de amianto, mas seu relatório foi em grande medida ignorado. Mais de uma década depois, em 1911, experimentos com ratos apresentaram "justificativas plausíveis" para a suspeita de que a exposição ao pó de amianto é prejudicial à saúde de criaturas vivas. Entre 1935 e 1949, verificou-se um número alarmante de casos de câncer de pulmão entre trabalhadores da indústria desse material, e em 1955 a pesquisa estabeleceu um elevado risco de câncer pulmonar entre trabalhadores expostos a ele em Rochdale, Reino Unido. Entre 1959 e 1964, o câncer mesotelioma, que afeta o tecido que reveste os pulmões, foi considerado um problema significativo entre trabalhadores de fabricação de amianto e pessoas que residiam em bairros próximos a indústrias que o utilizavam na África do Sul, no Reino Unido e nos Estados Unidos.

No entanto, demorou até 1973 para que todas as formas de amianto fossem reconhecidas como carcinogênicas para os humanos, e foi apenas em 1999 que muitos países da Europa Ocidental proibiram o uso de todas elas. *É um século inteiro!* Mas aqui está o verdadeiro problema: sem que as pessoas saibam, os Estados Unidos ainda permitem algum uso de amianto, e em alguns países (Índia, por exemplo) sua indústria continua a crescer. Mesmo depois de enormes esforços científicos e regulatórios, passados mais de cinquenta anos, ainda não eliminamos de vez de nosso meio ambiente esse notório cancerígeno.

Essa história tem pouco a ver com saúde reprodutiva e muito a ver com saúde respiratória. Mas é um poderoso exemplo de quanto tempo pode demorar – e como pode ser difícil – a implementação de importantes medidas de proteção.

Levando-se em conta que cerca de 85 mil produtos químicos foram fabricados para uso comercial e apenas um reduzidíssimo número foi submetido a testes de segurança e muito menos regulamentação, precisamos de uma maneira melhor – ou seja, menos demorada e menos dispendiosa – de identificar e limitar a exposição a produtos químicos perigosos. À guisa de exemplo, tenha em mente o ftalato redutor de testosterona di-(2-etilhexil) ftalato (DEHP). Em 2000, John Brock, um ambientalista químico, me contou sobre o novo empenho dos CDCs para medir pela primeira vez os níveis de ftalatos em uma amostra de residentes dos Estados Unidos. Quando ele sugeriu que eu os estudasse, minha reação foi perguntar: "O que são ftalatos?" Ele me falou sobre alguns estudos convincentes que demonstravam que esses "produtos químicos onipresentes" estavam causando estragos no trato genital de camundongos machos. Avanço rápido para 2005, quando meus colegas e eu publicamos nosso estudo que mostrou que uma futura mãe com níveis mais elevados de DEHP no início da gravidez era mais propensa a ter um filho com genitais menos "tipicamente masculinos" – por exemplo, distância anogenital (DAG) mais curta e pênis menor. Esse estudo e os que se seguiram consumiram vinte anos e custaram mais de 10 milhões de dólares, mas levaram a importantes ações de saúde pública. O risco da síndrome do ftalato foi considerado tão plausível que, em 2008, proibiu-se o uso de DEHP e dois outros ftalatos redutores de testosterona em brinquedos e copinhos com canudinho infantis.

Devido a essa lei e por causa das preocupações da opinião pública sobre os riscos à saúde, os níveis dos ftalatos "tradicionais" no corpo das pessoas caíram drasticamente nos Estados Unidos. As grávidas que recrutamos para nosso estudo de 2010 apresentaram níveis de DEHP equivalentes a apenas 50% dos níveis medidos em grávidas em 2000. Sem dúvida, um sinal positivo. Mas, infelizmente, outros ftalatos foram introduzidos como substitutos para o DEHP e ftalatos igualmente problemáticos. Um deles foi o diisononil ftalato (DINP). Em um estudo sueco, grávidas com níveis mais altos desse novo ftalato substituto na urina eram mais propensas a ter um menino com DAG mais curta do que as mulheres com níveis baixos. Portanto, trocar o DEHP pelo DINP não resolveu o problema, o que é tremendamente frustrante.

Vamos fazer uma pausa e dar aos fabricantes o benefício da dúvida. Vamos imaginar que eles talvez não soubessem que o DINP era tão prejudicial quanto o DEHP. Não deveriam ter feito seu dever de casa e empreendido uma detalhada investigação acerca dos efeitos dessa substituição antes de ela ser efetivada? E não deveriam ter interrompido a produção dessa substância química, retirando-a de circulação, tão logo se constatou que era nociva? Como você provavelmente pode imaginar, eu responderia a ambas as perguntas com um sonoro "sim"! Mas os mundos da química e do mercado nem sempre funcionam assim. Até agora, essa questão tem sido vítima da política de desatenção, na qual os fabricantes basicamente se esquivam da responsabilidade de garantir a segurança química de seus produtos – e nosso sistema regulatório permitiu que isso acontecesse.

Como você sem dúvida sabe, algumas pessoas sentem uma profunda desconfiança em relação à segurança de vacinas ou do flúor no abastecimento de água. Fico pensando com meus botões: onde estão as pessoas que se incomodam com a presença de desreguladores endócrinos nocivos nos produtos do dia a dia? *Cadê a indignação com relação a essa questão?!*

Francamente, continua a me surpreender o fato de não haver um grupo mais numeroso de especialistas em saúde pública e cidadãos comuns preocupados com essas substâncias nocivas. Um contingente maior de gente enfurecida com essa situação ajudaria, sem dúvida, porque várias coisas precisam ser feitas para diminuir de maneira expressiva a carga planetária de DEs e tornar nosso futuro mais saudável. Precisamos desenvolver produtos químicos mais seguros que não interfiram no sistema endócrino, e precisamos adotar métodos de testagem – entre os quais verificações que identifiquem os efeitos prejudiciais de baixas doses e misturas de produtos químicos – que nos protejam contra DEs. É essencial que os reguladores parem de isentar de responsabilidades ("passar pano") produtos químicos que vêm sendo usados há muito tempo. O objetivo da ação regulatória deve mudar de enfoque: em vez de priorizar o controle de danos *após* a identificação de um problema, dar primazia à antecipação de riscos *antes* que ele ocorra e permitir que produtos químicos entrem no mercado nessas bases. Em outras palavras, precisamos parar de usarmos uns aos outros e a nossos filhos ainda por nascer como cobaias para exposições a DEs. E precisamos de uma legislação que exija que indústrias e fabricantes sejam responsabilizados pelos riscos dos produtos químicos que eles produzem e liberam no meio ambiente.

ARRUMANDO A CONFUSÃO REGULATÓRIA

Nos Estados Unidos, mudar mecanismos regulatórios, o que inclui identificar e banir produtos químicos comprovadamente perigosos, é um processo extremamente oneroso – e danos consideráveis podem ocorrer enquanto as agências reguladoras tentam resolver o imbróglio. Ainda assim, é evidente que vale a pena o esforço de empreender essas mudanças, porque a saúde, a vitalidade e a longevidade da espécie humana e do planeta dependem disso. Esse é um dos motivos pelos quais cientistas, ativistas ambientais, especialistas em saúde e outros exigem cada vez mais a implementação do "princípio da precaução" na tomada de decisões em saúde pública e meio ambiente.

O princípio da precaução muda a ação regulatória de modo que, em vez de iniciar o controle de danos *após* um problema ter sido identificado, medidas preventivas sejam tomadas *antes* que o dano possa ocorrer; é disso que precisamos para proteger a saúde pública e ambiental. Uma declaração de consenso da Conferência de Wingspread, em 1998, que incluiu negociadores de tratado, ativistas, acadêmicos e cientistas dos Estados Unidos, Canadá e Europa, resume nos seguintes termos o princípio: "Quando uma atividade representa ameaças de danos à saúde humana ou ao meio ambiente, medidas de precaução devem ser tomadas, mesmo se as relações de causa e efeito não forem plenamente estabelecidas de maneira científica".

Uma consequência do princípio da precaução é transferir do público consumidor para os fabricantes o ônus da prova da segurança. Ademais, o princípio da precaução elimina a necessidade de esperar a certeza científica para tomar medidas de proteção ou prevenção. Em alguns casos, uma forte suspeita pode ser suficiente para evitar que substâncias químicas potencialmente prejudiciais sejam usadas em produtos do cotidiano. Se aplicássemos o princípio da precaução a produtos químicos de desregulação endócrina e outros produtos químicos tóxicos que provavelmente são os culpados pelo declínio da contagem de espermatozoides e pela debilitação do desenvolvimento reprodutivo masculino e feminino, os seres humanos enfrentariam muito menos exposições prejudiciais no dia a dia. A bem da verdade, precisamos que a indústria química adote sua própria versão do Juramento de Hipócrates – "Primeiro, não faça mal."

Na União Europeia, já existe um bom modelo regulatório, denominado REACH (acrônimo, em inglês, de Registro, Avaliação, Autorização e Restrição de Produtos Químicos). Com uma diretriz política sintetizada na máxima *Sem dados, sem mercado*, "o regulamento REACH atribui à indústria a responsabilidade de gerenciar os riscos de produtos químicos e fornecer informações de segurança sobre as substâncias". O REACH foi implementado em 2007 com o objetivo de fornecer um alto nível de proteção para a saúde humana e o meio ambiente contra os riscos representados pelas substâncias fabricadas e comercializadas na UE. Isso também coloca o ônus sobre as empresas: os fabricantes são responsáveis por compreender e gerir os riscos associados ao uso de seus produtos químicos na vida diária. A meu juízo, testar produtos químicos para potenciais efeitos de desregulação hormonal *antes* que eles cheguem ao mercado deve ser uma exigência em todo o mundo.

Sob o REACH, fabricantes e importadores também são obrigados a coletar informações acerca das propriedades de suas substâncias químicas e a registrar as informações em um banco de dados central mantido pela Agência Europeia dos Produtos Químicos (ECHA, na sigla em inglês). Embora esteja avançando mais devagar do que ambientalistas e grupos ligados a questões de saúde esperavam, o REACH *vem reduzindo* as ameaças à saúde humana decorrentes da fabricação de produtos químicos na União Europeia. Por exemplo, a "Estratégia REACH relativa à exposição a dioxinas", cujo objetivo é diminuir a presença de dioxinas, furanos e PCBs no meio ambiente, tem sido bem-sucedida: até 2014, havia cortado em cerca de 80% as emissões industriais desses poluentes.

Uma esperança é que o REACH ajude a eliminar a deplorável prática conhecida como "substituição desastrosa": a troca por um composto ainda não testado com a função (e o risco) de um perigo conhecido. Tenham em mente o caso do BPA e seus substitutos. Como você leu aqui, o BPA é um produto químico que tem sido usado em recibos de caixa registradora, garrafas de água de policarbonato e revestimentos de latas de alimentos. Logo que foi formulado na década de 1930, descobriu-se que ele imitava o hormônio feminino estrogênio, e agora sabemos que tem efeitos adversos à saúde, como o aumento do risco de câncer de mama, de abortos espontâneos recorrentes, de problemas comportamentais em meninos e, em trabalhadores de fábricas a ele expostos, de qualidade do sêmen prejudicada.

Embora a União Europeia tenha proibido o BPA em mamadeiras e venha gradativamente eliminando-o dos recibos de caixa registradora, ainda é uma substância utilizada em larga escala em outros produtos, como no revestimento de latas de alimentos e bebidas. Desdobrando-se para encontrar substitutos químicos, os fabricantes concluíram que a opção mais fácil era trocá-lo por outro bisfenol muito semelhante, como o bisfenol S ou o bisfenol F. Problema resolvido, certo? Não exatamente, porque pesquisadores agora estão descobrindo que muitos desses substitutos de BPA acabam indo parar nas amostras de urina de pessoas do mundo todo – e que esses substitutos químicos também são desreguladores hormonais e apresentam o mesmo risco que o BPA (ou talvez um risco ainda maior). Em outras palavras, simplesmente usou-se um produto químico nocivo para substituir outro – uma prática inaceitável. Quando, no outono de 2019, falei com Ninja Reineke, chefe de ciência da CHEM Trust, importante organização sem fins lucrativos que trabalha na regulamentação REACH na União Europeia, ela confirmou que, apesar da aprovação da legislação REACH, os órgãos de regulação ainda não estão controlando o uso das substituições desastrosas, nem mesmo na UE.

Não deveria ser assim. Em 2016, Joseph Allen, professor assistente de ciência de avaliação de exposição da Escola de Saúde Pública T. H. Chan, da Universidade Harvard, escreveu em um artigo de opinião para o jornal *The Washington Post*:

> Inocente até prova em contrário pode ser o ponto de partida certo para a justiça criminal, mas é uma política química infeliz. Precisamos reconhecer a substituição desastrosa como aquilo que ela é: a repetida troca de produtos químicos tóxicos por produtos químicos igualmente tóxicos, em um experimento perigoso com o qual nenhum de nós, em sã consciência, concorda.

Estou de acordo com ele. Somos todos, essencialmente, participantes involuntários de um jogo químico de roleta-russa reprodutiva, porque a regulamentação das indústrias químicas e manufatureiras continua a funcionar na base do "está tudo normal, o mesmo de sempre", em que produtos químicos são considerados seguros até que se prove que têm culpa no cartório. O que mais me preocupa são os "produtos químicos furtivos" – ftalatos, BPA, compostos fluorados e PBDEs –, porque entram em nosso corpo de maneira silenciosa, em surdina, sem nosso conhecimento. Ao contrário dos medicamentos, monitorados pela FDA quanto à segurança e vendidos com detalhados rótulos de advertência, em grande medida os produtos químicos ambientais carecem de regulamentação, e poucos são identificados em rótulos.

DE VOLTA À ESTACA ZERO

Um passo decisivo para eliminar DEs de nossa vida diária é criar produtos químicos mais inteligentes, tais como aqueles que a "química verde" promete. Esse campo abarca a abrangente meta de desenvolver moléculas, materiais e produtos com maior eficiência de recursos e inerentemente mais seguros. Para atingir esses objetivos, os profissionais da área da química devem ser capazes de avaliar os potenciais perigos dos produtos que eles desenvolvem. O primeiro e mais importante desses objetivos deve ser evitar a desregulação endócrina.

Um novo enfoque que parece especialmente promissor é conhecido como Protocolo em Camadas para Desregulação Endócrina (TiPED, na sigla em inglês), que aplica princípios e testes das ciências da saúde ambiental para identificar potenciais desreguladores endócrinos. Formulado por uma equipe multidisciplinar de renomados cientistas, esse protocolo é concebido para ajudar os químicos a identificar e evitar substâncias químicas que possam desestruturar o sistema endócrino humano. Por meio desse sistema, os produtos químicos que são identificados como potenciais DEs podem, em seguida, ser removidos do desenvolvimento do produto ou projetados novamente segundo nova fórmula, de modo a evitar os mecanismos identificados de ação de desregulação endócrina – antes que esses produtos entrem no mercado. Ao facilitar a identificação precoce de DEs, o objetivo mais importante é reduzir seus riscos ambientais e de saúde pública.

Certamente é um passo na direção certa, sobretudo para detectar efeitos adversos da exposição a baixas doses ou concentrações dessas substâncias. A noção de que "a dose faz o veneno" é um pressuposto essencial, ainda que obsoleto, subjacente à toxicologia tradicional. Essa premissa é atribuída a Paracelso, médico, alquimista e astrólogo suíço que, há quase quinhentos anos, expressou o princípio básico: "Todas as substâncias são venenos, não existe nada que não seja veneno; somente a dose correta diferencia o veneno do remédio." Sua ideia era que, quanto maior a dose, maior é o efeito (adverso) para humanos e talvez outras criaturas. Mas isso nem sempre é verdade, e precisamos de melhores protocolos de testagem para determinar os riscos de doses altas *e* baixas.

Terry Collins, professor de química verde na Universidade Carnegie Mellon, usuário e defensor do TiPED, observa: "A toxicidade de uma baixa dose é muito mais traiçoeira do que a toxicidade de altas doses, e é a causa provável de muitos, se não da maior parte, dos danos reprodutivos que estamos vendo em várias espécies." Se pudermos desenvolver protocolos de testagem mais eficazes e maneiras melhores de examinar metodicamente produtos químicos a fim de proteger a saúde pública, teremos muito mais chances de estancar o contínuo declínio da função reprodutiva masculina e feminina em curso.

Uma das primeiras medidas na regulação química é identificar os efeitos nocivos dos produtos químicos em questão. Boa parte das pesquisas que demonstram efeitos adversos de DEs e exposições de risco ao chumbo e à radiação provém de estudos com animais, como você viu. Normalmente, esses primeiros resultados são seguidos por estudos em humanos, a um custo de milhões de dólares e cinco a dez anos de pesquisa para um único estudo. No futuro, esses estudos, tanto com humanos quanto com animais, precisam ser configurados de uma forma que reflita a maneira como as pessoas estão realmente expostas a produtos químicos na vida real, porque o dano detectado varia conforme a dosagem ou nível de determinado produto químico, bem como o momento da exposição e as combinações de exposições. Precisamos ser realistas.

SUPOSIÇÕES E PREMISSAS PROBLEMÁTICAS

A verdade é que os protocolos de testagem atuais não são adequados para proteger a saúde das pessoas, porque fazem suposições infundadas sobre a natureza dos riscos que DEs, sobretudo, representam para a saúde humana. Seguindo o princípio "a dose faz o veneno", a testagem vigente começa com uma dosagem alta (tóxica) e continua com doses mais baixas até que se identifique uma dose na qual se constate pouco ou nenhum risco. Assim, com base na lei de Paracelso, presume-se que exposições mais baixas são seguras e, portanto, elas não são testadas, tampouco regulamentadas. Esse princípio está por trás da maior parte dos regulamentos na Europa e nos Estados Unidos, e se destina a proteger as pessoas dos riscos de exposições tóxicas. Todo mundo presume que essa suposição está correta, mas deixa passar em brancas nuvens uma parte crucial da história: em alguns casos, a exposição a baixas doses de certos produtos químicos pode ser tão ou talvez até mais perigosa do que a exposição a altas doses.

Isso pode acontecer quando determinado produto químico causa diferentes efeitos adversos em doses mais baixas e doses mais altas. Por exemplo, a talidomida é um sedativo e hipnótico que foi usado na Europa no final dos anos 1950 e 1960 até que se descobriu que resultava em malformações nos braços e pernas, membros atrofiados, ausentes ou mais curtos e, frequentemente, deformados, e que em altas doses poderia causar morte fetal. Se você estivesse realizando um estudo sobre os defeitos na forma ou na formação de braços e pernas de bebês nascidos vivos após exposição pré-natal à talidomida e tivesse que desenhar um gráfico mostrando o risco desses defeitos nos membros em função da dosagem, em uma dose alta o risco daria a impressão de diminuir. Por quê? A explicação é que, em altas doses, muitos dos fetos mais afetados morrerão, e os que sobreviverem terão relativamente poucas deformações nos membros. É óbvio que isso *não* significa que o fármaco não seja prejudicial ao desenvolvimento humano. Nem é preciso dizer que a morte é um sinal indubitável de toxicidade.

Na verdade, evidências de décadas de pesquisas combinando toxicologia, biologia do desenvolvimento, endocrinologia e bioquímica demonstraram que essa "lei" de Paracelso não pode ser tida como fato consumado em relação a DEs. Pelo contrário, alguns produtos químicos, sobretudo aqueles que se comportam como hormônios – a exemplo do composto estrogênico BPA –, podem inclusive ter efeitos mais prejudiciais em doses mais baixas do que em doses mais altas.

Se você desenhar um gráfico representando o risco em função da dose, de acordo com Paracelso a curva continuaria a subir com o aumento da dose; é um exemplo de uma *curva monotônica*, o que significa que ela não muda de direção. Porém, quando doses mais baixas são mais perigosas do que doses mais altas, *essa* linha sobe com o aumento da dose até certo ponto e depois desce (imagine um U invertido). Essas curvas de dose-resposta são exemplos de *curva dose-resposta não monotônica* (NMDR, na sigla em inglês) – termo palavroso, mas que é bom conhecer.

Lembre-se do "ponto ideal" na relação entre exercícios físicos e fertilidade sobre o qual leu no capítulo 6. Como você viu, a aptidão reprodutiva aumentou com uma quantidade e uma intensidade cada vez maiores de atividade física, mas depois de certo ponto começou a apresentar um risco de *infertilidade*. Não apenas havia um ponto de retornos decrescentes – isto é, benefícios cada vez menores –, mas também em algum ponto poderiam ocorrer danos reprodutivos. Assim, se desenharmos uma curva representando o tempo que a pessoa demorava para engravidar, com base na quantidade de exercícios físicos, ela poderia ficar parecida com a letra U – outra curva NMDR.

Em uma revisão de 109 estudos sobre os efeitos do BPA, publicados entre 2007 e 2013, os pesquisadores encontraram curvas NMDR em mais de 30% das investigações. Isso sugere que os atuais métodos de avaliação de risco, nos quais exposições supostamente seguras a baixas doses são previstas a partir de exposições a altas doses, *não* protegem as pessoas de doses potencialmente perigosas de BPA. Nesses casos, é *incorreto* presumir que doses mais baixas são mais seguras do que doses mais altas, mas tal suposição continua a fundamentar os testes regulatórios para produtos químicos ambientais.

Não se pode deduzir a segurança de baixas doses a partir de testes de altas dosagens de um produto químico específico. O tratamento do câncer de mama dependente de estrogênio pelo tamoxifeno é um bom exemplo. Em estudos de células tumorais mamárias, observou-se que, enquanto altas concentrações terapêuticas de tamoxifeno inibiram a proliferação estimulada por estrogênio de células de câncer de mama, menores concentrações da mesma substância efetivamente estimularam o crescimento dessas células em cânceres dependentes de estrogênio. Trata-se de um fenômeno muito conhecido na terapia do câncer, definido como *"tamoxifen flare"* [aumento em resposta ao tamoxifeno, em tradução livre].

Em outras palavras, em doses baixas um produto químico pode causar efeitos que não acontecem em doses mais altas do mesmo produto, ou vice-versa. É por isso que todo o enfoque com relação aos testes regulatórios precisa ser reformulado de modo a proteger a saúde humana.

FARÓIS DE ESPERANÇA

Diante dos dificílimos desafios que os reguladores enfrentam em seu esforço para elaborar protocolos de testagem corretos e desenvolver produtos químicos que sejam "livres de desreguladores endócrinos" e "independentes de combustíveis fósseis", é surpreendente que tenha havido algum progresso. Mas passos significativos *já foram* dados no sentido de implementar regulamentos mais eficazes – no processo, limpando nosso ar e nossa água e salvando muitas espécies ameaçadas de extinção. Por exemplo, como você viu no capítulo 9, o estudo de 2018 sobre a diminuição do número de pássaros em terras agrícolas também incluiu alguns momentos de otimismo. Devido aos esforços de conservação, as populações de aves de áreas pantanosas, como patos e gansos, estão aumentando. É um alento saber que a população de aves de rapina, como a águia-de-cabeça-branca (ou águia-americana), que antes da proibição do DDT beirava a extinção, também está crescendo, graças às medidas de proteção de espécies ameaçadas e outras leis federais. Antes, a ação do DDT deixava as cascas dos ovos das águias tão frágeis que, ao tentar chocá-los, elas os esmagavam.

Em 1963, restavam apenas 417 casais reprodutores de águias-de-cabeça-branca. Após a proibição do uso de DDT em 1972, essa espécie fez um retorno espetacular, e atualmente há 10 mil pares reprodutores em 48 estados. Essa é uma grande vitória reprodutiva. Outras espécies também podem ser ajudadas por meio da adoção de práticas agrícolas sustentáveis que minimizem o uso de pesticidas e ofereçam aos agricultores incentivos para reservar em suas terras um espaço para a vida selvagem.

Outras espécies foram preservadas pela proibição do DDT em 1972, pela Lei de Espécies Ameaçadas (ESA, na sigla em inglês), de 1973, ou sua antecessora, a Lei de Preservação de Espécies, de 1966. O grou-americano (ou grou-branco-da-América) foi outro caso de sucesso, pelo menos parcial, em decorrência da ESA. Como a indústria da chapelaria valorizava a plumagem do grou como adorno para decorar chapéus femininos, essas aves foram caçadas até quase a extinção, e em 1941 restavam apenas dezesseis espécimes nos Estados Unidos. Depois da aprovação da ESA, os grous sobreviventes foram recolhidos para viver e se reproduzir em cativeiro. Atualmente, algumas centenas deles estão de volta à natureza, em várias populações reprodutoras e migratórias diferentes.

Apesar dos avanços significativos, ainda temos um longo caminho a percorrer, e é fundamental que esses esforços de proteção das espécies continuem e que novos sejam introduzidos. Em 2019, o Fundo Mundial para a Natureza (WWF, na sigla em inglês) listou 41 espécies ameaçadas (dezoito das quais estão gravemente ameaçadas), dezenove espécies vulneráveis e nove quase ameaçadas. Há mais trabalho a ser feito.

MELHOR REGULAMENTAÇÃO QUÍMICA

Quase todo dia ouvimos notícias animadoras sobre iniciativas que efetivamente diminuem os poluentes ambientais nos Estados Unidos e no exterior. Em 1º de julho de 2020, a Dinamarca se tornou o primeiro país a proibir substâncias perfluoroalquil (PFASs) em embalagens de alimentos. Os PFASs são usados para repelir gordura e água nas embalagens de alimentos gordurosos e úmidos, como hambúrgueres e bolos. É uma excelente notícia, porque os PFASs estão entre os "produtos químicos eternos" (assim chamados porque não se degradam no meio ambiente). Outro exemplo de legislação protetiva: recentemente o Havaí aprovou uma lei que proíbe, a partir de 2021, as substâncias químicas oxibenzona e octinoxato em produtos para a pele, porque são prejudiciais para os recifes de coral, essenciais para a vida marinha e humana. Graças a leis como essas, tem havido avanços. Mas, repito, há mais trabalho a ser feito.

Poucas pessoas conhecem a Comissão de Segurança de Produtos aos Consumidores (CPSC, na sigla em inglês), agência federal criada pelo Congresso dos Estados Unidos em 1972 para "proteger o público contra riscos excessivos de ferimentos, prejuízos à saúde e mortes associadas a produtos de consumo". A CPSC tem jurisdição sobre milhares de tipos de produtos de consumo, e a comissão vem investigando vários riscos associados a ftalatos nesses produtos. Como parte das investigações, a comissão formou um Painel Consultivo sobre Perigos Crônicos (CHAP, na sigla em inglês), que examinou os efeitos de ftalatos em brinquedos e itens de cuidados infantis, e recrutou a participação de pesquisadores cujos estudos analisavam os riscos à saúde causados por essas substâncias. Em 2015, apresentei à comissão os resultados de nossos estudos; dois anos depois, a CPSC concluiu que oito ftalatos causam efeitos nocivos ao desenvolvimento reprodutivo masculino e proibiu a fabricação de brinquedos infantis e produtos de cuidados infantis que contivessem mais que uma quantidade mínima desses ftalatos (0,1%). Já estava em vigor uma proibição de curto prazo acerca da presença de três ftalatos em brinquedos e produtos de cuidados infantis, graças à Lei de Melhoria da Segurança dos Produtos ao Consumidor, de 2008; a decisão de 2017 ampliou essa proibição e a tornou permanente. E ainda assim... novos ftalatos, alteradores hormonais, permanecem no mercado.

Em todo o mundo, diferentes países estão intensificando seus esforços para limitar danos ambientais e reduzir a exposição dos humanos a desreguladores endócrinos. A Costa Rica, que está entre os cinco principais países em termos de iniciativas com relação a explorar alternativas para o uso de recursos renováveis, assumiu o compromisso de, até 2021, erradicar os plásticos de uso único (descartáveis) e extrair toda a sua energia de fontes de combustíveis não fósseis. O Paquistão aboliu as sacolas plásticas descartáveis. E a Austrália encontrou uma maneira de diminuir a entrada de plástico e outros tipos de lixo nos oceanos: recentemente a cidade de Kwinana instalou um sistema de filtragem que consiste em redes posicionadas na saída dos tubos de drenagem que capturam pequenos e grandes detritos e protegem o meio ambiente da contaminação por lixo e plástico; assim que a rede fica cheia, é recolhida e esvaziada em caminhões especiais. A menor presença de plástico no meio ambiente reduzirá automaticamente a presença de alguns DEs que podem pôr em risco a saúde reprodutiva de todas as criaturas vivas.

Algumas empresas e lojas também estão ajudando a reduzir a exposição dos consumidores a produtos químicos nocivos. Um exemplo é a Wegmans, uma rede de supermercados onde eu adorava fazer compras quando morei em Rochester, estado de Nova York, de 2005 a 2010. Quando o pessoal da administração da Wegmans leu no jornal local sobre o trabalho que eu fazia com ftalatos na Universidade de Rochester, pediu que eu conversasse com seus clientes sobre produtos contendo ftalatos; depois que me reuni com eles, a loja passou a identificar em suas gôndolas e prateleiras os produtos sem ftalatos, para que os consumidores pudessem encontrá-los facilmente.

É interessante notar que a Walmart, a maior empresa de varejo do mundo, desenvolveu listas de produtos químicos que deseja eliminar gradualmente dos produtos que comercializa, listas que são compartilhadas com seus fornecedores. Sem que muita gente saiba, a Walmart apoia um grande programa de sustentabilidade com foco em três áreas: sobras de alimentos/lixo orgânico, desmatamento e redução de resíduos de plástico. Recentemente, a Home Depot, a maior rede varejista de material de construção e artigos para casa e decoração do mundo, anunciou que não venderá mais carpetes e tapetes tratados com perfluoroalquil e substâncias polifluoroalquílicas no Canadá, nos Estados Unidos e on-line.

Um número cada vez maior de fabricantes "amigos do meio ambiente" (ou seja, ecologicamente corretos) vem dando sua contribuição ao esforço mundial para reduzir a presença de DEs e outras toxinas em nossa vida, às vezes sob a égide da "responsabilidade social corporativa" (RSC). Uma das primeiras e mais eficazes partidárias da RSC é a Patagônia, empresa de moda esportiva que desde 1973 se especializou em roupas e equipamentos para a prática de esportes ao ar livre e ainda é propriedade de seus fundadores, o famoso alpinista Yvon Chouinard e sua esposa, Malinda. Durante a maior parte de sua existência, a Patagônia tem sido pioneira nos esforços para nortear a indústria de roupas em uma direção mais sustentável. Em 2010, ela ajudou a fundar a Coalizão do Setor de Vestuário Para a Produção Sustentável, aliança global de empresas da indústria têxtil, de vestuário e calçados cujos integrantes estão trabalhando para tomar decisões mais sustentáveis na hora de adquirir matérias-primas de fornecedores e desenvolver produtos.

O xis da questão: tornou-se cada vez mais evidente que existe valor econômico e ambiental no investimento em sustentabilidade. Todo ano, no Fórum Econômico Mundial em Davos, Suíça, as empresas mais sustentáveis do mundo (a Global 100) são escolhidas a partir de uma lista de cerca de 7.500 companhias, todas gerando mais de 1 bilhão de dólares em receitas anuais. Esse ranking as classifica quanto a seu desempenho na redução da produção de carbono e resíduos, sua diversidade de gêneros nos altos escalões administrativos, receitas derivadas de produtos limpos e sustentabilidade geral. Um número crescente de empresas globais está reconhecendo que incorporar a sustentabilidade aos valores corporativos é um bom negócio. Agora há a necessidade de um reconhecimento mais amplo de que "sustentabilidade" deve incluir o desenvolvimento de produtos que sejam *não tóxicos, não hormonalmente ativos e não bioacumulativos* (ou seja, não se acumulam nos tecidos de um organismo vivo). É nosso papel, como consumidores, usar nossos hábitos de consumo para apoiar o desenvolvimento de produtos sustentáveis e os investimentos das empresas em sustentabilidade.

É verdade que fomos nós, seres humanos, que criamos esses produtos químicos tóxicos e os liberamos no mundo. Nós temos também o poder de mitigá-los ou inverter completamente sua ação. Embora já tenhamos começado a fazer progresso nessa área, precisamos de mais iniciativas como essas a respeito das quais você acabou de ler, e precisamos que sejam postas em prática mais rapidamente. Cabe aos governos a responsabilidade de exigir que esses produtos químicos sejam submetidos a testes pré-comercialização e monitorar as empresas para que ajam de acordo com regras (no momento, recai sobre nós, como consumidores, o ônus de tomar as medidas certas para nos protegermos, mas não deveria ser assim). Precisamos que no mundo inteiro as pessoas votem em líderes políticos que priorizem o banimento de produtos químicos nocivos e de práticas industriais que envenenam o planeta.

O status quo persistiu por muito tempo – e está pondo em perigo a saúde reprodutiva e a sobrevivência de seres humanos e outras espécies. Já passou da hora de corrigirmos o rumo, e isso é mais importante do que nunca. Vejo isso como um imperativo científico e moral, porque, caso contrário, nós e outras espécies poderemos acabar marchando em direção à extinção ou à obsolescência.

CONCLUSÃO

Como observou o escritor de ficção científica Isaac Asimov, "o aspecto mais triste da vida neste preciso momento é que a ciência reúne conhecimento mais rápido do que a sociedade reúne sabedoria." Decerto ele não estava falando sobre desreguladores endócrinos, hábitos de vida ou saúde reprodutiva – mas sem dúvida a citação é relevante para essas questões. Como você viu, inúmeras forças nocivas estão contribuindo para o acentuado declínio na contagem e concentração de espermatozoides nos países ocidentais e para o alarmante aumento dos problemas de saúde reprodutiva em homens e mulheres. Muitas dessas tendências ocorrem aproximadamente na mesma velocidade – 1% ao ano –, o que está longe de ser coincidência.

Não estamos sozinhos; essas influências vêm envenenando também outras espécies e os ecossistemas que com elas compartilhamos. Como espécie, estamos fracassando no que diz respeito a nos propagar e nos repovoar, e estamos prejudicando a capacidade de outras espécies de fazê-lo. Cada vez mais admitimos como verdadeiras essas realidades (o "conhecimento" a que Asimov aludiu), mas não reunimos a sabedoria necessária para pôr em prática mudanças que recolocariam nosso futuro numa rota mais saudável.

Pense neste livro como um chamamento, um grito de guerra para despertar e fomentar a conscientização acerca dessas questões. Minha esperança é que agora você se sinta inspirado a perceber os potenciais perigos de um estilo de vida nocivo e as influências ambientais danosas em nosso mundo moderno, e comece a agir de todas as maneiras possíveis para reverter, reduzir ou neutralizar esses efeitos prejudiciais. Não podemos mais nos dar ao luxo de nos comportarmos como se estivesse tudo bem, "tudo normal, o mesmo de sempre". O sinal de alerta já foi dado, em alto e bom som; agora, cabe a nós atender ao chamado e tomar medidas para proteger nossos legados.

Precisamos melhorar nossos hábitos de saúde e nos tornar mais conscientes sobre os produtos que decidimos usar ou levar para dentro de casa ou de nosso local de trabalho. Por vezes, problemas com a contagem e a qualidade dos espermatozoides podem ser revertidos quando os homens aprimoram seus hábitos de estilo de vida ou reduzem sua exposição a influências ambientais tóxicas, como você viu. Embora as mulheres não tenham a mesma oportunidade de apertar o botão de "reiniciar" em sua saúde reprodutiva, às vezes podem melhorar a regularidade de seus ciclos menstruais e padrões ovulatórios e aumentar sua fertilidade adotando, sobretudo, o hábito da alimentação saudável e a prática de exercícios físicos. E, claro, elas podem desempenhar um papel tremendamente importante na proteção de seus bebês no útero, o que pode ter efeitos positivos para as gerações posteriores.

Devemos também nos concentrar em reparar o estrago que fizemos em vários ecossistemas. Espécies são interdependentes; portanto, reverter os danos a um habitat pode ter um efeito em cascata positivo de uma espécie para outra. Um bom exemplo disso: no outono de 2019, publicou-se um relatório sobre o projeto de "jardineiros de coral", equipes de biólogos trabalhando em conjunto com comunidades de pescadores, que lentamente estavam restaurando "florestas tropicais submarinas" da Jamaica e a deslumbrante diversidade de vida que elas abrigam. Como noticiou o jornal *The Washington Post*, "em decorrência de vários desastres naturais e causados pelo homem nas décadas de 1980 e 1990, a Jamaica perdeu 85% de seus recifes outrora abundantes. Enquanto isso, a pesca diminuiu para um sexto do que era na década de 1950, empurrando para mais perto da pobreza famílias que dependem de alimentos do mar." Agora as várias espécies de coral e de peixes tropicais estão reaparecendo gradualmente, graças aos esforços consciensiosos dos humanos. Como afirmou Stuart Sandin, biólogo marinho do Instituto Scripps de Oceanografia, de La Jolla, Califórnia, "quando você dá uma chance à natureza, ela pode restaurar a si mesma."

Pessoalmente, acredito que o mesmo se aplica aos seres humanos.

É um erro subestimar o poder da engenhosidade humana. Nós, humanos, somos criaturas extraordinariamente resilientes e criativas quando nos dedicamos com afinco aos objetivos certos. No passado, já obtivemos reviravoltas incríveis – a erradicação da varíola e da poliomielite nos Estados Unidos, a melhoria da qualidade do ar em todo o país desde a aprovação da Lei do Ar Limpo, em 1970, e a bem-sucedida limpeza e restauração ambiental das áreas mais poluídas da região dos Grandes Lagos desde a década de 1980. Entre 1976 e 1991, os níveis de chumbo no sangue humano caíram 78%, principalmente porque 99,8% do chumbo foi removido da gasolina; além disso, a indústria de alimentos deixou de utilizar a solda convencional, à base de chumbo, para "costurar" latas. Acredito que podemos alcançar mudanças igualmente extraordinárias no que diz respeito aos efeitos de DEs na saúde reprodutiva.

Para dar os próximos passos necessários nos Estados Unidos e no mundo, precisamos compartilhar informações sobre os perigos dos produtos químicos de desregulação endócrina e sobre por que é importante tirá-los do nosso meio ambiente. Surpreendentemente, quando pergunto, até mesmo em congressos científicos, quantas pessoas sabem a respeito da desregulação endócrina, o número de mãos que se levantam ainda é desanimadoramente pequeno. Essa informação pode e deve fazer parte dos programas de ciências das escolas de ensino fundamental e médio, bem como dos currículos das faculdades de medicina. Esse tipo de disseminação de conhecimento tornará mais provável que, em algum momento no futuro, médicos forneçam rotineiramente a seus pacientes recomendações atualizadas sobre produtos e práticas considerados arriscados e maneiras de avaliar a segurança do meio ambiente.

Precisamos despertar e fomentar a consciência acerca da importância da saúde reprodutiva – para nosso próprio bem, para a saúde de nossa prole e a saúde do planeta. Infelizmente, a saúde reprodutiva é o patinho feio da pesquisa médica. O Instituto Nacional de Saúde (NIH, na sigla em inglês) tem 27 centros de pesquisa que financiam estudos sobre uma ampla gama de doenças – câncer, diabetes, alergias e moléstias infecciosas, doenças dentárias e craniofaciais e até envelhecimento –, mas não sobre reprodução. O mais próximo que o NIH chega disso é com o Instituto Nacional de Saúde Infantil e Desenvolvimento

Humano, que apoia pesquisas relativas a anomalias congênitas e mortalidade materna, mas não sobre o declínio na contagem e na concentração de espermatozoides.

Apesar dessas lacunas na pesquisa, no conhecimento e na ação, realmente acredito que é possível reparar os erros e dar um jeito no que ameaça e põe em perigo a vida humana, e minha justificativa é a seguinte: demos passos importantes e fizemos grandes avanços na compreensão de como a exposição a produtos da vida diária pode danificar nosso sistema hormonal. Agora entendemos a requintada sensibilidade do feto, algo com que ninguém nunca havia nem sequer sonhado quando se acreditava que ele era protegido pela placenta e pelo útero. Sabemos que todos nós, incluindo recém-nascidos, estamos continuamente expostos a mais de cem produtos químicos, capazes de alterar profundamente a biologia básica. E sabemos que as arcaicas crenças subjacentes a uma grande parte da regulamentação química não nos protegem. Ceticismo científico à parte, continuo cautelosamente otimista com relação ao nosso futuro coletivo. Tenho que continuar.

Passei a maior parte da minha vida profissional tentando descobrir de que maneira nosso meio ambiente pode interferir em funções básicas como conceber e dar à luz uma criança saudável – e como podemos nos proteger. Infelizmente, no passado, depois de escrever e falar com outros cientistas sobre os resultados das minhas pesquisas, eu sentia que as pessoas que poderiam fazer a diferença ainda não estavam dando ouvidos à minha mensagem. Verdade seja dita, o (inesperado) tsunami de interesse quando, em 2017, meus colegas e eu apresentamos nossa metanálise sobre o declínio de espermatozoides foi encorajador. Pareceu-me que, enfim, cientistas, jornalistas e o público geral estavam levando essa ameaça a sério. Mas até mesmo um grande número de acessos e citações pode ser rapidamente esquecido, à medida que a atenção se desloca para a próxima descoberta científica empolgante.

A boa notícia é que *finalmente* estamos obtendo algumas das respostas de que precisamos para proteger a saúde reprodutiva dos humanos, bem como a de outras espécies. É por isso que escrevi este livro. Está claro que produtos químicos de "primeira geração", fabricados após a Segunda Guerra Mundial, não fizeram bem à nossa espécie nem foram bons para a saúde do planeta. O mundo precisa com urgência de uma nova geração de substâncias químicas que possam ser usadas em produtos cotidianos sem ameaçar *nossa* saúde ou a das gerações futuras, de outras espécies e do meio ambiente em geral. O momento em que estamos é um divisor de águas, um ponto em que temos dados e motivação suficientes para efetivar ao menos algumas mudanças necessárias para impedir que o "efeito do 1%" continue – pelo menos, não na mesma velocidade.

Mas ainda há um bocado de perguntas sem resposta. Quando apresento os dados referentes ao declínio de espermatozoides, muitas vezes me perguntam: por quanto tempo isso pode durar? As coisas estão melhorando ou piorando? A contagem de espermatozoides pode se recuperar?

Como cientista e estatística, não posso especular, mas posso olhar para o passado em busca de padrões. Serei honesta: no momento, não vejo sinais de estabilização da queda na contagem espermática. Mas acredito que uma contagem diminuída pode ser restaurada a níveis normais. Afinal, homens cujos espermatozoides foram totalmente aniquilados pelo dibromocloropropano (DBCP) tiveram filhos depois que pararam de trabalhar com o pesticida. Essa é uma evidência encorajadora. Eliminando nossa exposição a outros produtos químicos, desconfio que é possível alcançar recuperações reprodutivas semelhantes.

Ainda assim, a meu ver a questão fundamental é: como podemos limitar as exposições perigosas ou impedir que as exposições de gerações anteriores sejam passadas para os fetos em desenvolvimento nas gerações futuras? O que as pessoas podem fazer acerca de suas próprias exposições é a parte relativamente fácil. Mas a maneira como seria possível limitar os efeitos intergeracionais é a matéria-prima da ciência futura. Minha esperança é que, mais cedo ou mais tarde, descobriremos isso também, de modo que possamos proteger para as gerações vindouras o futuro da espécie humana, do planeta e de nosso legado.

AGRADECIMENTOS

Às vezes, é impossível prever o que a vida vai nos trazer e pôr no nosso caminho – *Contagem Regressiva* é um exemplo disso, de uma forma maravilhosamente surpreendente. Em 2017, logo depois que a publicação de um estudo de metanálise do qual fui coautora e demonstrava um abrupto declínio na contagem de espermatozoides desencadeou ondas de choque no mundo inteiro, recebi o telefonema da agente literária Jane von Mehren, perguntando-me se eu gostaria de escrever um livro sobre a impactante queda na contagem de espermatozoides e as implicações para os seres humanos e o mundo como um todo. Dezenas de jornalistas de inúmeros países me entrevistaram sobre o estudo; uma delas foi Stacey Colino, do site vice.com e muito respeitada por outras pessoas do meu círculo profissional. Quando Jane e eu falamos com Stacey sobre escrever um livro em colaboração, tive sorte porque ela topou! Formamos uma equipe incrível; Stacey manteve meu foco e clareza de visão, sempre com gentileza e profissionalismo, e me ajudou a expandir o escopo do conteúdo do livro. Não consigo imaginar um colaborador melhor.

Quando a editora Scribner adquiriu os direitos de *Contagem Regressiva*, tive sorte novamente! Obrigada a Nan Graham, que viu potencial no livro e o apoiou com entusiasmo; a Daniel Loedel, que forneceu inestimáveis dicas e sugestões editoriais durante a primeira metade do processo de escrita, e a Rick Horgan, que com delicadeza e competência guiou o projeto até a sua bem-sucedida conclusão, com a assistência de Beckett Rueda, que foi extremamente solícito. As perguntas deles me ajudaram a ir além do que eu teria dito a minhas habituais plateias acadêmicas; o interesse e o apoio deles me incentivaram. Também sou grata a Jane von Mehren, que segurou minha mão e me deu conselhos sábios ao longo de todo o processo. E muita obrigada a Grace Martinez, a maravilhosa designer gráfica que tanto contribuiu para *Contagem Regressiva* visualmente. De muitas maneiras, este livro, assim como a ciência por trás dele, foi um esforço colaborativo, e ficou mais rico e mais interessante porque foi influenciado por cada um dos envolvidos.

Por me propiciarem respaldo e conselhos importantes durante o desenvolvimento do livro, agradeço à Science Communication Network, especialmente a Pete Myers, Amy Kostant e Terry Collins. Vocês sempre me deram apoio, tanto que nem sei como posso agradecer. Muito obrigada aos meus colaboradores do estudo de 2017, Hagai Levine, Anderson Martino-Andrade, Rachel Pinotti, Niels Jørgensen, Jaime Mendiola, Dan Weksler-Derri e Irina Mindlis. Sou extremamente grata a Jeremy Grantham, Jamie Lee e Ramsay Ravenel na Grantham Foundation por seu interesse pelo tema do declínio da contagem de espermatozoides e pelo incentivo ao meu trabalho e ao livro. Obrigada a Rimjhim Dey, Andrew DeSio e outros na Dey cujo trabalho foi fundamental para aumentar o impacto de *Contagem Regressiva* e sua mensagem. Também sou imensamente grata aos cientistas e especialistas a cujas pesquisas recorremos ou que forneceram informações importantes que incorporamos ao livro: Jane Muncke, Elena Rahona, Michael Eisenberg, Darrell Bricker, Ritch Savin-Williams, Michelle Ottey, Jack Drescher, Alice Domar, Marcia C. Inhorn, Sharon Covington, David Møbjerg Kristensen, Pat Hunt, Thea Edwards, Brandon Moore, Alison Carlson, Cynthia Daniels, Sheri Berenbaum, Dan Perrin e Rick Smith. Obrigada às muitas pessoas que generosamente compartilharam suas histórias e reflexões sobre questões de infertilidade, aborto espontâneo, identidade de gênero e anomalias genitais.

Aos muitos pesquisadores cujos anos de dedicação e comprometimento produziram boa parte da ciência presente em *Contagem Regressiva*, estendo meus agradecimentos e gratidão – sem vocês, este livro não teria acontecido. A meus colegas Lou Guillette, Fred vom Saal e Ana Soto, os "choramingões dos desreguladores endócrinos", como o site Junk Science nos apelidou em 1995: estar na linha de frente com vocês e outros "combatentes dos DEs" John MacLachlan, Howard Bern e Theo Colborn foi algo inspirador e transformador; foi o que me trouxe a essa difícil, emocionante e terrivelmente importante área de pesquisa. Trabalhar com Niels Erik Skakkebaek e membros de seu departamento na Universidade de Copenhague foi revelador. As perspicazes ideias de Niels Erik sobre o declínio da função reprodutiva masculina e suas origens fetais mudaram o campo de estudo e meu caminho de pesquisa pessoal.

A John Brock, o primeiro a sugerir que eu estudasse os ftalatos, e a Antonia Calafat nos CDCs: vocês e outros brilhantes químicos ambientais geraram os dados que tornaram possível entender a extensão até que ponto o feto é exposto a produtos químicos ambientais. Sem vocês, ainda estaríamos olhando para o ambiente fetal como uma "caixa preta". Meus agradecimentos também se estendem a toxicologistas ambientais, entre os quais Jerry Heindel, Earl Gray, Paul Foster e David Kristensen, que nos mostraram os estragos que esses produtos químicos ambientais podem causar nos sistemas hormonais dos mamíferos e como fazem isso. Sem vocês, nós, epidemiologistas, estaríamos limitados a relatar observações, sem qualquer discernimento sobre os mecanismos ou plausibilidade biológica.

Aos pesquisadores que atuaram como diretores de centro de meus estudos de coorte (TIDES e SFF) – Bruce Redmon, Amy Sparks, Christina Wang, Erma Drobnis, Sheela Sathyanarayana, Emily Barrett, Nicole Bush e Ruby Nguyen – e aos milhares de famílias que participaram desses estudos, recebendo pouca remuneração, muito obrigada por aguentarem firmes conosco e os tornarem possíveis. A Ruthann Rudel (Silent Spring Institute), Ninja Reineke (CHEM Trust), Ken Cook (EWG) e outros, cujo trabalho proporciona um inestimável vínculo entre ciência e ação, agradeço por tudo que vocês fazem.

E, finalmente, obrigada a meu marido paciente e sofredor, Steven, sempre disponível para me ouvir e me ajudar, que tolerou meus altos níveis de ansiedade e, vez por outra, até mesmo de pânico, enquanto eu trabalhava neste livro. Tem sido uma jornada muito emocionante para mim e aprendi muito com ela! Obrigada a todos que ajudaram a fazer *Contagem Regressiva* acontecer.

Para saber mais

Because Health: site sem fins lucrativos sobre saúde ambiental que oferece dicas e orientações com base científica para a compra de panelas e utensílios de cozinha mais seguros, alimentos não contaminados e produtos de higiene e cuidados pessoais não tóxicos – para ajudar as pessoas a viver com mais saúde (<www.becausehealth.org/>, em inglês).

Breast Cancer Prevention Partners: organização que fornece informações para reduzir as exposições tóxicas – em embalagens de alimentos, cosméticos e outros produtos de uso diário –, a fim de proteger a saúde das mamas e a saúde reprodutiva das pessoas (<www.bcpp.org/>, em inglês).

CHEM Trust: site que oferece excelentes fichas técnicas sobre produtos químicos perigosos e seus impactos na saúde, bem como notícias sobre a legislação que regulamenta produtos químicos na Europa (como o REACH). (<chemtrust.org/>, em inglês).

Environmental Defense Fund, EDF: destacada organização sem fins lucrativos que promove pesquisas relacionadas à preservação da saúde do meio ambiente e suas populações, incluindo humanos (<www.edf.org/>, em inglês).

Environmental Health News: publicação da Environmental Health Sciences, organização sem fins lucrativos dedicada a questões de saúde ambiental, entre as quais mudanças climáticas, a crise da poluição do plástico e produtos químicos nocivos como o BPA (<www.ehn.org/>, em inglês).

Environment Working Group, EWG: organização sem fins lucrativos dedicada a proteger a saúde humana e o meio ambiente. O grupo oferece excelentes "guias do consumidor" com recomendações baseadas na ciência para a escolha de produtos de consumo saudáveis (de cosméticos a itens de limpeza) e compra de alimentos não contaminados (incluindo hortifrútis) (<https://www.ewg.org/>, em inglês).

A organização disponibiliza também um "Aplicativo de vida saudável" (<www.ewg.org/apps/>, em inglês) com classificações de mais de 120 mil alimentos e artigos de higiene e cuidados pessoais, para ajudar os consumidores a fazer as escolhas mais saudáveis.

Made Safe: programa que certifica marcas seguras de cosméticos, produtos domésticos, itens de vestuário, roupa de cama e outros produtos, após rigorosas triagem e avaliação de

238 Contagem regressiva

ingredientes e materiais. Confira o novo Guia de Gravidez Saudável (<www.madesafe. org/>, em inglês).

Conselho de Defesa dos Recursos Naturais (NRDC): organização que trabalha para proteger a Terra – o ar, a água, pessoas, plantas e animais – contra a poluição, produtos químicos e outros efeitos tóxicos (<www.nrdc.org/>, em inglês).

Programa de Saúde Reprodutiva e Meio Ambiente: sob os auspícios da Universidade da Califórnia, campus de São Francisco, esse programa oferece recursos valiosos que podem ajudar a minimizar a exposição das pessoas a toxinas reprodutivas na vida cotidiana (<prhe.ucsf.edu/>, em inglês).

Safer Chemicals, Healthy Families: coalizão de organizações e empresas que trabalham para proteger as famílias contra a ação de produtos químicos tóxicos em nossas casas, locais de trabalho, escolas e nos produtos que utilizamos (<saferchemicals.org/>, em inglês).

Safer Made: organização que investe em empresas e tecnologias que eliminam o uso de substâncias químicas perigosas em produtos de consumo e cadeias de suprimentos. Seus boletins informativos destacam os avanços na eliminação gradual de certos produtos químicos e em outras questões ambientais (<www.safermade.net/>, em inglês).

Silent Spring Institute: organização de pesquisa científica dedicada a descobrir as ligações entre produtos químicos ambientais e a saúde humana (<silentspring.org/>, em inglês). Na frente preventiva, a organização desenvolveu o Detox Me (<silentspring.org/project/detox-me-mobile-app>, em inglês), aplicativo móvel gratuito para ajudar os consumidores a reduzir sua exposição a produtos químicos tóxicos em seu ambiente diário.

Toxic Free Future: organização que realiza pesquisas originais sobre a complexa ciência subjacente a diferentes aspectos da saúde ambiental e defende o uso de produtos, substâncias químicas e práticas mais seguros para garantir um futuro mais saudável (<toxicfreefuture. org/>, em inglês).

Se você quiser ler mais sobre as exposições ambientais nocivas discutidas em *Contagem Regressiva*, recomendo:

Primavera silenciosa (1962), de Rachel Carson, investiga os danos causados por pesticidas sintéticos, especialmente DDT, não apenas em insetos, mas também em populações de pássaros e peixes e até crianças. Livro revolucionário que deu o pontapé inicial no movimento ambientalista e levou à proibição do DDT.

O futuro roubado: Estaremos ameaçando a nossa fertilidade, nossa inteligência e nossa sobrevivência? – uma história científica de mistério... (1996), de Theo Colborn, Dianne Dumanoski e John Peterson Myers. Também é um clássico na área. Em última análise, influenciou políticas governamentais e ajudou a fomentar o desenvolvimento de uma agenda regulatória e de pesquisa no âmbito da Agência de Proteção Ambiental dos Estados Unidos (EPA).

Slow Death by Rubber Duck: How the Toxic Chemistry of Everyday Life Affects Our Health [*Morte Lenta Causada pelo Patinho de Borracha: Como a Química Tóxica da Vida Cotidiana Afeta Nossa Saúde*, em tradução livre] (2009), de Rick Smith e Bruce Lourie, oferece um enfoque prático, realista e quase sempre com um olhar divertido sobre como a vida cotidiana cria uma sopa química dentro de cada um de nós – e o que podemos fazer para minimizar nossas exposições.

Better Safe Than Sorry: How Consumers Navigate Exposure to Everyday Toxics [*Melhor Prevenir do que Remediar: Como os Consumidores Lidam com as Exposições aos Tóxicos do Dia a Dia*, em tradução livre] (2018), de Norah MacKendrick, fornece ideias perspicazes sobre as exposições a produtos químicos que enfrentamos diariamente, as políticas e regulamentações em torno delas e como os consumidores podem tentar evitá-las.

The Obesogen Effect: Why We Eat Less and Exercise More But Still Struggle to Lose Weight [*O Efeito Obesogênico: Por Que Comemos Menos e Fazemos Mais Exercícios, Mas Ainda Assim Pelejamos para Perder Peso*, em tradução livre] (2018), de Bruce Blumberg, fala sobre obesogênicos, produtos químicos que desarranjam nosso sistema hormonal e alteram a forma como criamos e armazenamos gordura corporal. O livro analisa como esses produtos químicos funcionam, onde são encontrados e as medidas práticas que podemos tomar para reduzir nossa exposição a eles.

Glossário de siglas e termos técnicos

2,3,7,8-tetraclorodibenzo-p-dioxina (TCDD) (ou tetracloro dioxina): a forma mais tóxica da dioxina química. O TCDD se acumula na gordura, na placenta e no leite materno. A exposição a ele está associada à baixa contagem de espermatozoides e à endometriose.

aborto espontâneo: refere-se à perda involuntária da gravidez a qualquer momento entre a concepção e a vigésima semana de gestação.

ácido desoxirribonucleico (DNA): molécula grande (também conhecida como macromolécula) encontrada nos cromossomos de quase todos os organismos. O DNA contém as instruções de que um organismo precisa para se desenvolver, viver e se reproduzir.

andrógenos ou androgênios: hormônios essenciais para o crescimento e a reprodução em homens e mulheres. No homem, a testosterona (o principal andrógeno) é produzida nos testículos; na mulher (em níveis muito mais baixos), pelos ovários. (Uma substância química que é androgênica reduz ou neutraliza os efeitos dos hormônios sexuais masculinos, geralmente a testosterona.)

azoospermia: distúrbio em que a ejaculação é completamente desprovida de espermatozoides – tipo nenhum, nada, zero nadadores.

bancos criogênicos: serviços de armazenamento de células (óvulos e espermatozoides, por exemplo), tecidos e órgãos em baixas temperaturas ou temperaturas de congelamento, de modo a guardá-los para uso futuro. Esse processo também é chamado de criopreservação.

bifenilos policlorados (PCBs): embora não mais produzidos nos Estados Unidos, ainda estão no meio ambiente e podem causar problemas de saúde. Entre os produtos fabricados antes de 1977 que podem conter PCBs estão luminárias fluorescentes e dispositivos elétricos com capacitores de PCBs e antigos microscópios e óleos hidráulicos. Esses compostos químicos também são contaminantes comuns em peixes.

bisfenol A (BPA): produto químico utilizado na fabricação de policarbonato, tipo de resina usada na produção da maioria dos plásticos para torná-los leves, transparentes e duros (pense nas garrafas de água). Também é encontrado no revestimento interno de latas que acondicionam alimentos, em recibos de caixa registradora e caixas de pizza. Mais importante: o BPA é um desregulador endócrino que imita o hormônio estrogênio.

Glossário de siglas e termos técnicos   241

canabidiol (CBD): um dos mais de cem canabinoides (compostos) na *cannabis* (maconha). É ligeiramente psicoativo, mas sozinho (sem tetra-hidrocanabinol, o THC) não é tóxico nem deixa o usuário chapado.

cisgênero (ou "cis"): termo que indica a pessoa que tem anatomia, sexo e biologia alinhados com o gênero com o qual se identifica.

compostos polibromados: éteres difenílicos polibromados (PBDEs) e bifenilos polibromados (PBBs) são substâncias químicas adicionadas a produtos manufaturados (como móveis, enchimentos de espuma, isolantes de arame, tapetes, cortinas e estofamentos) para reduzir os riscos de os produtos pegarem fogo. Podem estar no ar, na água e no solo e se acumular em certos peixes e mamíferos quando estes consomem alimentos ou água contaminados.

concentração de espermatozoides (concentração espermática): número de espermatozoides por mililitro de sêmen (a propósito, esse número reflete o número de nadadores em uma área quadrada quando vistos sob um microscópio – o número deve estar na casa dos milhões).

contagem de espermatozoides (também chamada de contagem total de espermatozoides – TSC, na sigla em inglês): número total de espermatozoides em uma amostra de sêmen que o homem produz. Para os amantes da matemática, a equação é a seguinte: contagem total de espermatozoides = concentração de espermatozoides × volume da amostra ejaculada.

cortisol: hormônio esteroide que ajuda o corpo a responder ao estresse – é um dos "hormônios do estresse". Liberado durante momentos e situações de grande tensão como parte da reação do organismo de "lutar ou fugir", que dá ao corpo um impulso de energia.

criptorquidia: anomalia congênita masculina em que os testículos não descem para a bolsa escrotal, geralmente comum e pouco grave. (Os testículos podem se mover para cima e para baixo no escroto, e a localização muda com frequência durante o primeiro ano de vida.)

desistência: termo que se refere ao fenômeno no qual a pessoa com disforia de gênero decide não fazer a transição de sua identidade de gênero. No campo da criminologia, descreve a cessação de atos ofensivos ou outros comportamentos antissociais.

desreguladores endócrinos (DEs) (ou produtos químicos de desregulação endócrina): produtos químicos, geralmente feitos pelo homem, que imitam e bloqueiam os hormônios do sistema endócrino do corpo ou neles interferem.

di-(2-etilhexil) ftalato (DEHP): tal qual o DBP, o DEHP é um desregulador endócrino e um dos mais potentes ftalatos antiandrogênicos. Também torna o plástico macio e flexível e é encontrado em alimentos, embalagens de alimentos e uma ampla variedade de produtos de uso doméstico.

dibromocloropropano (DBCP): usado no passado como fumigante e pesticida do solo, esse produto químico foi proibido nos Estados Unidos na década de 1970, quando se descobriu que causava azoospermia (ausência de espermatozoides) em trabalhadores expostos.

dibutil ftalato (DBP): produto químico comumente usado no policloreto de vinila (PVC) e encontrado em muitos produtos domésticos e de higiene e cuidados pessoais. É um desregulador endócrino e um dos mais potentes ftalatos antiandrogênicos (redutores de testosterona).

dicloro-difenil-tricloroetano (DDT): desenvolvido na década de 1940, foi o primeiro inseticida moderno utilizado no controle de doenças humanas transmitidas por insetos (por exemplo, a malária). Seu emprego generalizado levou à resistência ao inseticida e a efeitos nocivos à saúde humana e ao meio ambiente. As revelações feitas por Rachel Carson sobre esses riscos no livro *Primavera silenciosa* resultaram em severas restrições ao seu uso.

242 Contagem regressiva

diminuição da reserva ovariana (DRO) (ou reserva ovariana reduzida): distúrbio em que o número e a qualidade do óvulo da mulher são menores do que o esperado para sua idade biológica. Também chamado de envelhecimento ovariano prematuro (EOP) e insuficiência ovariana primária (IOP).

disforia de gênero: sentimento de que a identidade emocional e psicológica da pessoa como masculina ou feminina está em desconformidade e fora de sincronia com seu sexo biológico.

disforia de gênero de início rápido (DGIR): quando a criança, de súbito – ao que parece, do nada –, decide que se identifica fortemente com o sexo oposto.

disfunção erétil (DE): muitas vezes chamada de impotência, é a incapacidade de o homem conseguir obter e manter uma ereção do pênis firme o suficiente para possibilitar a relação sexual.

distância anogenital (DAG): distância do ânus à genitália externa; é um marcador da quantidade de andrógeno a que a criança foi exposta durante o início da gravidez. Geralmente é de 50% a 100% maior em homens do que em mulheres. Adolescentes e jovens costumam se referir a ela termos de gíria, como *cussaco, campinho, periferia do parque de diversões* e *zona neutra*.

distúrbios do desenvolvimento sexual (ou distúrbios de diferenciação sexual, DDS): anteriormente chamados de *intersexo*, incluem uma gama de distúrbios que levam ao desenvolvimento anormal dos órgãos sexuais e genitália ambígua – ou seja, genitais que não são claramente masculinos nem femininos.

doença inflamatória pélvica (DIP): enfermidade causada por uma infecção sexualmente transmissível que se espalha da vagina para o útero, tubas uterinas ou ovários. É uma causa frequente de infertilidade feminina.

endometriose: doença em que o tecido que reveste o interior do útero cresce fora desse órgão, em outras partes do corpo (como atrás do útero, nos ovários, no intestino ou até mesmo na bexiga). Pode levar à subfertilidade, bem como causar dor durante a menstruação e nas relações sexuais.

estrogênios: os estrogênios (estrona, estradiol e estriol) são hormônios produzidos principalmente pelos ovários. Embora seja considerado o "hormônio feminino", o estrogênio é produzido nos homens em níveis muito mais baixos pelas glândulas suprarrenais e testículos.

fertilização in vitro (FIV): qualquer procedimento médico no qual um óvulo é fertilizado por espermatozoides em um tubo de ensaio. (O fator-chave: a fertilização acontece fora do corpo da mulher, no laboratório de embriologia; in vitro significa "em vidro".)

gonadotrofina coriônica humana (hCG): hormônio importante nos estágios iniciais da gravidez, quando é produzido pelas células que circundam o embrião. Pode ser detectado já uma semana após a fertilização. Níveis baixos de hCG também são produzidos pela glândula pituitária em homens e em mulheres não grávidas.

hiperplasia adrenal congênita (HAC): grupo de doenças genéticas e disfunções metabólicas que levam a uma diminuição no hormônio cortisol e a um aumento nos hormônios sexuais masculinos (andrógenos) em ambos os sexos. Em meninas, pode levar à masculinização dos órgãos genitais e a brincadeiras mais masculinas.

hipospadia: rara anomalia congênita do trato urogenital externo masculino que consiste em uma alteração na formação do canal da uretra, caracterizada pela abertura do orifício uretral numa posição anormal (do lado inferior), e não na ponta da glande do pênis, onde seria o correto. (É parte da síndrome da disgenesia testicular.)

hormônio antimülleriano (AMH): hormônio produzido na mulher pelos folículos ovarianos. Na mulher madura, reflete a reserva ovariana e pode ser usado como um indicador da síndrome do ovário policístico (SOP). No início da gravidez, os testículos do feto masculino produzem AMH, que impede o desenvolvimento de estruturas que, de outra forma, se tornariam os ovários, o útero e a parte superior da vagina.

hormônio folículo-estimulante (FSH): hormônio responsável pelo crescimento de folículos ovarianos na mulher. No homem, desempenha um papel relevante na produção de espermatozoides.

índice de fragmentação do DNA espermático (DFI, na sigla em inglês): a porcentagem de espermatozoides que têm quebras (falhas ou danos) em seu DNA. Um alto DFI se traduz em um embrião ruim que pode não ser capaz de se implantar no útero, ou ainda o embrião pode sofrer aborto espontâneo.

infertilidade: condição de não ser capaz de engravidar após um ano de sexo desprotegido. (De maneira confusa, não é simplesmente o oposto de fertilidade, que é a capacidade de conceber e dar à luz.)

inibidores seletivos da recaptação de serotonina (ISRS): antidepressivos que aumentam os níveis de serotonina (o hormônio do "bem-estar") no cérebro.

inibina B: hormônio que, na mulher, é produzido pelos ovários. É detectável antes da ovulação e reflete o número de folículos restantes nessas glândulas (reserva ovariana). No homem, é produzido pelos testículos, e em nível mais alto em homens com fertilidade normal.

injeção intracitoplasmática de espermatozoides (ICSI): procedimento de fertilização in vitro em que um único espermatozoide é injetado diretamente no citoplasma de um óvulo.

inseminação intrauterina (IIU): procedimento de TRA em que um tubo fino é inserido através do colo do útero, para depositar diretamente os espermatozoides da amostra de sêmen recolhida.

morfologia do espermatozoide: o formato do espermatozoide, incluindo cabeça, cauda e peça intermediária.

motilidade espermática: refere-se ao movimento dos espermatozoides e sua capacidade de nadar. Se o espermatozoide não se contorcer vigorosamente nem se mover em linha reta, não conseguirá chegar ao alvo.

mudanças ou modificações epigenéticas: *epigenética* significa literalmente "acima da" genética. As mudanças ou modificações epigenéticas referem-se a mudanças externas no DNA que "ativam" ou "desativam" os genes. Essas mudanças não alteram a sequência de DNA em si, mas afetam a maneira como as células "leem" genes.

não conformidade de gênero: termo que significa que a expressão de gênero da pessoa não corresponde às tradicionais noções de masculinidade ou feminilidade.

natimorto: feto cuja morte ocorre após a vigésima semana de gravidez.

OMS: Organização Mundial da Saúde, que há quarenta anos tem estabelecido o padrão-ouro para métodos de análise de sêmen.

PFOA, PFOS e PFASs: o ácido perfluoro-octanoico (PFOA) e o perfluoro-octano sulfonato (PFOS) são compostos orgânicos fluorados que fazem parte de um grupo maior de compostos conhecidos como substâncias perfluoroalquil (PFASs). Resistentes à água e à gordura, essas substâncias químicas sintéticas são encontradas em panelas e utensílios antiaderentes, tapetes resistentes a manchas, roupas resistentes à água e espuma de combate a incêndio. Uma vez no meio ambiente, ali permanecem por tempo indefinido.

policloreto de vinila (PVC): o terceiro polímero sintético (plástico) mais produzido no mundo. Em sua forma rígida, o PVC é usado em tubos, garrafas, recipientes de armazenamento de alimentos e cartões bancários. Pode ser mais mole, maleável e flexível (e usado, por exemplo, em canos e embalagens plásticas) pela adição de plastificantes, dos quais os mais utilizados são os ftalatos.

244 Contagem regressiva

poluentes orgânicos persistentes (POPs): conhecidos como "produtos químicos eternos", esses compostos orgânicos permanecem intactos – não se degradam – por períodos excepcionalmente longos, alastram-se por todo o meio ambiente, acumulam-se no tecido adiposo de organismos vivos, incluindo os humanos, e são tóxicos para humanos e animais selvagens. (Essa categoria inclui o DDT e outros pesticidas, PCBs, PFASs e dioxinas.)

progesterona: conhecida principalmente como um hormônio feminino, é produzida nos ovários, onde desempenha um papel fundamental no ciclo menstrual e prepara o útero para receber um óvulo fertilizado. No homem, as glândulas suprarrenais e os testículos produzem progesterona, que é necessária para a produção de testosterona.

puberdade: período de mudanças físicas no qual o corpo da criança amadurece em um corpo adulto que é capaz de reprodução sexual.

síndrome da disgenesia testicular (SDT): refere-se à ocorrência de uma ou mais alterações do sistema reprodutivo masculino que aparece antes do nascimento, podendo resultar, por exemplo, em hipospadia, criptorquidia, sêmen de qualidade precária ou DAG curta; está associada a um risco aumentado de câncer testicular e infertilidade.

síndrome do ovário policístico (SOP): distúrbio hormonal bastante comum entre mulheres em idade reprodutiva. Pode causar irregularidade menstrual, menstruações infrequentes ou prolongadas, níveis excessivos de hormônio masculino (andrógeno) e hirsutismo (aumento da quantidade de pelos, em um padrão tipicamente masculino).

subfertilidade: quadro de saúde que resulta em demora na concepção. Enquanto a infertilidade é a incapacidade de conceber naturalmente após um ano de tentativas, casais subférteis podem conceber de maneira natural, mas leva mais tempo do que a média.

tecnologia de reprodução assistida (TRA): termo que se refere de maneira geral a todos os métodos de tecnologia médica usados para engravidar, entre os quais o uso de medicamentos para fertilidade, fertilização in vitro (FIV) e barriga de aluguel.

transgênero (ou "trans"): termo que se refere à pessoa cuja identidade de gênero – o sentimento de ser homem, mulher ou nenhuma das duas categorias – não corresponde à de seu sexo de nascimento.

transtorno do espectro autista (TEA): grupo de transtornos do desenvolvimento, entre os quais autismo e síndrome de Asperger, que podem causar significativas dificuldades de comunicação social e comportamentais.

varicocele: aumento das veias no escroto (como as veias varicosas); pode reduzir a fertilidade do homem.

BIBLIOGRAFIA SELECIONADA

PRÓLOGO [P. 09]

LEVINE, H.; JØRGENSEN, N.; MARTINO-ANDRADE, A.; MENDIOLA, J.; WEKSLER-DERRI, D.; MINDLIS, I.; PINOTTI, R.; SWAN, S. H. "Temporal trends in sperm count: A systematic review and meta-regression analysis". *Human Reproduction Update*, v. 23, n. 6, pp. 646-59, nov. 2017. Disponível em: <https://www.ncbi.nlm.nih.gov/pmc/articles/PMC6455044/>.

1. CHOQUE REPRODUTIVO: CAOS HORMONAL EM NOSSO MEIO [P. 17]

CARLSEN, E.; GIWERCMAN, A.; KEIDING, N.; SKAKKEBAEK, N. E. "Evidence for decreasing quality of semen during past 50 years". *BMJ*, v. 305, n. 6854, pp. 609-13, 12 set. 1992. Disponível em: <https://www.ncbi.nlm.nih.gov/pmc/articles/PMC1883354/>.

LEVINE, H.; JØRGENSEN, N.; MARTINO-ANDRADE, A.; MENDIOLA, J.; WEKSLER-DERRI, D.; MINDLIS, I.; PINOTTI, R.; SWAN, S. H. "Temporal trends in sperm count: A systematic review and meta-regression analysis". *Human Reproduction Update*, v. 23, n. 6, pp. 646-59, nov. 2017. Disponível em: <https://www.ncbi.nlm.nih.gov/pmc/articles/PMC6455044/>.

SWAN, S. H.; ELKIN, E. P.; FENSTER, L. "Have sperm densities declined? A reanalysis of global trend data". *Environmental Health Perspectives*, v. 105, n. 11, pp. 1228-32, 1997. Disponível em: <https://www.ncbi.nlm.nih.gov/pmc/articles/PMC1470335/>.

_____. "The question of declining sperm density revisited: An analysis of 101 studies published 1934-1996". *Environmental Health Perspectives*, v. 108, n. 10, pp. 961-6, out. 2000. Disponível em: <https://www.ncbi.nlm.nih.gov/pmc/articles/PMC1240129/>.

2. O MACHO DIMINUÍDO: QUE FIM LEVOU TODO AQUELE BOM ESPERMA? [P. 27]

CAPOGROSSO, P.; COLICCHIA, M.; VENTIMIGLIA, E.; CASTAGNA, G.; CLEMENTI, M. C.; SUARDI, N.; CASTIGLIONE, F.; BRIGANTI, A.; CANTIELLO, F.; DAMIANO, R.; MONTORSI, F.; SALONIA, A. "One patient out of four with newly diagnosed erectile dysfunction is a young man – worrisome picture from the everyday clinical practice". *Journal of Sexual Medicine*, v. 10, n. 7, pp. 1833-41, jul. 2013. Disponível em: <https://onlinelibrary.wiley.com/doi/full/10.1111/jsm.12179>.

CENTOLA, G. M.; BLANCHARD, A.; DEMICK, J.; LI, S.; EISENBERG, M. L. "Decline in sperm count and motility in young adult men from 2003 to 2013: Observations from a U. S. sperm bank". *Andrology*, 20 jan. 2016. Disponível em: <https://onlinelibrary.wiley.com/doi/full/10.1111/andr.12149>.

DANIELS, C. *Exposing Men: The Science and Politics of Male Reproduction*. Nova York: Oxford University Press, 2006.

DAUMLER, D.; CHAN, P.; LO, K. C.; TAKEFMAN, J.; ZELKOWITZ, P. "Men's knowledge of their own fertility: A population-based survey examining the awareness of factors that are associated with male infertility". *Human Reproduction*, v. 31, n. 12, pp. 2781-90, dez. 2016. Disponível em: <https://www.ncbi.nlm.nih.gov/pmc/articles/PMC5193328/>.

DOLAN, A.; LOMAS, T.; GHOBARA, T.; HARTSHORNE, G. "'It's like taking a bit of masculinity away from you': Towards a theoretical understanding of men's experiences of infertility". *Sociology of Health & Illness*, v. 39, n. 6, pp. 878-92, jul. 2017. Disponível em: <https://onlinelibrary.wiley.com/doi/full/10.1111/1467-9566.12548>.

FISCH, H.; HYUN, G.; GOLDEN, R.; HENSLE, R. W.; OLSSON, C. A.; LIBERSON, G. L. "The influence of paternal age on down syndrome". *Journal of Urology*, v. 169, n. 6, pp. 2275-8, jun. 2003. Disponível em: <https://www.ncbi.nlm.nih.gov/pubmed/12771769>.

GOISIS, A.; REMES, H.; MARTIKAINEN, P.; KLEMETTI, R.; MYRSKYLÄ, M. "Medically assisted reproduction and birth outcomes: A within-family analysis using Finnish population registers". *Lancet*, v. 393, n. 10177, pp. 1225-32, 23 mar. 2019. Disponível em: <https://www.ncbi.nlm.nih.gov/pubmed/30655015>.

GRAND VIEW RESEARCH. "Sperm bank market size analysis report by service type (sperm storage, semen analysis, genetic consultation), by donor type (known, anonymous), by end use, and segment forecasts, 2019-2025". Maio 2019. Disponível em: <https://www.grandviewresearch.com/industry-analysis/sperm-bank-market>.

_____. "Sperm bank market worth $5.45 billion by 2025". Maio 2019. Disponível em: <https://www.grandviewresearch.com/press-release/global-sperm-bank-market>.

GUZICK, D. S.; OVERSTREET, J. W.; FACTOR-LITVAK, P.; BRAZIL, C. K.; NAKAJIMA, S. T.; COUTIFARIS, C.; CARSON, S. A. et al. "Sperm morphology, motility, and concentration in fertile and infertile men". *New England Journal of Medicine*, v. 345, n. 19, pp. 1388-93, 8 nov. 2001.

HSIEH, F.-I.; HWANG, T.-S.; HSIEH, Y.-C.; LO, H.-C.; SU, C.-T.; HSU, H.-S.; CHIOU, H.-Y.; CHEN, C.-J. "Risk of erectile dysfunction induced by arsenic exposure through well water consumption in Taiwan". *Environmental Health Perspectives*, v. 116, n. 4, pp. 532-6, abr. 2008. Disponível em: <https://www.ncbi.nlm.nih.gov/pmc/articles/PMC2291004/>.

HUANG, C.; LI, B.; XU, K.; LIU, D.; HU, J.; YANG, Y.; NIE, H. C.; FAN, L.; ZHU, W. "Decline in semen quality among 30,636 young Chinese men from 2001 to 2015". *Fertility and Sterility*, v. 107, n. 1, pp. 83-8, jan. 2017. Disponível em: <https://www.fertstert.org/article/S0015-0282(16)62866-2/pdf>.

INHORN, M. C.; PATRIZIO, P. "Infertility around the globe: New thinking on gender, reproductive technologies and global movements in the 21st century". *Human Reproduction Update*, v. 21, n. 4, pp. 411-26, jul./ago. 2015. Disponível em: <https://academic.oup.com/humupd/article/21/4/411/683746>.

Bibliografia selecionada   247

KLEINHAUS, K.; PERRIN, M.; FRIEDLANDER, Y.; PALTIEL, O.; MALASPINA, D.; HARLAP, S. "Paternal age and spontaneous abortion". *Obstetrics and Gynecology*, v. 108, n. 2, pp. 369-77, ago. 2006. Disponível em: <https://www.ncbi.nlm.nih.gov/pubmed/16880308>.

MARIN FERTILITY CENTER. "Infertility basics". [S.d.]. Disponível em: <http://marinfertilitycenter.com/new-getting-started/infertility-basics/>.

MAY, G. "Erectile dysfunction is on the rise among young men and here's why". *Marie Claire*, 13 mar. 2018. Disponível em: <https://www.marieclaire.co.uk/life/sex-and-relationships/erectile-dysfunction-579283>.

OLIVA, A.; GIAMI, A.; MULTIGNER, L. "Environmental agents and erectile dysfunction: A study in a consulting population". *Journal of Andrology*, v. 23, n. 4, pp. 546-50, jul./ago. 2002. Disponível em: <https://www.ncbi.nlm.nih.gov/pubmed/12065462>.

PLANNED PARENTHOOD. "When do boys start producing sperm?". 5 out. 2010. Disponível em: <https://www.plannedparenthood.org/learn/teens/ask-experts/when-do-boys-start-producing-sperm>.

RAIS, A.; ZARKA, S.; DERAZNE, E.; TZUR, D.; CALDERON-MARGALIT, R.; DAVIDOVITCH, N.; AFEK, A.; CAREL, R.; LEVINE, H. "Varicocoele among 1,300,000 Israeli adolescent males: Time trends and association with body mass index". *Andrology*, v. 1, n. 5, pp. 663-9, set. 2013. Disponível em: <https://onlinelibrary.wiley.com/doi/full/10.1111/j.2047-2927.2013.00113.x>.

RICHARD, J.; BADILLO-AMBERG, I.; ZELKOWITZ, P. "'So much of this story could be me': Men's use of support in online infertility discussion boards". *American Journal of Men's Health*, v. 11, n. 3, pp. 663-73, 2017. Disponível em: <https://journals.sagepub.com/doi/pdf/10.1177/1557988316671460>.

SLAMA, R.; BOUYER, J.; WINDHAM, G.; FENSTER, L.; WERWATZ, A.; SWAN, S. H. "Influence of paternal age on the risk of spontaneous abortion". *American Journal of Epidemiology*, v. 161, n. 9, pp. 816-23, 1 maio 2005. Disponível em: <https://www.ncbi.nlm.nih.gov/pubmed/15840613>.

SMITH, J. F.; WALSH, T. J.; SHINDEL, A. W.; TUREK, P. J.; WING, H.; PASCH, L.; KATZ, P. P.; INFERTILITY OUTCOMES PROJECT GROUP. "Sexual, marital, and social impact of a man's perceived infertility diagnosis". *Journal of Sexual Medicine*, v. 6, n. 9, pp. 2505-15, set. 2009. Disponível em: <https://www.ncbi.nlm.nih.gov/pmc/articles/PMC2888139/>.

TIEGS, A.; LANDIS, J.; GARRIDO, N.; SCOTT, R.; HOTALING, J. "Total motile sperm count trend over time: Evaluation of semen analyses from 119,972 subfertile men from 2002 to 2017". *Urology*, v. 132, pp. 109-16, out. 2019. Disponível em: <https://www.ncbi.nlm.nih.gov/pubmed/31326545>.

3. NÃO DÁ PARA DANÇAR TANGO SOZINHO: O LADO FEMININO DA HISTÓRIA [P. 47]

AKSGLAEDE, L.; SØRENSEN, K.; PETERSEN, J. H.; SKAKKEBAEK, N. E.; JUUL, A. "Recent decline in age at breast development: The Copenhagen Puberty Study". *Pediatrics*, v. 123, n. 5, pp. e932-e939, maio 2009. Disponível em: <https://www.ncbi.nlm.nih.gov/pubmed/19403485>.

AMERICAN COLLEGE OF OBSTETRICIANS AND GYNECOLOGISTS. "Early pregnancy loss". *Practice Bulletin*, nov. 2018. Disponível em: <https://www.acog.org/

Clinical-Guidance-and-Publications/Practice-Bulletins/Committee-on-Practice-Bulletins-Gynecology /Early-Pregnancy-Loss>.

_____. "Female age-related fertility decline". Committee Opinion, mar. 2014. Disponível em: <https://www.acog.org/Clinical-Guidance-and-Publications/Committee-Opinions/Committee-on-Gynecologic-Practice/Female-Age-Related-Fertility-Decline>.

AMERICAN PSYCHOLOGICAL ASSOCIATION. "The risks of earlier puberty". Mar. 2016. Disponível em: <https://www.apa.org/monitor/2016/03/puberty>.

"AVA International Fertility & TTC 2017 Report". Comunicado à imprensa, 13 set. 2017. Disponível em: <https://3xwa2438796x1hj4o4m8vrk1-wpengine.netdna-ssl.com/wp-content/uploads/2017/09/Ava-Fertility-Survey-Press-Release.pdf>.

BALASCH, J. "Ageing and infertility: An overview". *Gynecological Endocrinology*, v. 26, n. 12, pp. 855-60, dez. 2010. Disponível em: <https://www.ncbi.nlm.nih.gov/pubmed/20642380>.

BJELLAND, E. K.; HOFVIND, S.; BYBERG, L.; ESKILD, A. "The relation of age at menarche with age at natural menopause: A population study of 336,788 women in Norway". *Human Reproduction*, v. 33, n. 6, pp. 1149-57, 1 jun. 2018. Disponível em: <https://www.ncbi.nlm.nih.gov/pmc/articles/PMC5972645/>.

BMJ BEST PRACTICE. "Precocious puberty". Última revisão em: fev. 2020. Disponível em: <https://bestpractice.bmj.com/topics/en-us/1127>.

BRETHERICK, K. L.; FAIRBROTHER, N.; AVILA, L.; HARBORD, S. H.; ROBINSON, W. P. "Fertility and aging: Do reproductive-aged Canadian women know what they need to know?". *Fertility and Sterility*, v. 93, n. 7, pp. 2162-8, maio 2010. Disponível em: <https://www.ncbi.nlm.nih.gov/pubmed/19296943>.

BRIX, N.; ERNST, A.; LAURIDSEN, L. L. B.; PARNER, E.; STØVRING, H.; OLSEN, J.; HENRIKSEN, T. B.; RAMLAU-HANSEN, C. H. "Timing of puberty in boys and girls: A population-based study". *Paediatric and Perinatal Epidemiology*, v. 33, n. 1, pp. 70-8, jan. 2019. Disponível em: <https://www.ncbi.nlm.nih.gov/pmc/articles/PMC6378593/>.

CEDARS, M. I.; TAYMANS, S. E.; DEPAOLO, L. V.; WARNER, L.; MOSS, S. B.; EISENBERG, M. "The sixth vital sign: What reproduction tells us about overall health. Proceedings from a NICHD/CDC workshop". *Human Reproduction Open*, pp. 1-8, 2017. Disponível em: <https://urology.stanford.edu/content/dam/sm/urology/JJimages/publications/The-sixth-vital-sign-what-reproduction-tells-us-about-overall-health-Proceedings-from-a-NICHD-CDC-workshop.pdf>.

DEVINE, K.; MUMFORD, S. L.; WU, M.; DECHERNEY, A. H.; HILL, M. J.; PROPST, A. "Diminished ovarian reserve (DOR) in the US ART population: Diagnostic trends among 181,536 cycles from the Society for Assisted Reproductive Technology Clinic Outcomes Reporting System (SART CORS)". *Fertility and Sterility*, v. 104, n. 3, pp. 612-9, set. 2015. Disponível em: <https://www.ncbi.nlm.nih.gov/pmc/articles/PMC4560955/>.

GLEICHER, N.; KUSHNIR, V. A.; WEGHOFER, A.; BARAD, D. H. "The 'graying' of infertility services: An impending revolution nobody is ready for". *Reproductive Biology and Endocrinology*, v. 12, n. 63, 2014. Disponível em: <https://www.ncbi.nlm.nih.gov/pmc/articles/PMC4105876/>.

GOSSETT, D. R.; NAYAK, S.; BHATT, S.; BAILEY, S. C. "What do healthy women know about the consequences of delayed childbearing?". *Journal of Health Communication*, v. 18, supl. 1, pp. 118-28, dez. 2013. Disponível em: <https://www.ncbi.nlm.nih.gov/pmc/articles/PMC3814907/>.

Bibliografia selecionada 249

GRAND VIEW RESEARCH. "Assisted reproductive technology (ART) market size, share & trends analysis report by type (IVF, others), by end use (hospitals, fertility clinics), by procedures and segment forecasts, 2018-2025". Maio 2018. Disponível em: <https://www.grandviewresearch.com/industry-analysis/assisted-reproductive-technology-market>.

HARRINGTON, R. "Elective human egg freezing on the rise". *Scientific American*, 18 fev. 2015. Disponível em: <https://www.scientificamerican.com/article/elective-human-egg-freezing-on-the-rise/>.

HAYDEN, E. C. "Cursed royal blood: Was Henry VIII to blame for his wives' many miscarriages?". *Slate*, 15 maio 2013. Disponível em: <https://slate.com/technology/2013/05/henry-viii-wives-and-children-were-kell-proteins-to-blame-for-many-miscarriages.html>.

HERMAN-GIDDENS, M. E.; SLORA, E. J.; WASSERMAN, R. C.; BOURDONY, C. J.; BHAPKAR, M. V.; KOCH, G. G.; HASEMEIER, C. M. "Secondary sexual characteristics and menses in young girls seen in office practice: A study from the pediatric research in office settings network". *Pediatrics*, v. 99, n. 4, pp. 505-12, abr. 1997. Disponível em: <https://www.ncbi.nlm.nih.gov/pubmed/9093289>.

HOSOKAWA, M.; IMAZEKI, S.; MIZUNUMA, H.; KUBOTA, T.; HAYASHI, K. "Secular trends in age at menarche and time to establish regular menstrual cycling in Japanese women born between 1930 and 1985". *BMC Womens Health*, v. 12, n. 19, 2012. Disponível em: <https://www.ncbi.nlm.nih.gov/pmc/articles/PMC3434095/>.

HUNTER, A.; TUSSIS, L.; MACBETH, A. "The presence of anxiety, depression and stress in women and their partners during pregnancies following perinatal loss: A meta-analysis". *Journal of Affective Disorders*, v. 223, pp. 153-64, dez. 2017. Disponível em: <https://www.ncbi.nlm.nih.gov/pubmed/28755623>.

INTERLACE STUDY TEAM. "Variations in reproductive events across life: A pooled analysis of data from 505,147 women across 10 countries". *Human Reproduction*, v. 34, n. 5, pp. 881-93, mar. 2019. Disponível em: <https://www.ncbi.nlm.nih.gov/pubmed/30835788>.

JAYASENA, C. N.; RADIA, U. K.; FIGUEIREDO, M.; REVILL, L. F.; DIMAKOPOULOU, A.; OSAGIE, M.; VESSEY, W.; REGAN, L.; RAI, R.; DHILLO, W. S. "Reduced testicular steroidogenesis and increased semen oxidative stress in male partners as novel markers of recurrent miscarriage". *Clinical Chemistry*, v. 65, n. 1, pp. 161-9, 2019. Disponível em: <https://www.ncbi.nlm.nih.gov/pubmed/30602480>.

JENSEN, M. B.; PRISKORN, L.; JENSEN, T. K.; JUUL, A.; SKAKKEBAEK, N. E. "Temporal trends in fertility rates: A nationwide registry based study from 1901 to 2014". *PLoS One*, v. 10, n. 12, e0143722, 2015. Disponível em: <https://www.ncbi.nlm.nih.gov/pmc/articles/PMC4668020/>.

KINSEY, C. B.; BAPTISTE-ROBERTS, K.; ZHU, J.; KJERULFF, K. H. "Effect of previous miscarriage on depressive symptoms during subsequent pregnancy and postpartum in the first baby study". *Maternal and Child Health Journal*, v. 19, n. 2, pp. 391-400, fev. 2015. Disponível em: <https://www.ncbi.nlm.nih.gov/pmc/articles/PMC4256135/>.

KOLTE, A. M.; OLSEN, L. R.; MIKKELSEN, E. M.; CHRISTIANSEN, O. B.; NIELSEN, H. S. "Depression and emotional stress is highly prevalent among women with recurrent pregnancy loss". *Human Reproduction*, v. 30, n. 4, pp. 777-82, abr. 2015. Disponível em: <https://www.ncbi.nlm.nih.gov/pmc/articles/PMC4359400/>.

KUDESIA, R.; CHERNYAK, E.; MCAVEY, B. "Low fertility awareness in United States reproductive-aged women and medical trainees: Creation and validation of the Fertility & Infertility Treatment Knowledge Score (FIT-KS)". *Fertility and Sterility*, v. 108, n. 4, pp. 711-7, out. 2017. Disponível em: <https://www.ncbi.nlm.nih.gov/pubmed/28911930>.

LUNDSBERG, L. S.; PAL, L.; GARIEPY, A. M.; XU, X.; CHU, M. C.; ILLUZZI, J. L. "Knowledge, attitudes, and practices regarding conception and fertility: A population-based survey among reproductive-age United States women". *Fertility and Sterility*, v. 101, n. 3, pp. 767-74, mar. 2014. Disponível em: <https://www.ncbi.nlm.nih.gov/pubmed/24484995>.

MATTHEWS, T. J.; HAMILTON, B. E. "Total fertility rates by state and race and Hispanic origin: United States, 2017". *National Vital Statistics Reports*, v. 68, n. 1, pp. 1-11, jan. 2019. Disponível em: <https://www.ncbi.nlm.nih.gov/pubmed/30707671>.

MENASHA, J.; LEVY, B.; HIRSCHHORN, K.; KARDON, N. B. "Incidence and spectrum of chromosome abnormalities in spontaneous abortions: New insights from a 12-year study". *Genetics in Medicine*, v. 7, n. 4, pp. 251-63, abr. 2005. Disponível em: <https://www.ncbi.nlm.nih.gov/pubmed/15834243>.

MENDLE, J.; TURKHEIMER, E.; EMERY, R. E. "Detrimental psychological outcomes associated with early pubertal timing in adolescent girls". *Developmental Review*, v. 27, n. 2, pp. 151-71, jun. 2007. Disponível em: <https://www.ncbi.nlm.nih.gov/pmc/articles/PMC2927128/>.

OBAMA, M. *Becoming*. Nova York: Crown, 2018. [Ed. bras.: *Minha história*. Trad. Débora Landsberg, Denise Bottmann e Renato Marques. Rio de Janeiro: Objetiva, 2018.]

O'CONNOR, K. A.; HOLMAN, D. J.; WOOD, J. W. "Declining fecundity and ovarian ageing in natural fertility populations". *Maturitas*, v. 30, n. 2, pp. 127-36, out. 1998. Disponível em: <https://www.ncbi.nlm.nih.gov/pubmed/9871907>.

PARIS, K.; ARIS, A. "Endometriosis-associated infertility: A decade's trend study of women from the Estrie region of Quebec, Canada". *Gynecological Endocrinology*, v. 26, n. 11, pp. 838-42, nov. 2010. Disponível em: <https://www.ncbi.nlm.nih.gov/pubmed/20486880>.

PERKINS, K. M.; BOULET, S. L.; JAMIESON, D. J.; KISSIN, D. M.; NATIONAL ASSISTED REPRODUCTIVE TECHNOLOGY SURVEILLANCE SYSTEM GROUP. "Trends and outcomes of gestational surrogacy in the United States". *Fertility and Sterility*, v. 106, n. 2, pp. 435-42, ago. 2016. Disponível em: <https://www.ncbi.nlm.nih.gov/pubmed/27087401>.

PRACTICE COMMITTEE OF THE AMERICAN SOCIETY FOR REPRODUCTIVE MEDICINE. "Testing and interpreting measures of ovarian reserve: A committee opinion". *Fertility and Sterility*, v. 103, n. 3, pp. e9-e17, mar. 2015. Disponível em: <https://www.fertstert.org/article/S0015-0282(14)02518-7/pdf>.

PYLYP, L. Y.; SPYNENKO, L. O.; VERHOGLYAD, N. V.; MISHENKO, A. O.; MYKYTENKO, D. O.; ZUKIN, V. D. "Chromosomal abnormalities in products of conception of first-trimester miscarriages detected by conventional cytogenetic analysis: A review of 1,000 cases". *Journal of Assisted Reproduction and Genetics*, v. 35, n. 2, pp. 265-71, fev. 2018. Disponível em: <https://www.ncbi.nlm.nih.gov/pmc/articles/PMC5845039/>.

ROEPKE, E. R.; MATTHIESEN, L.; RYLANCE, R.; CHRISTIANSEN, O. B. "Is the incidence of recurrent pregnancy loss increasing? A retrospective register-based study in Sweden". *Acta Obstetricia et Gynecolgica Scandinavica*, v. 96, n. 11, pp. 1365-72, nov. 2017. Disponível em: <https://obgyn.onlinelibrary.wiley.com/doi/full/10.1111/aogs.13210>.

ROSSEN, L. M.; AHRENS, K. A.; BRANUM, A. M. "Trends in risk of pregnancy loss among US women, 1990-2011". *Paediatric and Perinatal Epidemiology*, v. 32, n. 1, pp. 19-29, jan. 2018. Disponível em: <https://www.ncbi.nlm.nih.gov/pmc/articles/PMC5771868/>.

SWAN, S. H.; HERTZ-PICCIOTTO, I.; CHANDRA, A.; STEPHEN, E. H. "Reasons for infecundity". *Family Planning Perspectives*, v. 31, n. 3, pp. 156-7, maio/jun. 1999. Disponível em: <https://www.jstor.org/stable/2991707?seq=1>.

SWIFT, B. E.; LIU, K. E. "The effect of age, ethnicity, and level of education on fertility awareness and duration of infertility". *Journal of Obstetrics and Gynaecology Canada*, v. 36, n. 11, pp. 990-6, nov. 2014. Disponível em: <https://www.ncbi.nlm.nih.gov/pubmed/25574676>.

TAVOLI, Z.; MOHAMMADI, M.; TAVOLI, A.; MOINI, A.; EFFATPANAH, M.; KHEDMAT, L.; MONTAZERI, A. "Quality of life and psychological distress in women with recurrent miscarriage: A comparative study". *Health and Quality of Life Outcomes*, jul. 2018. Disponível em: <https://www.ncbi.nlm.nih.gov/pmc/articles/PMC6064101/>.

THOMAS, H. N.; HAMM, M.; HESS, R.; BORREORO, S.; THURSTON, R. C. "'I want to feel like I used to feel': A qualitative study of causes of low libido in postmenopausal women". *Menopause*, v. 27, n. 3, pp. 289-94, mar. 2020. Disponível em: <https://www.ncbi.nlm.nih.gov/pubmed/31834161>.

WEBMD. "What is a normal period?". 21 ago. 2020. Disponível em: <https://www.webmd.com/women/normal-period>.

WILCOX, A. J.; WEINBERG, C. R.; O'CONNOR, J. F.; BAIRD, D. D.; SCHLATTERER, J. P.; CANFIELD, R. E.; ARMSTRONG, E. G.; NISULA, B. C. "Incidence of early loss of pregnancy". *New England Journal of Medicine*, v. 319, n. 4, pp. 189-94, 28 jul. 1988. Disponível em: <https://www.ncbi.nlm.nih.gov/pubmed/3393170>.

WORSLEY, R.; BELL, R. J.; GARTOULLA, P.; DAVIS, S. R. "Prevalence and predictors of low sexual desire, sexually related personal distress, and hypoactive sexual desire dysfunction in a community-based sample of midlife women". *Journal of Sexual Medicine*, v. 14, n. 5, pp. 675-86, maio 2017. Disponível em: <https://www.jsm.jsexmed.org/article/S1743-6095(17)30418-6/fulltext>.

YU, L.; PETERSON, B.; INHORN, M. C.; BOEHM, J. K.; PATRIZIO, P. "Knowledge, attitudes, and intentions toward fertility awareness and oocyte cryopreservation among obstetrics and gynecology resident physicians". *Human Reproduction*, v. 31, n. 2, pp. 402-11, fev. 2016. Disponível em: <https://www.ncbi.nlm.nih.gov/pubmed/26677956>.

4. FLUIDEZ DE GÊNERO: ALÉM DO MASCULINO E FEMININO [P. 67]

AIRTON, L. *Gender: Your Guide*. Avon, MA: Adams Media, 2018.

AMERICAN PSYCHOLOGICAL ASSOCIATION. "Answers to your questions about individuals with intersex conditions". [S.d.]. Disponível em: <https://www.apa.org/topics/lgbt/intersex.pdf>.

BEJEROT, S.; HUMBLE, M. B.; GARDNER, A. "Endocrine disruptors, the increase of autism spectrum disorder and its comorbidity with gender identity disorder: A hypothetical association". *International Journal of Andrology*, v. 34, n. 5, parte 2, p. e350, out. 2011. Disponível em: <https://onlinelibrary.wiley.com/doi/full/10.1111/j.1365-2605.2011.01149.x>.

BERENBAUM, S. A. "Beyond pink and blue: The complexity of early androgen effects on gender development". *Child Development Perspectives*, v. 12, n. 1, pp. 58-64, mar. 2018. Disponível em: <https://www.ncbi.nlm.nih.gov/pmc/articles/PMC5935256/>.

BERENBAUM, S. A.; SNYDER, E. "Early hormonal influences on childhood sex-typed activity and playmate preferences: Implications for the development of sexual orientation". *Developmental Psychology*, v. 3, n. 1, pp. 31-42, 1995. Disponível em: <https://psycnet.apa.org/doiLanding?doi=10.1037%2F0012-1649.31.1.31>.

CHILDREN'S NATIONAL. "Pediatric differences in sex development". [S.d.]. Disponível em: <https://childrensnational.org/visit/conditions-and-treatments/diabetes-hormonal-disorders/differences-in-sex-development>.

DASTAGIR, A. E. "'Born this way'? It's way more complicated than that". *USA Today*, 15 jun. 2017. Disponível em: <https://www.usatoday.com/story/news/2017/06/16/born-way-many-lgbt-community-its-way-more-complex/395035001/>.

EHRENSAFT, D. *Gender Born, Gender Made: Raising Healthy Gender-Nonconforming Children*. Nova York: Experiment, 2011.

GASPARI, L.; PARIS, F.; JANDEL, C.; KALFA, N.; ORSINI, M.; DAURÈS, J. P.; SULTAN, C. "Prenatal environmental risk factors for genital malformations in a population of 1,442 French male newborns: A nested case-control study". *Human Reproduction*, v. 26, n. 11, pp. 3155-62, nov. 2011. Disponível em: <https://www.ncbi.nlm.nih.gov/pubmed/21868402>.

GLIDDEN, D.; BOUMAN, W. P.; JONES, B. A.; ARCELUS, J. "Gender dysphoria and autism spectrum disorder: A systematic review of the literature". *Sexual Medicine Reviews*, v. 4, n. 1, pp. 3-14, jan. 2016. Disponível em: <https://www.ncbi.nlm.nih.gov/pubmed/27872002>.

HADHAZY, A. "What makes Michael Phelps so good?". *Scientific American*, 18 ago. 2008. Disponível em: <https://www.scientificamerican.com/article/what-makes-michael-phelps-so-good1/>.

HEDAYA, R. J. "The dissolution of gender: The role of hormones". *Psychology Today*, 13 fev. 2019. Disponível em: <https://www.psychologytoday.com/us/blog/health-matters/201902/the-dissolution-gender>.

INTERSEX SOCIETY OF NORTH AMERICA. "How common is intersex?". [S.d.]. Disponível em: <http://www.isna.org/faq/frequency>.

_____. "What is intersex?". [S.d.]. Disponível em: <http://www.isna.org/faq/what_is_intersex>.

IVES, M. "Sprinter Dutee Chand Becomes India's First Openly Gay Athlete". *The New York Times*, 20 maio 2019. Disponível em: <https://www.nytimes.com/2019/05/20/world/asia/india-dutee-chand-gay.html>.

KATWALA, A. "The controversial science behind the Caster Semenya verdict". *Wired*, 1 maio 2019. Disponível em: <https://www.wired.co.uk/article/caster-semenya-testosterone-ruling-gender-science-analysis>.

KAZEMIAN, L. "Desistance". *Oxford Bibliographies*. Última revisão em: 21 abr. 2017. Disponível em: <https://www.oxfordbibliographies.com/view/document/obo-9780195396607/obo-9780195396607-0056.xml>.

KEATING, S. "Gender dysphoria isn't a 'social contagion', according to a new study". *BuzzFeed News*, 22 abr. 2019. Disponível em: <https://www.buzzfeednews.com/article/shannonkeating/rapid-onset-gender-dysphoria-flawed-methods-transgender>.

LEHRMAN, S. "When a person is neither XX nor XY: A Q & A with geneticist Eric Vilain". *Scientific American*, 30 maio 2007. Disponível em: <https://www.scientificamerican.com/article/q-a-mixed-sex-biology/>.

LITTMAN, L. "Parent reports of adolescents and young adults perceived to show signs of a rapid onset of gender dysphoria". *PLoS One*, v. 13, n. 8, e0202330, 16 ago. 2018. Disponível em: <https://journals.plos.org/plosone/article?id=10.1371/journal. pone.0202330>.

MAGLIOZZI, D.; SAPERSTEIN, A.; WESTBROOK, L. "Scaling up: Representing gender diversity in survey research". *Socius: Sociological Research for a Dynamic World*, 19 ago. 2016. Disponível em: <https://journals.sagepub.com/doi/10.1177/2378023116664352>.

MUKHERJEE, S. *The Gene: An Intimate History*. Nova York: Scribner, 2016. [Ed. bras.: *O gene: Uma história íntima*. Trad. Laura Teixeira Motta. São Paulo: Companhia das Letras, 2016.]

NAKAGAMI, A.; NEGISHI, T.; KAWASAKI, K.; IMAI, N.; NISHIDA, Y.; IHARA, Y.; KURODA, Y.; YOSHIKAWA, Y.; KOYAMA, T. "Alterations in male infant behaviors towards its mother by prenatal exposure to bisphenol A in cynomolgus monkeys (*Macaca fascicularis*) during early suckling period". *Psychoneuroendocrinology*, v. 34, n. 8, pp. 1189-97, 2009. Disponível em: <https://www.ncbi.nlm.nih.gov/pubmed/19345509>.

NEWHOOK, J. T.; PYNE, J.; WINTERS, K.; FEDER, S.; HOLMES, C.; TOSH, J.; SINNOTT, M.-L.; JAMIESON, A.; PICKETT, S. "A critical commentary on follow-up studies and 'desistance' theories about transgender and gender-nonconforming children". *International Journal of Transgenderism*, v. 19, n. 2, pp. 212-24, 2018. Disponível em: <https://www.tandfonline.com/doi/abs/10.1080/15532739.2018.1456390>.

NEWPORT, F. "In U. S., estimate of LGBT population rises to 4.5%". Gallup, 2 maio 2018. Disponível em: <https://news.gallup.com/poll/234863/estimate-lgbt-population-rises.aspx>.

PADAWER, R. "The humiliating practice of sex-testing female athletes". *The New York Times*, 28 jun. 2016. Disponível em: <https://www.nytimes.com/2016/07/03/magazine/the-humiliating-practice-of-sex-testing-female-athletes.html?_r=0>.

PASTERSKI, V. L.; GEFFNER, M. E.; BRAIN, C.; HINDMARSH, P.; BROOK, C.; HINES, M. "Prenatal hormones and postnatal socialization by parents as determinants of male-typical toy play in girls with congenital adrenal hyperplasia". *Child Development*, v. 76, n. 1, pp. 264-78, jan./fev. 2005. Disponível em: <https://www.ncbi.nlm.nih.gov/pubmed/15693771>.

RESTAR, A. J. "Methodological critique of Littman's (2018) parental-respondents accounts of 'rapid-onset gender dysphoria'". *Archives of Sexual Behavior*, v. 49, pp. 61-6, 2020. Disponível em: <https://link.springer.com/article/10.1007/s10508-019-1453-2>.

RICH, A. L.; PHIPPS, L. M.; TIWARI, S.; RUDRARAJU, H.; DOKPESI, P. O. "The increasing prevalence in intersex variation from toxicological dysregulation in fetal reproductive tissue differentiation and development by endocrinedisrupting chemicals". *Environmental Health Insights*, v. 10, pp. 163-71, 2016. Disponível em: <https://www.ncbi.nlm.nih.gov/pmc/articles/PMC5017538/>.

SAGUY, A. C.; WILLIAMS, J. A.; DEMBROFF, R.; WODAK, D. "We should all use they/them pronouns... eventually". *Scientific American*, 30 maio 2019. Disponível em: <https://blogs. scientificamerican.com/voices/we-should-all-use-they-them-pronouns-eventually/>.

SAPERSTEIN, A. "Gender identification". *Pathways*, n. especial "State of the Union 2018", 2018. Disponível em: <https://inequality.stanford.edu/sites/default/files/Pathways_SOTU_2018_gender-ID.pdf>.

"SWISS court blocks Semenya from 800 at worlds". Associated Press, 30 jul. 2019. Disponível em: <https://www.espn.com/olympics/trackandfield/story/_/id/27288611/swiss-court-blocks-semenya-800-worlds>.

254   Contagem regressiva

TOBIA, J. *Sissy: A Coming-of-Gender Story*. Nova York: Putnam, 2019.

VANDENBERGH, J. G.; HUGGETT, C. L. "The anogenital distance index, a predictor of the intrauterine position effects on reproduction in female house mice". *Laboratory Animal Science*, v. 45, n. 5, pp. 567-73, out. 1995. Disponível em: <https://www.ncbi.nlm.nih.gov/pubmed/8569159>.

"WHAT is congenital adrenal hyperplasia?". You and Your Hormones, [s.d.]. Disponível em: <https://www.yourhormones.info/endocrine-conditions/congenital-adrenal-hyperplasia/>.

5. JANELAS DE VULNERABILIDADE: O TEMPO CERTO É TUDO [P. 87]

AXELSSON J.; SABRA, S.; RYLANDER, L.; RIGNELL-HYDBOM, A.; LINDH, C. H.; GIWERCMAN, A. "Association between paternal smoking at the time of pregnancy and the semen quality in sons". *PLoS ONE*, v. 13, n. 11, e0207221, 21 nov. 2018. Disponível em: <https://www.ncbi.nlm.nih.gov/pmc/articles/PMC6248964/>.

BELL, M. R.; THOMPSON, L. M.; RODRIGUEZ, K.; GORE, A. C. "Two-hit exposure to polychlorinated biphenyls at gestational and juvenile life stages: 1. Sexually dimorphic effects on social and anxiety-like behaviors". *Hormones and Behavior*, v. 78, pp. 168-77, fev. 2016. Disponível em: <https://www.ncbi.nlm.nih.gov/pubmed/26592453>.

BINDER, A. M.; CORVALAN, C.; PEREIRA, A.; CALAFAT, A. M.; YE, X.; SHEPHERD, J.; MICHELS, K. B. "Prepubertal and pubertal endocrine-disrupting chemical exposure and breast density among Chilean adolescents". *Cancer Epidemiology, Biomarkers & Prevention*, v. 27, n. 12, pp. 1491-99, dez. 2018. Disponível em: <https://www.ncbi.nlm.nih.gov/pmc/articles/PMC6541222/>.

BRÄUNER, E. V.; DOHERTY, D. A.; DICKINSON, J. E.; HANDELSMAN, D. J.; HICKEY, M.; SKAKKEBAEK, N. E.; JUUL, A.; HART, R. "The association between in-utero exposure to stressful life events during pregnancy and male reproductive function in a cohort of 20-year-old offspring: The Raine Study". *Human Reproduction*, v. 34, n. 7, pp. 1345-55, 8 jul. 2019. Disponível em: <https://www.ncbi.nlm.nih.gov/pubmed/31143949>.

DEES, W. L.; HINEY, J. K.; SRIVASTAVA, V. K. "Alcohol and puberty". *Alcohol Research*, v. 38, n. 2, pp. 277-82, 2017. Disponível em: <https://www.ncbi.nlm.nih.gov/pmc/articles/PMC5513690/>.

DRANOW, D. B.; TUCKER, R. P.; DRAPER, B. W. "Germ cells are required to maintain a stable sexual phenotype in adult zebrafish". *Developmental Biology*, v. 376, n. 1, pp. 43-50, 1 abr. 2013. Disponível em: <http://thenode.biologists.com/sex-reversal-in-adult-fish/research/>.

DURMAZ, E.; OZMERT, E. N.; ERKEKOGLU, P.; GIRAY, B.; DERMAN, O.; HINCAL, F.; YURDAKÖK, K. "Plasma phthalate levels in pubertal gynecomastia". *Pediatrics*, v. 125, n. 1, pp. e122-e129, jan. 2010. Disponível em: <https://www.ncbi.nlm.nih.gov/pubmed/20008419>.

EDWARDS, A.; MEGENS, A.; PEEK, M.; WALLACE, E. M. "Sexual origins of placental dysfunction". *Lancet*, v. 355, n. 9199, pp. 203-4, 15 jan. 2000. Disponível em: <www.thelancet.com/journals/lancet/article/PIIS0140-6736(99)05061-8/fulltext>.

ERIKSSON, J. G.; KAJANTIE, E.; OSMOND, C.; THORNBURG, K.; BARKER, D. J. P. "Boys live dangerously in the womb". *American Journal of Human Biology*, v. 22, n. 3, pp. 330-5, 2010. Disponível em: <https://www.ncbi.nlm.nih.gov/pmc/articles/PMC3923652/pdf/nihms240904.pdf>.

"5 cracy things doctors used to tell pregnant women". *Kodiak Birth and Wellness*, 9 nov. 2016. Disponível em: <http://birthgoals.com/blog/2016/7/25/5-surprising-things-doctors-used-to-tell-pregnant-women>.

GRAY JR., L. E.; WILSON, V. S.; STOKER, T. E.; LAMBRIGHT, C. R.; FURR, J. R.; NORIEGA, N. C.; HARTIG, P. C. et al. "Environmental androgens and antiandrogens: An expanding chemical universe". In: NAZ, R. (Org.). *Endocrine Disruptors*. Boca Raton: CRC Press, 2004. pp. 313-45.

GRECH, V. "Terrorist attacks and the male-to-female ratio at birth: The Troubles in Northern Ireland, the Rodney King riots, and the Breivik and Sandy Hook shootings". *Early Human Development*, v. 91, n. 12, pp. 837-40, dez. 2015. Disponível em: <https://www.ncbi.nlm. nih.gov/pubmed/26525896>.

HILL, M. A. "Timeline human development". Embryology. Última atualização em: 14 maio 2020. Disponível em: <https://embryology.med.unsw.edu.au/embryology/index.php/ Timeline_human_development>.

LUND, L.; ENGEBJERG, M. C.; PEDERSEN, L.; EHRENSTEIN, V.; NØRGAARD, M.; SØRENSEN, H. T. "Prevalence of hypospadias in Danish boys: A longitudinal study, 1977-2005". *European Urology*, v. 55, n. 5, pp. 1022-6, maio 2009. Disponível em: <https:// www.ncbi.nlm.nih.gov/pubmed/19155122>.

MACLEOD, D. J.; SHARPE, R. M.; WELSH, M.; FISKEN, M.; SCOTT, H. M.; HUTCHISON, G. R.; DRAKE, A. J.; VAN DEN DRIESCHE, S. "Androgen action in the masculinization programming window and development of male reproductive organs". *International Journal of Andrology*, v. 33, n. 2, pp. 279-87, abr. 2010. Disponível em: <https://www.ncbi. nlm.nih.gov/pubmed/20002220>.

MARTINO-ANDRADE, A. J.; LIU, F.; SATHYANARAYANA, S.; BARRETT, E. S.; REDMON, J. B.; NGUYEN, R. H.; LEVINE, H.; S. H. SWAN; TIDES STUDY TEAM. "Timing of prenatal phthalate exposure in relation to genital endpoints in male newborns". *Andrology*, v. 4, n. 4, pp. 585-93, jul. 2016. Disponível em: <https://www.ncbi.nlm.nih. gov/pubmed/27062102>.

MASUKUME, G.; O'NEILL, S. M.; KHASHAN, A. S.; KENNY, L. C.; GRECH, V. "The terrorist attacks and the human live birth sex ratio: A systematic review and meta-analysis". *Acta Medica*, v. 60, n. 2, pp. 59-65, 2017. Disponível em: <https://actamedica. lfhk.cuni.cz/media/pdf/am_2017060020059.pdf>.

MÍNGUEZ-ALARCÓN, L.; SOUTER, I.; CHIU, Y.-H.; WILLIAMS, P. L.; FORD, J. B.; YE, A.; CALAFAT, A. M.; HAUSER, R. "Urinary concentrations of cyclohexane-1,2-dicarboxylic acid monohydroxy isononyl ester, a metabolite of the non-phthalate plasticizer di(isononyl)cyclohexane-1,2-dicarboxylate (DINCH), and markers of ovarian response among women attending a fertility center". *Environmental Research*, v. 151, pp. 595-600, nov. 2016. Disponível em: <https://www.ncbi.nlm.nih.gov/pmc/articles/ PMC5071161/>.

NATIONAL CANCER INSTITUTE. "Diethylstilbestrol (DES) and cancer". Última revisão em: 5 out. 2011. Disponível em: <https://www.cancer.gov/about-cancer/ causes-prevention/risk/hormones/des-fact-sheet>.

NORDENVALL, A. S.; FRISÉN, L.; NORDENSTRÖM, A.; LICHTENSTEIN, P.; NORDENSKJÖLD, A. "Population based nationwide study of hypospadias in Sweden, 1973 to 2009: Incidence and risk factors". *Journal of Urology*, v. 191, n. 3, pp. 783-9, mar. 2014. Disponível em: <https://www.ncbi.nlm.nih.gov/pubmed/24096117>.

256   Contagem regressiva

OLSON, E. R. "Why are 250 million sperm cells released during sex?". LiveScience, 24 jan. 2013. Disponível em: <https://www.livescience.com/32437-why-are-250-million-sperm-cells-released-during-sex.html>.

PASTERSKI, V.; ACERINI, C. L.; DUNGER, D. B.; ONG, K. K.; HUGHES, I. A.; THANKAMONY, A.; HINES, M. "Postnatal penile growth concurrent with mini-puberty predicts later sex-typed play behavior: Evidence for neurobehavioral effects of the postnatal androgen surge in typically developing boys". *Hormones and Behavior*, v. 69, pp. 98-105, mar. 2015. Disponível em: <https://www.ncbi.nlm.nih.gov/pubmed/25597916>.

PENNISI, E. "Why women's bodies abort males during tough times". *Science*, 11 dez. 2014. Disponível em: <https://www.sciencemag.org/news/2014/12/why-women-s-bodies-abort-males-during-tough-times>.

ROY, P.; KUMAR, A.; KAUR, I. R.; FARIDI, M. M. "Gender differences in outcomes of low birth weight and preterm neonates: The male disadvantage". *Journal of Tropical Pediatrics*, v. 60, n. 6, pp. 480-1, dez. 2014. Disponível em: <https://www.ncbi.nlm.nih.gov/pubmed/25096219>.

SEXINFOONLINE. "Sex determination and differentiation". Última atualização: 3 nov. 2016. Disponível em: <https://sexinfoonline.com/sex-determination-and-differentiation/>.

SKAKKEBAEK, N. E.; RAJPERT-DE MEYTS, E.; BUCK LOUIS, G. M.; TOPPARI, J.; ANDERSSON, A. M.; EISENBERG, M. L.; JENSEN, T. K. "Male reproductive disorders and fertility trends: Influences of environment and genetic susceptibility". *Physiological Reviews*, v. 96, n. 1, pp. 55-97, jan. 2016. Disponível em: <https://www.ncbi.nlm.nih.gov/pmc/articles/PMC4698396/>.

SWAN, S. H.; MAIN, K. M.; LIU, F.; STEWART, S. L.; KRUSE, R. L.; CALAFAT, A. M.; MAO, C. S. et al. "Decrease in anogenital distance among male infants with prenatal phthalate exposure". *Environmental Health Perspectives*, v. 113, n. 8, pp. 1056-61, 2005. Disponível em: <https://www.ncbi.nlm.nih.gov/pmc/articles/PMC1280349/>.

WU, Y.; ZHONG, G.; CHEN, S.; ZHENG, C.; LIAO, D.; XIE, M. "Polycystic ovary syndrome is associated with anogenital distance, a marker of prenatal androgen exposure". *Human Reproduction*, v. 32, n. 4, pp. 937-43, 1 abr. 2017. Disponível em: <https://www.ncbi.nlm.nih.gov/pubmed/28333243>.

6. ÍNTIMO E PESSOAL: HÁBITOS DE ESTILO DE VIDA QUE PODEM SABOTAR A FERTILIDADE [P. 103]

AFEICHE, M.; GASKINS, A. J.; WILLIAMS, P. L.; TOTH, T.; WRIGHT, D. L.; TANRIKUT, C.; HAUSER, R.; CHAVARRO, J. E. "Processed meat intake is unfavorably and fish intake favorably associated with semen quality indicators among men attending a fertility clinic". *Journal of Nutrition*, v. 144, n. 7, pp. 1091-8, jul. 2014. Disponível em: <https://www.ncbi.nlm.nih.gov/pmc/articles/PMC4056648/>.

AFEICHE, M. C.; WILLIAMS, P. L.; GASKINS, A. J.; MENDIOLA, J.; JØRGENSEN, H.; SWAN, S. H.; E CHAVARRO, J. E. "Meat intake and reproductive parameters among young men". *Epidemiology*, v. 25, n. 3, pp. 323-30, maio 2014. Disponível em: <https://www.ncbi.nlm.nih.gov/pmc/articles/PMC4180710/>.

AFEICHE, M.; WILLIAMS, P. L.; MENDIOLA, J.; GASKINS, A. J.; JØRGENSEN, N.; SWAN, S. H.; CHAVARRO, J. E. "Dairy food intake in relation to semen quality and reproductive hormone levels among physically active young men". *Human Reproduction*, v. 28, n. 8, pp. 2265-75, ago. 2013. Disponível em: <https://www.ncbi.nlm.nih.gov/pmc/articles/PMC3712661/>.

Bibliografia selecionada   257

AMERICAN ACADEMY OF ORTHOAPEDIC SURGEONS. "Female athlete triad: Problems caused by extreme exercise and dieting". Última revisão em: jun. 2016. Disponível em: <https://orthoinfo.aaos.org/en/diseases-conditions/ female-athlete-triad-problems-caused-by-extreme-exercise-and-dieting/>.

AMERICAN SOCIETY FOR REPRODUCTIVE MEDICINE. "Third-party reproduction: A guide for patients". Última revisão em: 2017. Disponível em: <https://www. reproductivefacts.org/globalassets/rf/news-and-publications/bookletsfact-sheets/ english-fact-sheets-and-info-booklets/third-party_reproduction_booklet_web.pdf>.

BAE, J.; PARK, S.; KWON, J.-W. "Factors associated with menstrual cycle irregularity and menopause". *BMC Women's Health*, v. 18, n. 36, 2018. Disponível em: <https://www.ncbi.nlm.nih.gov/pmc/articles/ PMC5801702/>.

BALSELLS, M.; GARCÍA-PATTERSON, A.; CORCOV, R. "Systematic review and meta-analysis on the association of prepregnancy underweight and miscarriage". *European Journal of Obstetrics, Gynecology, and Reproductive Biology*, v. 207, pp. 73-9, dez. 2016. Disponível em: <https://www.ncbi.nlm.nih.gov/pubmed/27825031>.

BANIHANI, S. A. "Effect of paracetamol on semen quality". *Andrologia*, v. 50, n. 1, fev. 2018. Disponível em: <https://www.ncbi.nlm.nih.gov/pubmed/28752572>.

CALIFORNIA CRYOBANK. "Sperm donor requirements". [S.d.]. Disponível em: <http:// www.spermbank.com/how-it-works/sperm-donor-requirements>.

CARLSEN, E.; ANDERSSON, A. M.; PETERSEN, J. H.; SKAKKEBAEK, N. E. "History of febrile illness and variation in semen quality". *Human Reproduction*, v. 18, n. 10, pp. 2089-92, out. 2003. Disponível em: <https://www.ncbi.nlm.nih.gov/ pubmed/14507826>.

CARROLL, K.; POTTINGER, A. M.; WYNTER, S.; DACOSTA, V. "Marijuana use and its influence on sperm morphology and motility: Identified risk for fertility among Jamaican men". *Andrology*, v. 8, n. 1, pp. 136-42, jan. 2020. Disponível em: <https://www.ncbi.nlm. nih.gov/pubmed/31267718>.

CASILLA-LENNON, M. M.; MELTZER-BRODY, S.; STEINER, A. Z. "The effect of antidepressants on fertility". *American Journal of Obstetrics and Gynecology*, v. 215, n. 3, pp. 314.e1-314.e5, set. 2016. DOI: 10.1016/j.ajog.2016.01.170. Disponível em: <https://www. ncbi.nlm.nih.gov/pmc/articles/PMC4965341/>.

CAVALCANTE, M. B.; SARNO, M.; PEIXOTO, A. B.; ARAUJO JÚNIOR, E.; BARINI, R. "Obesity and recurrent miscarriage: A systematic review and meta-analysis". *Journal of Obstetrics and Gynaecology Research*, v. 45, n. 1, pp. 30-8, jan. 2019. Disponível em: <https://www.ncbi.nlm.nih.gov/pubmed/30156037>.

CENTERS FOR DISEASE CONTROL AND PREVENTION. "Antidepressant use among persons aged 12 and over: United States, 2011-2014". Ago. 2017. Disponível em: <https://www.cdc.gov/nchs/products/databriefs/db283.htm>.

_____. "Prevalence of obesity among adults and youth: United States, 2015-2016". Sumário de dados do NCHS n. 288, out. 2017. Disponível em: <https://www.cdc.gov/nchs/ products/databriefs/db288.htm>.

_____. "Smoking is down, but almost 38 million American adults still smoke". 18 jan. 2018. Disponível em: <https://www.cdc.gov/media/releases/2018/p0118-smoking-rates-declining.html>.

_____. "Trends in meeting the 2008 physical activity guidelines, 2008-2018 percentage". [S.d.]. Disponível em: <https://www.cdc.gov/physicalactivity/downloads/trends-in-the-prevalence-of-physical-activity-508.pdf>.

CHIU, Y. H.; AFEICHE, M. C.; GASKINS, A. J.; WILLIAMS, P. L.; MENDIOLA, J.; JØRGENSEN, N.; SWAN, S. H.; CHAVARRO, J. E. "Sugar-sweetened beverage intake in relation to semen quality and reproductive hormone levels in young men". *Human Reproduction*, v. 29, n. 7, pp. 1575-84, jul. 2014. Disponível em: <https://www.ncbi.nlm. nih.gov/pmc/articles/PMC4168308/>.

CHRISTOU, M. A.; CHRISTOU, P. A.; MARKOZANNES, G.; TSATSOULIS, A.; MASTORAKOS, G.; TIGAS, S. "Effects of anabolic androgenic steroids on the reproductive system of athletes and recreational users: A systematic review and meta-analysis". *Sports Medicine*, v. 47, n. 9, pp. 1869-83, set. 2017. Disponível em: <https:// www.ncbi.nlm.nih.gov/pubmed/28258581>.

CULLEN, K. A.; GENTZKE, A. S.; SAWDEY, M. D.; CHANG, J. T.; ANIC, G. M.; WANG, T. W.; CREAMER, M. R.; JAMAL, A.; AMBROSE, B. K.; KING, B. A. "E-cigarette use among youth in the United States, 2019". *JAMA*, v. 322, n. 21, pp. 2095-103, 5 nov. 2019. Disponível em: <https://jamanetwork.com/journals/jama/fullarticle/2755265>.

DACHILLE, G.; LAMURAGLIA, M.; LEONE, M.; PAGLIARULO, A.; PALASCIANO, G.; SALERNO, M. T.; LUDOVICO, G. M. "Erectile dysfunction and alcohol intake". *Urologia*, v. 75, n. 3, pp. 170-6, jul./set. 2008. Disponível em: <https://www.ncbi.nlm.nih.gov/ pubmed/21086346>.

DE SOUZA, M. J.; NATTIV, A.; JOY, E.; MISRA, M.; WILLIAMS, N. I.; MALLINSON, R. J.; GIBBS, J. C.; OLMSTED, M.; GOOLSBY, M.; MATHESON, G. "2014 Female Athlete Triad Coalition consensus statement on treatment and return to play of the female athlete triad: 1st International Conference held in San Francisco, California, May 2012, and 2nd International Conference held in Indianapolis, Indiana, May 2013". *British Journal of Sports Medicine*, v. 48, n. 4, 2014. Disponível em: <https://bjsm.bmj.com/ content/48/4/289>.

DING, J.; SHANG, X.; ZHANG, Z.; JING, H.; SHAO, J.; FEI, Q.; RAYBURN, E. R.; LI, H. "FDA-approved medications that impair human spermatogenesis". *Oncotarget*, v. 8, n. 6, pp. 10714-25, 7 fev. 2017. Disponível em: <https://www.ncbi.nlm.nih.gov/pmc/articles/ PMC5354694/>.

DOREY, G. "Is smoking a cause of erectile dysfunction? A literature review". *British Journal of Nursing*, v. 10, n. 7, pp. 455-65, abr. 2001. Disponível em: <https://www.ncbi.nlm.nih. gov/pubmed/12070390>.

DROBNIS, E. Z.; NANGIA, A. K. "Pain medications and male reproduction". *Advances in Experimental Medicine and Biology*, v. 1034, pp. 39-57, 2017. Disponível em: <https://www. ncbi.nlm.nih.gov/pubmed/29256126>.

FURUKAWA, S.; SAKAI, T.; NIIYA, T.; MIYAOKA, H.; MIYAKE, T.; YAMAMOTO, S.; MARUYAMA, K. et al. "Alcohol consumption and prevalence of erectile dysfunction in Japanese patients with type 2 diabetes mellitus: Baseline data from the Dogo Study". *Alcohol*, v. 55, pp. 17-22, set. 2016. Disponível em: <https://www.ncbi.nlm.nih.gov/ pubmed/27788774>.

GASKINS, A. J.; CHAVARRO, J. E. "Diet and fertility: A review". *American Journal of Obstetrics and Gynecology*, v. 218, n. 4, pp. 379-89, abr. 2018. Disponível em: <https://www.ncbi. nlm.nih.gov/pmc/articles/PMC5826784/>.

GASKINS, A. J.; AFEICHE, M. C.; HAUSER, R.; WILLIAMS, P. L.; GILLMAN, M. W.; TANRIKUT, C.; PETROZZA, J. C.; CHAVARRO, J. E. "Paternal physical and sedentary activities in relation to semen quality and reproductive outcomes among couples from a fertility center". *Human Reproduction*, v. 29, n. 11, pp. 2575-82, nov. 2014. Disponível em: <https://www.ncbi.nlm.nih.gov/pmc/articles/PMC4191451/>.

GASKINS, A. J.; RICH-EDWARDS, J. W.; WILLIAMS, P. L.; TOTH, T. L.; MISSMER, S. A.; CHAVARRO, J. E. "Prepregnancy low to moderate alcohol intake is not associated with risk of spontaneous abortion or stillbirth". *Journal of Nutrition*, v. 146, n. 4, pp. 799-805, abr. 2016. Disponível em: <https://www.ncbi.nlm.nih.gov/pmc/articles/PMC4807650/>.

_____. "Pre-pregnancy caffeine and caffeinated beverage intake and risk of spontaneous abortion". *European Journal of Nutrition*, v. 57, n. 1, pp. 107-17, fev. 2018. Disponível em: <https://www.ncbi.nlm.nih.gov/pmc/articles/PMC5332346/>.

GEBREEGZIABHER, Y.; MARCOS, E.; MCKINON, W.; ROGERS, G. "Sperm characteristics of endurance trained cyclists". *International Journal of Sports Medicine*, v. 25, n. 4, pp. 247-51, maio 2004. Disponível em: <https://www.ncbi.nlm.nih.gov/pubmed/15162242>.

GOLLENBERG, A. L.; LIU, F.; BRAZIL, C.; DROBNIS, E. Z.; GUZICK, D.; OVERSTREET, J. W.; REDMON, J. B.; SPARKS, A.; WANG, C.; SWAN, S. H. "Semen quality in fertile men in relation to psychosocial stress". *Fertility and Sterility*, v. 93, n. 4, pp. 1104-11, 1 mar. 2010. Disponível em: <https://www.ncbi.nlm.nih.gov/pubmed/19243749>.

GRANT, B. F.; CHOU, S. P.; SAHA, T. D.; PICKERING, R. P.; KERRIDGE, B. T.; RUAN, W. J.; HUANG, B. et al. "Prevalence of 12-month alcohol use, high-risk drinking, and *DSM-IV* alcohol use disorder in the United States, 2001-2002 to 2012-2013". *JAMA Psychiatry*, v. 74, n. 9, pp. 911-23, 2017. Disponível em: <https://jamanetwork.com/journals/jamapsychiatry/fullarticle/2647079>.

GUNDERSEN, T. D.; JØRGENSEN, N.; ANDERSSON, A. M.; BANG, A. K.; NORDKAP, L.; SKAKKEBAK, N. E.; PRISKORN, L.; JUUL, A.; JENSEN, T. K. "Association between use of marijuana and male reproductive hormones and semen quality: A study among 1,215 healthy young men". *American Journal of Epidemiology*, v. 182, n. 6, pp. 473-81, 16 ago. 2015. Disponível em: <https://www.ncbi.nlm.nih.gov/pubmed/26283092>.

HAMZELOU, J. "Weird cells in your semen? Don't panic, you might just have flu". *New Scientist*, 30 jun. 2015. Disponível em: <https://www.newscientist.com/article/dn27809-weird-cells-in-your-semen-dont-panic-you-might-just-have-flu/>.

HAWKINS BRESSLER, L.; BERNARDI, L. A.; DE CHAVEZ, P. J.; BAIRD, D. D.; CARNETHON, M. R.; MARSH, E. E. "Alcohol, cigarette smoking, and ovarian reserve in reproductive-age African-American women". *American Journal of Obstetrics and Gynecology*, v. 215, n. 6, pp. 758.e1-758.e9, dez. 2016. Disponível em: <https://www.ncbi.nlm.nih.gov/pmc/articles/PMC5124512/>.

HYLAND, A.; PIAZZA, K. M.; HOVEY, K. M.; OCKENE, J. K.; ANDREWS, C. A.; RIVARD, C.; WACTAWSKI-WENDE, J. "Associations of lifetime active and passive smoking with spontaneous abortion, stillbirth and tubal ectopic pregnancy: A cross-sectional analysis of historical data from the Women's Health Initiative". *Tobacco Control*, v. 24, n. 4, pp. 328-35, jul. 2015. Disponível em: <https://www.ncbi.nlm.nih.gov/pubmed/24572626>.

HYLAND, A.; PIAZZA, K.; HOVEY, K. M.; TINDLE, H. A.; MANSON, J. E.; MESSINA, C.; RIVARD, C.; SMITH, D.; WACTAWSKI-WENDE, J. "Associations between lifetime tobacco exposure with infertility and age at natural menopause: The Women's Health Initiative Observational Study". *Tobacco Control*, v. 25, n. 6, pp. 706-14, nov. 2016. Disponível em: <https://www.ncbi.nlm.nih.gov/pubmed/26666428>.

IPPOLITO, A. C.; SEELIG, A. D.; POWELL, T. M.; CONLIN, A. M. S.; CRUM-CIANFLONE, N. F.; LEMUS, H.; SEVICK, C. J.; LEARDMANN, C. A. "Risk factors associated with miscarriage and impaired fecundity among United States servicewomen during the recent conflicts in Iraq and Afghanistan". *Women's Health Issues*, v. 27, n. 3, pp. 356-65, maio/jun. 2017. Disponível em: <https://www.ncbi.nlm.nih.gov/pubmed/28160994>.

JENSEN, T. K.; GOTTSCHAU, M.; MADSEN, J. O. B.; ANDERSSON, A.-M.; LASSEN, T. H.; SKAKKEBAEK, N. E.; SWAN, S. H.; PRISKORN, L.; JUUL, A.; JØRGENSEN, N. "Habitual alcohol consumption associated with reduced semen quality and changes in reproductive hormones: A cross-sectional study among 1,221 young Danish men". *BMJ Open*, v. 4, n. 9, e005462, 2014. Disponível em: <https://www.ncbi.nlm.nih.gov/pmc/articles/PMC4185337/>.

LANIA, A.; GIANOTTI, L.; GAGLIARDI, I.; BONDANELLI, M.; VENA, W.; AMBROSIO, M. R. "Functional hypothalamic and drug-induced amenorrhea: An overview". *Journal of Endocrinological Investigation*, v. 42, n. 9, pp. 1001-10, set. 2019. Disponível em: <https://www.ncbi.nlm.nih.gov/pubmed/30742257>.

LUQUE, E. M.; TISSERA, A.; GAGGINO, M. P.; MOLINA, R. I.; MANGEAUD, A.; VINCENTI, L. M.; BELTRAMONE, F. et al. "Body mass index and human sperm quality: Neither one extreme nor the other". *Reproduction, Fertility, and Development*, v. 29, n. 4, pp. 731-9, abr. 2017. Disponível em: <https://www.ncbi.nlm.nih.gov/pubmed/26678380>.

MILLETT, C.; WEN, L. M.; RISSEL, C.; SMITH, A.; RICHTERS, J.; GRULICH, A.; DE VISSER, R. "Smoking and erectile dysfunction: Findings from a representative sample of Australian men". *Tobacco Control*, v. 15, n. 2, pp. 136-9, abr. 2006. Disponível em: <https://www.ncbi.nlm.nih.gov/pmc/articles/PMC2563576/>.

MULLIGAN, T.; FRICK, M. F.; ZURAW, Q. C.; STEMHAGEN, A.; MCWHIRTER, C. "Prevalence of hypogonadism in males aged at least 45 years: The HIM study". *International Journal of Clinical Practice*, v. 60, n. 7, pp. 762-9, jul. 2006. Disponível em: <https://www.ncbi.nlm.nih.gov/pmc/articles/PMC1569444/>.

NAGMA, S.; KAPOOR, G.; BHARTI, R.; BATRA, A.; BATRA, A.; AGGARWAL, A.; SABLOK, A. "To evaluate the effect of perceived stress on menstrual function". *Journal of Clinical and Diagnostic Research*, v. 9, n. 3, pp. QC01-QC03, mar. 2015. Disponível em: <https://www.ncbi.nlm.nih.gov/pmc/articles/PMC4413117/>.

NASSAN, F. L.; ARVIZU, M.; MÍNGUEZ-ALARCÓN, L.; GASKINS, A. J.; WILLIAMS, P. L.; PETROZZA, J. C.; HAUSER, R.; CHAVARRO, J. E.; EARTH STUDY TEAM. "Marijuana smoking and outcomes of infertility treatment with assisted reproductive technologies". *Human Reproduction*, v. 34, n. 9, pp. 1818-29, 29 set. 2019. Disponível em: <https://www.ncbi.nlm.nih.gov/pubmed/31505640>.

NATIONAL INSTITUTE ON DRUG ABUSE. "What is the scope of marijuana use in the United States?". Última revisão em: dez. 2019. Disponível em: <https://www.drugabuse.gov/publications/research-reports/marijuana/what-scope-marijuana-use-in-united-states>.

NORDKAP, L.; JENSEN, T. K.; HANSEN, A. M.; LASSEN, T. H.; BANG, A. K.; JOENSEN, U. N.; BLOMBERG JENSEN, M.; SKAKKEBAEK, N. E.; JØRGENSEN, N. "Psychological stress and testicular function: A cross-sectional study of 1,215 Danish men". *Fertility and Sterility*, v. 105, n. 1, pp. 174-87, jan. 2016. Disponível em: <https://www.ncbi.nlm.nih.gov/pubmed/26477499>.

NW CRYOBANK. "NW Cryobank sperm donor requirements". [S.d.]. Disponível em: <https://www.nwsperm.com/how-it-works/sperm-donor-requirements>.

OFFICE ON WOMEN'S HEALTH. "Weight, fertility, and pregnancy". Última atualização em: 27 dez. 2018. Disponível em: <https://www.womenshealth.gov/healthy-weight/weight-fertility-and-pregnancy>.

PALERMO, G. D.; NERI, Q. V.; COZZUBBO, T.; CHEUNG, S.; PEREIRA, N.; ROSENWAKS, Z. "Shedding light on the nature of seminal round cells". *PLoS One*, v. 11, n. 3, e0151640, 16 mar. 2016. Disponível em: <https://journals.plos.org/plosone/article?id=10.1371/journal.pone.0151640>.

PANARA, K.; MASTERSON, J. M.; SAVIO, L. F.; RAMASAMY, R. "Adverse effects of common sports and recreational activities on male reproduction". *European Urology Focus*, v. 5, n. 6, pp. 1146-51, nov. 2019. Disponível em: <https://www.ncbi.nlm.nih.gov/pubmed/29731401>.

PATRA, P. B.; WADSWORTH, R. M. "Quantitative evaluation of spermatogenesis in mice following chronic exposure to cannabinoids". *Andrologia*, v. 23, n. 2, pp. 151-6, mar./abr. 1991. Disponível em: <https://www.ncbi.nlm.nih.gov/pubmed/1659250>.

PRISKORN, L.; JENSEN, T. K.; BANG, A. K.; NORDKAP, L.; JOENSEN, U. N.; LASSEN, T. H.; OLESEN, I. A.; SWAN, S. H.; SKAKKEBAEK, N. E.; JØRGENSEN, N. "Is sedentary lifestyle associated with testicular function? A cross-sectional study of 1,210 men". *American Journal of Epidemiology*, v. 184, n. 4, pp. 284-94, 15 ago. 2016. Disponível em: <https://www.ncbi.nlm.nih.gov/pubmed/27501721>.

QU, F.; WU, Y.; ZHU, Y.-H.; BARRY, J.; DING, T.; BAIO, G.; MUSCAT, R.; TODD, B. K.; WANG, F.-F.; HARDIMAN, P. J. "The association between psychological stress and miscarriage: A systematic review and meta-analysis". *Scientific Reports*, v. 7, 1731, maio 2017. Disponível em: <https://www.ncbi.nlm.nih.gov/pmc/articles/PMC5431920/>.

RADWAN, M.; JUREWICZ, J.; MERECZ-KOT, D.; SOBALA, W.; RADWAN, P.; BOCHENEK, M.; HANKE, W. "Sperm DNA damage: The effect of stress and everyday life factors". *International Journal of Impotence Research*, v. 28, n. 4, pp. 148-54, jul. 2016. Disponível em: <https://www.ncbi.nlm.nih.gov/pubmed/27076112>.

RAHALI, D.; JRAD-LAMINE, A.; DALLAGI, Y.; BDIRI, Y.; BA, N.; EL MAY, M.; EL FAZAA, S.; EL GOLLI, N. "Semen parameter alteration, histological changes and role of oxidative stress in adult rat epididymis on exposure to electronic cigarette refill liquid". *Chinese Journal of Physiology*, v. 61, n. 2, pp. 75-84, 30 abr. 2018. Disponível em: <https://www.ncbi.nlm.nih.gov/pubmed/29526076>.

RAMARAJU, G. A.; TEPPALA, S.; PRATHIGUDUPU, K.; KALAGARA, M.; THOTA, S.; KOTA, M.; CHEEMAKURTHI, R. "Association between obesity and sperm quality". *Andrologia*, v. 50, n. 3, abr. 2018. Disponível em: <https://www.ncbi.nlm.nih.gov/pubmed/28929508>.

REMES, O.; BRAYNE, C.; VAN DER LINDE, R.; LAFORTUNE, L. "A systematic review of reviews on the prevalence of anxiety disorders in adult populations". *Brain and Behavior*, v. 6, n. 7, e00497, jul. 2016. Disponível em: <https://onlinelibrary.wiley.com/doi/full/10.1002/brb3.497>.

RICCI, E.; NOLI, S.; FERRARI, S.; LA VECCHIA, I.; CIPRIANI, S.; DE COSMI, V.; SOMIGLIANA, E.; PARAZZINI, F. "Alcohol intake and semen variables: Cross-sectional analysis of a prospective cohort study of men referring to an Italian fertility clinic". *Andrology*, v. 6, n. 5, pp. 690-6, set. 2018. Disponível em: <https://www.ncbi.nlm.nih.gov/pubmed/30019500>.

SANTILLANO, V. "Is height advantage a tall tale?". *More*. Última atualização em: 27 dez. 2009. Disponível em: <https://www.more.com/lifestyle/exercise-health/height-advantage-tall-tale/>.

262   Contagem regressiva

SCHLOSSBERG, M. "5 Things you need to know about whiskey dick, the greatest curse known to mankind". *Men's Health*, 21 set. 2017. Disponível em: <https://www.menshealth.com/sex-women/a19535862/whiskey-dick-is-real-and-heres-the-science-behind-it/>.

SCHUEL, H.; SCHUEL, R.; ZIMMERMAN, A. M.; ZIMMERMAN, S. "Cannabinoids reduce fertility of sea urchin sperm". *Biochemistry and Cell Biology*, v. 65, n. 2, pp. 130-6, fev. 1987. Disponível em: <https://www.ncbi.nlm.nih.gov/pubmed/3030370>.

SHARMA, R.; HARLEY, A.; AGARWAL, A.; ESTEVES, S. C. "Cigarette smoking and semen quality: A new meta-analysis examining the effect of the 2010 World Health Organization laboratory methods for the examination of human semen". *European Urology*, v. 70, n. 4, pp. 635-45, out. 2016. Disponível em: <https://www.ncbi.nlm.nih.gov/pubmed/27113031>.

SPERM BANK OF CALIFORNIA. "How to qualify as a sperm donor?". [S.d.]. Disponível em: <https://www.thespermbankofca.org/content/how-qualify-sperm-donor>.

SWAN, S. H.; LIU, F.; OVERSTREET, J. W.; BRAZIL, C.; SKAKKEBAEK, N. E. "Semen quality of fertile US males in relation to their mothers' beef consumption during pregnancy". *Human Reproduction*, v. 22, n. 6, pp. 1497-502, jun. 2007. Disponível em: <https://www.ncbi.nlm.nih.gov/pubmed/17392290>.

TATEM, A. J.; BEILAN, J.; KOVAC, J. R.; LIPSHULTZ, L. I. "Management of anabolic steroid-induced infertility: Novel strategies for fertility maintenance and recovery". *World Journal of Men's Health*, v. 38, n. 2, pp. 141-50, abr. 2020. Disponível em: <https://wjmh.org/DOIx.php?id=10.5534/wjmh.190002>.

7. **AMEAÇAS SILENCIOSAS E ONIPRESENTES: OS PERIGOS DOS PLÁSTICOS E PRODUTOS QUÍMICOS MODERNOS [P. 121]**

BARRETT, E. S.; SATHYANARAYANA, S.; MBOWE, O.; THURSTON, S. W.; REDMON, J. B.; NGUYEN, R. H. N.; SWAN, S. H. "First-trimester urinary bisphenol A concentration in relation to anogenital distance, an androgen-sensitive measure of reproductive development, in infant girls". *Environmental Health Perspectives*, 11 jul. 2017. Disponível em: <https://ehp.niehs.nih.gov/doi/10.1289/EHP875>.

BARRETT, E. S.; SOBOLEWSKI, M. "Polycystic ovary syndrome: Do endocrine disrupting chemicals play a role?". *Seminars in Reproductive Medicine*, v. 32, n. 3, pp. 166-76, maio 2014. Disponível em: <https://www.ncbi.nlm.nih.gov/pmc/articles/PMC4086778/>.

BIENKOWSKI, B. "'Environmentally friendly' flame retardants break down into potentially toxic chemicals". *Environmental Health News*, 9 jan. 2019. Disponível em: <https://www.ehn.org/environmentally-friendly-flame-retardants-break-down-into-potentially-toxic-chemicals-2625440344.html>.

BLOOM, M. S.; WHITCOMB, B. W.; CHEN, Z.; YE, A.; KANNAN, K.; BUCK LOUIS, G. M. "Associations between urinary phthalate concentrations and semen quality parameters in a general population". *Human Reproduction*, v. 30, n. 11, pp. 2645-57, set. 2015. Disponível em: <https://www.ncbi.nlm.nih.gov/pmc/articles/PMC4605371/pdf/dev219.pdf>.

BORNEHAG, C. G.; CARLSTEDT, F.; JÖNSSON, B. A.; LINDH, C. H.; JENSEN, T. K.; BODIN, A.; JONSSON, C.; JANSON, S.; SWAN, S. H. "Prenatal phthalate exposures and anogenital distance in Swedish boys". *Environmental Health Perspectives*, v. 123, n. 1, pp. 101-7, jan. 2015. Disponível em: <https://www.ncbi.nlm.nih.gov/pmc/articles/PMC4286276/>.

BRETVELD, R.; ZIELHUIS, G. A.; ROELEVELD, N. "Time to pregnancy among female greenhouse workers". *Scandinavian Journal of Work, Environment, & Health*, v. 32, n. 5, pp. 359-67, out. 2006. Disponível em: <https://www.ncbi.nlm.nih.gov/pubmed/17091203>.

CARSON, R. *Silent Spring*. Boston: Houghton Mifflin, 1962. [Ed. bras.: *Primavera silenciosa*. Trad. Claudia Sant'Anna Martins. São Paulo: Gaia, 2010.]

CASERTA, D.; DI SEGNI, N.; MALLOZZI, M.; GIOVANALE, V.; MANTOVANI, A.; MARCI, R.; MOSCARINI, M. "Bisphenol A and the female reproductive tract: An overview of recent laboratory evidence and epidemiological studies". *Reproductive Biology and Endocrinology*, v. 12, n. 37, 2014. Disponível em: <https://www.ncbi.nlm.nih.gov/pmc/articles/PMC4019948/>.

CENTERS FOR DESEASE CONTROL AND PREVENTION. "National report on human exposure to environmental chemicals". Tabelas atualizadas, jan. 2019. Disponível em: <https://www.cdc.gov/exposurereport/index.html>.

CHEVRIER, C.; WAREMBOURG, C.; GAUDREAU, E.; MONFORT, C.; LE BLANC, A.; GULDNER, L.; CORDIER, S. "Organochlorine pesticides, polychlorinated biphenyls, seafood consumption, and time-to-pregnancy". *Epidemiology*, v. 24, n. 2, pp. 251-60, mar. 2013. Disponível em: <https://www.ncbi.nlm.nih.gov/pubmed/23348067>.

CHOI, G.; WANG, Y. B.; SUNDARAM, R.; CHEN, Z.; BARR, D. B.; BUCK LOUIS, G. M.; SMARR, M. M. "Polybrominated diphenyl ethers and incident pregnancy loss: The LIFE Study". *Environmental Research*, v. 168, pp. 375-81, jan. 2019. Disponível em: <https://www.ncbi.nlm.nih.gov/pmc/articles/PMC6294303/>.

COLLABORATIVE ON HEALTH AND THE ENVIRONMENT. "Regrettable replacements: The next generation of endocrine disrupting chemicals". 24 out. 2017. Disponível em: <https://www.healthandenvironment.org/partnership_calls/95948>.

CONDORELLI, R.; CALOGERO, A. E.; LA VIGNERA, S. "Relationship between testicular volume and conventional or nonconventional sperm parameters". *International Journal of Endocrinology*, v. 2013, 145792, 2013. Disponível em: <https://www.hindawi.com/journals/ije/2013/145792/>.

DI NISIO, A.; SABOVIC, I.; VALENTE, U.; TESCARI, S.; ROCCA, M. S.; GUIDOLIN, D.; DALL'ACQUA, S. et al. "Endocrine disruption of androgenic activity by perfluoroalkyl substances: Clinical and experimental evidence". *Journal of Clinical Endocrinology and Metabolism*, v. 104, n. 4, pp. 1259-71, 1 abr. 2019. Disponível em: <https://www.ncbi.nlm.nih.gov/pubmed/30403786>.

"THE DOSE makes the poison". ChemistrySafetyFacts.org., [s.d.]. Disponível em: <https://www.chemicalsafetyfacts.org/dose-makes-poison-gallery/>.

ESKENAZI, B.; MOCARELLI, P.; WARNER, M.; SAMUELS, S.; VERCELLINI, P.; OLIVE, D.; NEEDHAM, L. L. et al. "Serum dioxin concentrations and endometriosis: A cohort study in Seveso, Italy". *Environmental Health Perspectives*, v. 110, n. 7, pp. 629-34, jul. 2002. Disponível em: <https://www.ncbi.nlm.nih.gov/pmc/articles/PMC1240907/>.

ESKENAZI, B.; WARNER, M.; MARKS, A. R.; SAMUELS, S.; NEEDHAM, L.; BRAMBILLA, P.; MOCARELLI, P. "Serum dioxin concentrations and time to pregnancy". *Epidemiology*, v. 21, n. 2, pp. 224-31, mar. 2010. Disponível em: <https://www.ncbi.nlm.nih.gov/pmc/articles/PMC6267871/>.

HARLEY, K. G.; MARKS, A. R.; CHEVRIER, J.; BRADMAN, A.; SJÖDIN, A.; ESKENAZI, B. "PBDE concentrations in women's serum and fecundability". *Environmental Health Perspectives*, v. 118, n. 5, pp. 699-704, maio 2010. Disponível em: <https://www.ncbi.nlm.nih.gov/pmc/articles/PMC2866688/>.

HARLEY, K. G.; RAUCH, S. A.; CHEVRIER, J.; KOGUT, K.; PARRA, K. L.; TRUJILLO, C.; LUSTIG, R. H. et al. "Association of prenatal and childhood PBDE exposure with timing of puberty in boys and girls". *Environment International*, v. 100, pp. 132-8, mar. 2017. Disponível em: <https://www.ncbi.nlm.nih.gov/pmc/articles/PMC5308219/>.

HART, R. J.; FREDERIKSEN, H.; DOHERTY, D. A.; KEELAN, J. A.; SKAKKEBAEK, N. E.; MINAEE, N. S.; MCLACHLAN, R. et al. "The possible impact of antenatal exposure to ubiquitous phthalates upon male reproductive function at 20 years of age". *Frontiers in Endocrinology*, v. 9, 288, jun. 2018. Disponível em: <https://www.ncbi.nlm.nih.gov/pmc/articles/PMC5996240/>.

HERRERO, Ó.; AQUILINO, M.; SÁNCHEZ-ARGÜELLO, P.; PLANELLÓ, R. "The BPA-substitute bisphenol S alters the transcription of genes related to endocrine, stress response and biotransformation pathways in the aquatic midge *Chironomus riparius* (Diptera, Chironomidae)". *PLoS One*, v. 13, n. 2, e0193387, 2018. Disponível em: <https://www.ncbi.nlm.nih.gov/pmc/articles/PMC5821402/>.

HORMONE HEALTH NETWORK. "Endocrine-disrupting chemicals (EDCs)". [S.d.]. Disponível em: <https://www.hormone.org/your-health-and-hormones/endocrine-disrupting-chemicals-edcs>.

HOULIHAN, J.; BRODY, C.; SCHWAN, B. "Not too pretty: Phthalates, beauty products & the FDA". Environmental Working Group, jul. 2002. Disponível em: <https://www.safecosmetics.org/wp-content/uploads/2015/02/Not-Too-Pretty.pdf>.

HU, Y.; JI, L.; ZHANG, Y.; SHI, R.; HAN, W.; TSE, L. A.; PAN, R. et al. "Organophosphate and pyrethroid pesticide exposures measured before conception and associations with time to pregnancy in Chinese couples enrolled in the Shanghai Birth Cohort". *Environmental Health Perspectives*, v. 126, n. 7, 077001, 9 jul. 2018. Disponível em: <https://www.ncbi.nlm.nih.gov/pmc/articles/PMC6108871/>.

KANDARAKI, E.; CHATZIGEORGIOU, A.; LIVADAS, S.; PALIOURA, E.; ECONOMOU, F.; KOUTSILIERIS, M.; PALIMERI, S.; PANIDIS, D.; DIAMANTI-KANDARAKIS, E. "Endocrine disruptors and polycystic ovary syndrome (PCOS): Elevated serum levels of bisphenol A in women with PCOS". *Journal of Clinical Endocrinology and Metabolism*, v. 96, n. 3, pp. E480-E484, mar. 2011. Disponível em: <https://academic.oup.com/jcem/article/96/3/E480/2597282>.

LATHI, R. B.; LIEBERT, C. A.; BROOKFIELD, K. F.; TAYLOR, J. A.; VOM SAAL, F. S.; FUJIMOTO, V. Y.; BAKER, V. L. "Conjugated bisphenol A (BPA) in maternal serum in relation to miscarriage risk". *Fertility and Sterility*, v. 102, n. 1, pp. 123-8, jul. 2014. Disponível em: <https://www.ncbi.nlm.nih.gov/pmc/articles/PMC4711263/>.

LI, D. K.; ZHOU, Z.; MIAO, M.; HE, Y.; WANG, J. T.; FERBER, J.; HERRINTON, L. J.; GAO, E. S.; YUAN, W. "Urine bisphenol-A (BPA) level in relation to semen quality". *Fertility and Sterility*, v. 95, n. 2, pp. 625-30, fev. 2011. Disponível em: <https://www.sciencedirect.com/science/article/abs/pii/S0015028210025872>.

MACKENDRICK, N. *Better Safe Than Sorry.* Oakland: University of California Press, 2018.

MIAO, M.; YUAN, W.; HE, Y.; ZHOU, Z.; WANG, J.; GAO, E.; LI, G.; LI, D. K. "In utero exposure to bisphenol-A and anogenital distance of male offspring". *Birth Defects Research Part A: Clinical and Molecular Teratology*, v. 91, n. 10, pp. 867-72, out. 2011. Disponível em: <https://pubmed.ncbi.nlm.nih.gov/21987463/>.

"MICROPLASTICS found in human stools for first time". Technology Networks, 23 out. 2018. Disponível em: <https://www.technologynetworks.com/applied-sciences/news/microplastics-found-in-human-stools-for-first-time-310862>.

MÍNGUEZ-ALARCÓN, L.; SERGEYEV, O.; BURNS, J. S.; WILLIAMS, P. L.; LEE, M. M.; KORRICK, S. A.; SMIGULINA, L.; REVICH, B.; HAUSER, R. "A longitudinal study of peripubertal serum organochlorine concentrations and semen parameters in young men: The Russian Children's Study". *Environmental Health Perspectives*, v. 125, n. 3, pp. 160-466, mar. 2017. Disponível em: <https://www.ncbi.nlm.nih.gov/pmc/articles/PMC5332179/>.

MITRO, S. D.; DODSON, R. E.; SINGLA, V.; ADAMKIEWICZ, G.; ELMI, A. F.; TILLY, M. K.; ZOTA, A. R. "Consumer product chemicals in indoor dust: A quantitative meta-analysis of U. S. studies". *Environmental Science & Technology*, v. 50, n. 19, pp. 10661-72, 4 out. 2016. Disponível em: <https://www.ncbi.nlm.nih.gov/pmc/articles/PMC5052660/>.

NATIONAL PESTICIDE INFORMATION CENTER. "Pesticides: What's my risk?". Última atualização em: 11 abr. 2012. Disponível em: <http://npic.orst.edu/factsheets/WhatsMyRisk.html>.

NEVORAL, J.; KOLINKO, Y.; MORAVEC, J.; ŽALMANOVA, T.; HOŠKOVA, K.; PROKEŠOVÁ, Š.; KLEIN, P. et al. "Long-term exposure to very low doses of bisphenol S affects female reproduction". *Reproduction*, v. 156, n. 1, pp. 47-57, jul. 2018. Disponível em: <https://www.ncbi.nlm.nih.gov/pubmed/29748175>.

ÖZEL, S.; TOKMAK, A.; AYKUT, O.; AKTULAY, A.; HANÇERLIOĞULLARI, N.; ENGIN USTUN, Y. "Serum levels of phthalates and bisphenol-A in patients with primary ovarian insufficiency". *Gynecological Endocrinology*, v. 35, n. 4, pp. 364-7, abr. 2019. Disponível em: <https://www.ncbi.nlm.nih.gov/pubmed/30638094>.

PLANNED PARENTHOOD. "Sexual and reproductive anatomy". [S.d.]. Disponível em: <https://www.plannedparenthood.org/learn/health-and-wellness/sexual-and-reproductive-anatomy>.

RADKE, E. G.; BRAUN, J. M.; MEEKER, J. D.; COOPER, G. S. "Phthalate exposure and male reproductive outcomes: A systematic review of the human epidemiological evidence". *Environment International*, v. 121, parte 1, pp. 764-93, dez. 2018. Disponível em: <https://www.sciencedirect.com/science/article/pii/S0160412018303404>.

RAFIZADEH, D. "BPA-free isn't always better: The dangers of BPA, a BPA substitute". *Yale Scientific*, 17 ago. 2016. Disponível em: <http://www.yalescientific.org/2016/08/bpa-free-isnt-always-better-the-dangers-of-bps-a-bpa-substitute/>.

RATCLIFFE, J. M.; SCHRADER, S. M.; STEENLAND, K.; CLAPP, D. E.; TURNER, T.; HORNUNG, R. W. "Semen quality in papaya workers with long term exposure to ethylene dibromide". *British Journal of Industrial Medicine*, v. 44, n. 5, pp. 317-26, maio 1987. Disponível em: <https://www.ncbi.nlm.nih.gov/pmc/articles/PMC1007829/>.

RUTKOWSKA, A. Z.; DIAMANTI-KANDARAKIS, E. "Polycystic ovary syndrome and environmental toxins". *Fertility and Sterility*, v. 106, n. 4, pp. 948-58, 15 set. 2016. Disponível em: <https://www.ncbi.nlm.nih.gov/pubmed/27559705>.

SMITH, R.; LOURIE, B. *Slow Death by Rubber Duck: How the Toxicity of Everyday Life Affects Our Health*. Ed. ampl. e atual. Toronto: Knopf Canada, 2019.

STOIBER, T. "Study: Banned since 2004, toxic flame retardants persist in U. S. newborns". Environmental Working Group, 11 jul. 2017. Disponível em: <https://www.ewg.org/enviroblog/2017/07/study-banned-2004-toxic-flame-retardants-persist-us-newborns>.

SWAN, S. H.; KRUSE, R. L.; LIU, F.; BARR, D. B.; DROBNIS, E. Z.; REDMON, J. B.; WANG, C.; BRAZIL, C.; OVERSTREET, J. W. "Semen quality in relation to biomarkers of pesticide exposure". *Environmental Health Perspectives*, v. 111, n. 12, pp. 1478-84, set. 2003. Disponível em: <https://www.ncbi.nlm.nih.gov/pmc/articles/PMC1241650/>.

266   Contagem regressiva

TOFT, G.; THULSTRUP, A. M.; JÖNSSON, B. A.; PEDERSEN, H. S.; LUDWICKI,
J. K.; ZVEZDAY, V.; BONDE, J. P. "Fetal loss and maternal serum levels of
2,2',4,4',5,5'hexachlorbiphenyl (CB-153) and 1,1-dichloro-2,2-bis(*p*-chlorophenyl)ethylene
(p,p'-DDE) exposure: A cohort study in Greenland and two European populations".
Environmental Health, v. 9, n. 22, 2010. Disponível em: <https://www.ncbi.nlm.nih.gov/
pmc/articles/PMC2877014/>.

TOUMI, K.; JOLY, L.; VLEMINCKX, C.; SCHIFFERS, B. "Risk assessment of florists exposed
to pesticide residues through handling of flowers and preparing bouquets". *International
Journal of Environmental Research and Public Health*, v. 14, n. 5, p. 526, maio 2017.
Disponível em: <https://www.ncbi.nlm.nih.gov/pmc/articles/PMC5451977/>.

VABRE, P.; GATIMEL, N.; MOREAU, J.; GAYRARD, V.; PICARD-HAGEN, N.; PARINAUD,
J.; LEANDRI, R. D. "Environmental pollutants, a possible etiology for premature ovarian
insufficiency: A narrative review of animal and human data". *Environmental Health*, v. 16, n.
37, 2017. Disponível em: <https://www.ncbi.nlm.nih.gov/pmc/articles/PMC5384040/>.

VANDENBERG, L. N.; COLBORN, T.; HAYES, T. B.; HEINDEL, J. J.; JACOBS JR., D.
R.; LEE, D.-H.; SHIODA, T. et al. "Hormones and endocrine-disrupting chemicals:
Lowdose effects and nonmonotonic dose responses". *Endocrine Reviews*, v. 33, n. 3, pp.
378-455, jun. 2012. Disponível em: <https://www.ncbi.nlm.nih.gov/pmc/articles/
PMC3365860/>.

VOGEL, S. A. "The politics of plastics: The making and unmaking of bisphenol A 'safety'".
American Journal of Public Health, v. 99, supl. 3, pp. S559-S566, 2009. Disponível em:
<https://www.ncbi.nlm.nih.gov/pmc/articles/PMC2774166/>.

ZHANG, J.; CHEN, L.; XIAO, L.; OUYANG, F.; ZHANG, Q. Y.; LUO, Z. C. "Polybrominated diphenyl
ether concentrations in human breast milk specimens worldwide". *Epidemiology*, v. 28, supl. 1, pp.
S89-S97, out. 2017. Disponível em: <https://www.ncbi.nlm.nih.gov/pubmed/29028681>.

ZIV-GAL, A.; FLAWS, J. A. "Evidence for bisphenol A-induced female infertility: Review
(2007-2016)". *Fertility and Sterility*, v. 106, n. 4, pp. 827-56, 15 set. 2016. Disponível em:
<https://www.ncbi.nlm.nih.gov/pmc/articles/PMC5026908/>.

ZIV-GAL, A.; GALLICCHIO, L.; CHIANG, C.; THER, S. N.; MILLER, S. R.; ZACUR, H.
A.; DILLS, R. L.; FLAWS, J. A. "Phthalate metabolite levels and menopausal hot flashes
in midlife women". *Reproductive Toxicology*, v. 60, pp. 76-81, abr. 2016. Disponível em:
<https://www.ncbi.nlm.nih.gov/pmc/articles/PMC4867120/>.

8.   O LONGO ALCANCE DAS EXPOSIÇÕES: EFEITOS REPRODUTIVOS EM CASCATA [P. 145]

BROWN, A. S.; SUSSER, E. S. "Prenatal nutritional deficiency and risk of adult
schizophrenia". *Schizophrenia Bulletin*, v. 34, n. 6, pp. 1054-63, nov. 2008. Disponível em:
<https://www.ncbi.nlm.nih.gov/pmc/articles/PMC2632499/>.

BYGREN, L. O.; TINGHÖG, P.; CARSTENSEN, J.; EDVINSSON, S.; KAATI, G.; PEMBREY,
M. E.; SJÖSTRÖM, M. "Change in paternal grandmothers' early food supply influenced
cardiovascular mortality of the female grandchildren". *BMC Genetics*, v. 15, n. 12, fev. 2014.
Disponível em: <https://www.ncbi.nlm.nih.gov/pmc/articles/PMC3929550/>.

CEDARS, M. I.; TAYMANS, S. E.; DEPAOLO, L. V.; WARNER, L.; MOSS, S. B.; EISENBERG,
M. L. "The sixth vital sign: What reproduction tells us about overall health. Proceedings
from a NICHD/CDC Workshop". *Human Reproduction Open*, v. 2017, n. 2, 2017.
Disponível em: <https://www.ncbi.nlm.nih.gov/pmc/articles/PMC6276647/>.

CHARALAMPOPOULOS, D.; MCLOUGHLIN, A.; ELKS, C. E.; ONG, K. K. "Age at menarche and risks of all-cause and cardiovascular death: A systematic review and meta-analysis". *American Journal of Epidemiology*, v. 180, n. 1, pp. 29-40, jul. 2014. Disponível em: <https://www.ncbi.nlm.nih.gov/pmc/articles/PMC4070937/>.

DOLINOY, D. C.; HUANG, D.; JIRTLE, R. L. "Maternal nutrient supplementation counteracts bisphenol A-induced DNA hypomethylation in early development". *Proceedings of the National Academy of Sciences*, v. 104, n. 32, pp. 13056-61, ago. 2007. Disponível em: <https://www.ncbi.nlm.nih.gov/pmc/articles/PMC1941790/>.

EISENBERG, M. L.; LI, S.; BEHR, B.; CULLEN, M. R.; GALUSHA, D.; LAMB, D. J.; LIPSHULTZ, L. I. "Semen quality, infertility and mortality in the USA". *Human Reproduction*, v. 29, n. 7, pp. 1567-74, jul. 2014. Disponível em: <https://www.ncbi.nlm.nih.gov/pmc/articles/PMC4059337/pdf/deu106.pdf>.

EISENBERG, M. L.; LI, S.; CULLEN, M. R.; BAKER, L. C. "Increased risk of incident chronic medical conditions in infertile men: Analysis of United States claims data". *Fertility and Sterility*, v. 105, n. 3, pp. 629-36, mar. 2016. Disponível em: <https://www.ncbi.nlm.nih.gov/pubmed/26674559>.

ELIAS, S. G.; VAN NOORD, P. A. H.; PEETERS, P. H. M.; TONKELAAR, I. D.; GROBBEE, D. E. "Caloric restriction reduces age at menopause: The effect of the 1944-1945 Dutch famine". *Menopause*, v. 25, n. 11, pp. 1232-7, nov. 2018. Disponível em: <https://www.ncbi.nlm.nih.gov/pubmed/30358718>.

HATIPOĞLU, N.; KURTOĞLU, S. "Micropenis: Etiology, diagnosis and treatment approaches". *Journal of Clinical Research in Pediatric Endocrinology*, v. 5, n. 4, pp. 217-23, dez. 2013. Disponível em: <https://www.ncbi.nlm.nih.gov/pmc/articles/PMC3890219/>.

JENSEN, T. K.; JACOBSEN, R.; CHRISTENSEN, K.; NIELSEN, N. C.; BOSTOFTE, E. "Good semen quality and life expectancy: A cohort study of 43,277 men". *American Journal of Epidemiology*, v. 170, n. 5, pp. 559-65, set. 2009. Disponível em: <https://www.ncbi.nlm.nih.gov/pubmed/19635736>.

KANHERKAR, R. R.; BHATIA-DEY, N.; CSOKA, A. B. "Epigenetics across the human lifespan". *Frontiers in Cell Developmental Biology*, v. 2, n. 49, 9 set. 2014. Disponível em: <https://www.frontiersin.org/articles/10.3389/fcell.2014.00049/full>.

LY, L.; CHAN, D.; AARABI, M.; LANDRY, M.; BEHAN, N. A.; MACFARLANE, A. J.; TRASLER, J. "Intergenerational impact of paternal lifetime exposures to both folic acid deficiency and supplementation on reproductive outcomes and imprinted gene methylation". *Molecular Human Reproduction*, v. 23, n. 7, pp. 461-77, jul. 2017. Disponível em: <https://www.ncbi.nlm.nih.gov/pmc/articles/PMC5909862/>.

MACMAHON, B.; COLE, P.; LIN, T. M.; LOWE, C. R.; MIRRA, A. P.; RAVNIHAR, B.; SALBER, E. J.; VALAORAS, V. G.; YUASA, S. "Age at first birth and breast cancer risk". *Bulletin of the World Health Organization*, v. 43, n. 2, pp. 209-21, 1970. Disponível em: <https://www.ncbi.nlm.nih.gov/pmc/articles/PMC2427645/>.

MENEZO, Y.; DALE, B.; ELDER, K. "The negative impact of the environment on methylation/epigenetic marking in gametes and embryos: A plea for action to protect the fertility of future generations". *Molecular Reproduction & Development*, v. 86, n. 10, pp. 1273-82, out. 2019. Disponível em: <https://www.ncbi.nlm.nih.gov/pubmed/30653787>.

"MENSTRUATION and breastfeeding". La Leche League International, [s.d.]. Disponível em: <https://www.llli.org/breastfeeding-info/menstruation/>.

MØRKVE KNUDSEN, T.; REZWAN, F. I.; JIANG, Y.; KARMAUS, W.; SVANES, C.; HOLLOWAY, J. W. "Transgenerational and intergenerational epigenetic inheritance in allergic diseases". *Journal of Allergy and Clinical Immunology*, v. 142, n. 3, pp. 765-72, set. 2018. Disponível em: <https://www.ncbi.nlm.nih.gov/pmc/articles/PMC6167012/>.

MURUGAPPAN, G.; LI, S.; LATHI, R. B.; BAKER, V. L.; EISENBERG, M. L. "Risk of cancer in infertile women: Analysis of US claims data". *Human Reproduction*, v. 34, n. 5, pp. 894-902, 1 maio 2019. Disponível em: <https://www.ncbi.nlm.nih.gov/pubmed/30863841>.

MYERS, P. "Science: Are we in a male fertility death spiral?". *Environmental Health News*, 26 jul. 2017. Disponível em: <https://www.ehn.org/science_are_we_in_a_male_fertility_death_spiral-2497202098.html>.

NILSSON, E. E.; SADLER-RIGGLEMAN, I.; SKINNER, M. K. "Environmentally induced epigenetic transgenerational inheritance of disease". *Environmental Epigenetics*, v. 4, n. 2, pp. 1-13, abr. 2018. Disponível em: <https://www.ncbi.nlm.nih.gov/pmc/articles/PMC6051467/>.

NORTHSTONE, K.; GOLDING, J.; DAVEY SMITH, G.; MILLER, L. L.; PEMBREY, M. "Prepubertal start of father's smoking and increased body fat in his sons: Further characterisation of paternal transgenerational responses". *European Journal of Human Genetics*, v. 22, n. 12, pp. 1382-6, dez. 2014. Disponível em: <https://www.ncbi.nlm.nih.gov/pmc/articles/PMC4085023/>.

PAINTER, R. C.; OSMOND, C.; GLUCKMAN, P.; HANSON, M.; PHILLIPS, D. I. W.; ROSEBOOM, T. J. "Transgenerational effects of prenatal exposure to the Dutch famine on neonatal adiposity and health in later life". *BJOG*, v. 115, n. 10, pp. 1243-9, set. 2008. Disponível em: <https://obgyn.onlinelibrary.wiley.com/doi/full/10.1111/j.1471-0528.2008.01822.x>.

PALMER, J. R.; HERBST, A. L.; NOLLER, K. L.; BOGGS, D. A.; TROISI, R.; TITUS-ERNSTOFF, L.; HATCH, E. E.; WISE, L. A.; STROHSNITTER, W. C.; HOOEVER, R. N. "Urogenital abnormalities in men exposed to diethylstilbestrol *in utero*: A cohort study". *Environmental Health*, v. 8, n. 37, ago. 2009. Disponível em: <https://www.ncbi.nlm.nih.gov/pmc/articles/PMC2739506/>.

PEMBREY, M. E.; BYGREN, L. O.; KAATI, G.; EDVINSSON, S.; NORTHSTONE, K.; SJÖSTRÖM, M.; GOLDING, J.; ALSPAC STUDY TEAM. "Sex-specific, male-line transgenerational responses in humans". *European Journal of Human Genetics*, v. 14, n. 2, pp. 159-66, fev. 2006. Disponível em: <https://www.ncbi.nlm.nih.gov/pubmed/16391557>.

RODGERS, A. B.; BALE, T. L. "Germ cell origins of PTSD risk: The transgenerational impact of parental stress experience". *Biological Psychiatry*, v. 78, n. 5, pp. 307-14, 1 set. 2015. Disponível em: <https://www.ncbi.nlm.nih.gov/pmc/articles/PMC4526334/>.

RODGERS, A. B.; MORGAN, C. P.; BRONSON, S. L.; REVELLO, S.; BALE, T. L. "Paternal stress exposure alters sperm microRNA content and reprograms offspring HPA stress axis regulation". *Journal of Neuroscience*, v. 33, n. 21, pp. 9003-12, 22 maio 2013. Disponível em: <https://www.ncbi.nlm.nih.gov/pmc/articles/PMC3712504/>.

SCHULZ, L. C. "The Dutch Hunger Winter and the developmental origins of health and disease". *Proceedings of the National Academy of Sciences*, v. 107, n. 39, pp. 16757-8, 28 set. 2010. Disponível em: <https://www.ncbi.nlm.nih.gov/pmc/articles/PMC2947916/>.

TOURNAIRE, M. D.; DEVOUCHE, E.; EPELBOIN, S.; CABAU, A.; DUNBAVAND, A.; LEVADOU, A. "Birth defects in children of men exposed in utero to diethylstilbestrol

(DES)". *Therapie*, v. 73, n. 5, pp. 399-407, out. 2018. Disponível em: <https://www.ncbi.nlm.nih.gov/pubmed/29609831>.

VAN DIJK, S. J.; MOLLOY, P. L.; VARINLI, H.; MORRISON, J. L.; MUHLHAUSLER, B. S.; MEMBERS OF EPISCOPE. "Epigenetics and human obesity". *International Journal of Obesity*, v. 39, n. 1, pp. 85-97, jan. 2015. Disponível em: <https://www.ncbi.nlm.nih.gov/pubmed/24566855>.

VEENENDAAL, M. V. E.; PAINTER, R. C.; DE ROOIJ, S. R.; BOSSUYT, P. M. M.; VAN DER POST, J. A. M.; GLUCKMAN, P. D.; HANSON, M. A.; ROSEBOOM, T. J. "Transgenerational effects of prenatal exposure to the 1944-45 Dutch famine". *BJOG*, v. 120, n. 5, pp. 548-54, abr. 2013. Disponível em: <https://obgyn.onlinelibrary.wiley.com/doi/full/10.1111/1471-0528.12136>.

VENTIMIGLIA, E.; CAPOGROSSO, P.; BOERI, L.; SERINO, A.; COLICCHIA, M.; IPPOLITO, S.; SCANO, R. et al. "Infertility as a proxy of general male health: Results of a cross-sectional survey". *Fertility and Sterility*, v. 104, n. 1, pp. 48-55, jul. 2015. Disponível em: <https://www.ncbi.nlm.nih.gov/pubmed/26006735>.

WU, H.; ESTILL, M. S.; SHERSHEBNEV, A.; SUVOROV, A.; KRAWETZ, S. A.; WHITCOMB, B. W.; DINNIE, H.; RAHIL, T.; SITES, C. K.; PILSNER, J. R. "Preconception urinary phthalate concentrations and sperm DNA methylation profiles among men undergoing IVF treatment: A cross-sectional study". *Human Reproduction*, v. 32, n. 11, pp. 2159-69, nov. 2017. Disponível em: <https://www.ncbi.nlm.nih.gov/pmc/articles/PMC5850785/>.

YASMIN, S. "Experts debunk study that found Holocaust trauma is inherited". *Dallas Morning News*, 9 jun. 2017. Disponível em: <www.chicagotribune.com/lifestyles/health/ct-holocaust-trauma-not-inherited-20170609-story.html>.

YEHUDA, R.; DASKALAKIS, N. P.; LEHRNER, A.; DESARNAUD, F.; BADER, H. N.; MAKOTKINE, I.; FLORY, J. D.; BIERER, L. M.; MEANEY, M. J. "Influences of maternal and paternal PTSD on epigenetic regulation of the glucocorticoid receptor gene in Holocaust survivor offspring". *American Journal of Psychiatry*, v. 171, n. 8, pp. 872-80, ago. 2014. Disponível em: <https://www.ncbi.nlm.nih.gov/pmc/articles/PMC4127390/>.

9. PONDO O PLANETA EM PERIGO: NÃO TEM A VER APENAS COM OS HUMANOS [P. 159]

ANDREWS, G. "Plastics in the ocean affecting human health". Teach the Earth, [s.d.]. Disponível em: <https://serc.carleton.edu/NAGTWorkshops/health/case_studies/plastics.html>.

ANKLEY, G. T.; COADY, K. K.; GROSS, M.; HOLBECH, H.; LEVINE, S. L.; MAACK, G.; WILLIAMS, M. "A critical review of the environmental occurrence and potential effects in aquatic vertebrates of the potent androgen receptor agonist 17s-trenbolone". *Environmental Toxicology and Chemistry*, v. 37, n. 8, pp. 2064-78, ago. 2018. Disponível em: <https://www.ncbi.nlm.nih.gov/pmc/articles/PMC6129983/>.

BATT, A. L.; WATHEN, J. B.; LAZORCHAK, J. M.; OLSEN, A. R.; KINCAID, T. M. "Statistical survey of persistent organic pollutants: Risk estimations to humans and wildlife through consumption of fish from U. S. rivers". *Environmental Science & Technology*, v. 51, pp. 3021-31, 2017. Disponível em: <https://digitalcommons.unl.edu/cgi/viewcontent.cgi?article=1262&context=usepapapers>.

BERGMAN, A.; HEINDEL, J. J.; JOBLING, S.; KIDD, K. A.; ZOELLER, R. T. (Orgs.). *State of the Science of Endocrine Disrupting Chemicals – 2012*. Organização Mundial da Saúde,

2013. Disponível em: <https://apps.who.int/iris/bitstream/handle/10665/78102/WHO_HSE_PHE_IHE_2013.1_eng.pdf;jsessionid=EFCF73DBEDC17052C00F22B3BD03EBB2?sequence=1>.

DAVEY, J. C.; NOMIKOS, A. P.; WUNGJIRANIRUN, M.; SHERMAN, J. R.; INGRAM, L.; BATKI, C.; LARIVIERE, J. P.; HAMILTON, J. W. "Arsenic as an endocrine disruptor: Arsenic disrupts retinoic-acid-receptor- and thyroid-hormone-receptor-mediated gene regulation and thyroid-hormone-mediated amphibian tail metamorphosis". *Environmental Health Perspectives*, v. 116, n. 2, pp. 165-72, fev. 2008. Disponível em: <https://www.ncbi.nlm.nih.gov/pmc/articles/PMC2235215/>.

EDWARDS, T. M.; MOORE, B. C.; GUILLETTE JR., L. J. "Reproductive dysgenesis in wildlife: A comparative view". *International Journal of Andrology*, v. 29, n. 1, pp. 109-21, 2006. Disponível em: <https://onlinelibrary.wiley.com/doi/full/10.1111/j.1365-2605.2005.00631.x>.

ELLIOTT, J. E.; KIRK, D. A.; MARTIN, P. A.; WILSON, L. K.; KARDOSI, G.; LEE, S.; MCDANIEL, T.; HUGHES, K. D.; SMITH, B. D.; IDRISSI, A. M. "Effects of halogenated contaminants on reproductive development in wild mink (*Neovison vison*) from locations in Canada". *Ecotoxicology*, v. 27, n. 5, pp. 539-55, jul. 2018. Disponível em: <https://www.ncbi.nlm.nih.gov/pubmed/29623614>.

EMERSON, S. "Human waste is contaminating Australian wildlife with more than 60 pharmaceuticals". Vice.com, 6 nov. 2018. Disponível em: <https://www.vice.com/en_us/article/a3mzve/human-waste-is-contaminating-australian-wildlife-with-more-than-60-pharmaceuticals>.

ENVIRONMENTAL PROTECTION AGENCY. "Persistent organic pollutants: A global issue, a global response". Última atualização em: dez. 2009. Disponível em: <https://www.epa.gov/international-cooperation/persistent-organic-pollutants-global-issue-global-response>.

E. O. WILSON BIODIVERSITY FOUNDATION. E. O. Wilson Biodiversity Foundation Partners with Art.Science.Gallery. for "Year of the Salamander". Exposição, 10 mar. 2014. Disponível em: <https://eowilsonfoundation.org/e-o-wilson-biodiversity-foundation-partners-with-art-science-gallery-for-year-of-the-salamander-exhibition/>.

FREDERICK, P.; JAYASENA, N. "Altered pairing behaviour and reproductive success in white ibises exposed to environmentally relevant concentrations of methylmercury". *Proceedings of the Royal Society B: Biological Sciences*, v. 278, n. 1713, pp. 1851-7, 22 jun. 2011. Disponível em: <https://www.ncbi.nlm.nih.gov/pmc/articles/PMC3097836/>.

GEORGIOU, A. "Mediterranean garbage patch: Huge new 'island' of plastic waste discovered floating in sea". *Newsweek*, 21 maio 2019. Disponível em: <https://www.newsweek.com/mediterranean-garbage-patch-island-plastic-waste-sea-1431722>.

GIBBS, P. E.; BRYAN, G. W. "Reproductive failure in populations of the dogwhelk, *Nucella lapillus*, caused by imposex induced by tributyltin from antifouling paints". *Journal of the Marine Biological Association of the United Kingdom*, v. 66, n. 4, pp. 767-77, nov. 1986. Disponível em: <https://www.cambridge.org/core/journals/journal-of-the-marine-biological-association-of-the-united-kingdom/article/reproductive-failure-in-populations-of-the-dogwhelk-nucella-lapillus-caused-by-imposex-induced-by-tributyltin-from-antifouling-paints/091765168341742219A70A9C87FB496E>.

GUILLETTE JR., L. J.; GROSS, T. S.; MASSON, G. R.; MATTER, J. M.; FRANKLIN PERCIVAL, H.; WOODWARD, A. R. "Developmental abnormalities of the gonad and abnormal sex hormone concentrations in juvenile alligators from contaminated and control lakes in

Florida". *Environmental Health Perspectives*, v. 102, n. 8, pp. 680-8, ago. 1994. Disponível em: <https://www.ncbi.nlm.nih.gov/pmc/articles/PMC1567320/>.

HALLMANN, C. A.; SORG, M.; JONGEJANS, E.; SIEPEL, H.; HOFLAND, N.; SCHWAN, H.; STENMANS, W. et al. "More than 75 percent decline over 27 years in total flying insect biomass in protected areas". *PLoS One*, v. 12, n. 10, e0185809, 18 out. 2017. Disponível em: <https://journals.plos.org/plosone/article?id=10.1371/journal.pone.0185809>.

HUI, D. "Food web: Concept and applications". *Nature Education Knowledge*, v. 3, n. 12, p. 6, 2012. Disponível em: <https://www.nature.com/scitable/knowledge/library/food-web-concept-and-applications-84077181/>.

IAVICOLI, I.; FONTANA, L.; BERGAMASCHI, A. "The effects of metals as endocrine disruptors". *Journal of Toxicology and Environmental Health. Part B. Critical Reviews*, v. 12, n. 3, pp. 206-23, mar. 2009. Disponível em: <https://www.ncbi.nlm.nih.gov/pubmed/19466673>.

JARVIS, B. "The insect apocalypse is here". *The New York Times Magazine*, 27 nov. 2018. Disponível em: <https://www.nytimes.com/2018/11/27/magazine/insect-apocalypse.html>.

JENSSEN, B. M. "Effects of anthropogenic endocrine disrupters on responses and adaptations to climate change". In: GROTMOL, T.; BERNHOFT, A.; ERIKSEN, G. S.; FLATEN, T. P. (Orgs.). *Endocrine Disrupters*. Oslo: Det Norske Videnskaps-Akademi, 2006. Disponível em: <https://pdfs.semanticscholar.org/6211/a40bb3b72ca48c1d0f160575fd5291627e1e.pdf>.

KATZ, C. "Iceland's seabird colonies are vanishing, with 'massive' chick deaths". *National Geographic*, 28 ago. 2014. Disponível em: <https://www.nationalgeographic.com/news/2014/8/140827-seabird-puffin-tern-iceland-ocean-climate-change-science-winged-warning/>.

KOVER, P. "Insect 'Armageddon': 5 crucial questions answered". *Scientific American*, 30 out. 2017. Disponível em: <https://www.scientificamerican.com/article/insect-ldquo-armageddon-rdquo-5-crucial-questions-answered/>.

"LET'S stop the manipulation of science". *Le Monde*, 29 nov. 2016. Disponível em: <https://www.lemonde.fr/idees/article/2016/11/29/let-s-stop-the-manipulation-of-science_5039867_3232.html>.

LISTER, B. C.; GARCIA, A. "Climate-driven declines in arthropod abundance restructure a rainforest food web". *Proceedings of the National Academy of Sciences*, v. 115, n. 44, pp. E10397-E10406, 30 out. 2018. Disponível em: <https://www.pnas.org/content/115/44/E10397>.

MONTANARI, S. "Plastic garbage patch bigger than Mexico found in Pacific". *National Geographic*, 25 jul. 2017. Disponível em: <https://www.nationalgeographic.com/news/2017/07/ocean-plastic-patch-south-pacific-spd/>.

NACE, T. "Idyllic Caribbean island covered in a tide of plastic trash along coastline". *Forbes*, 27 out. 2017. Disponível em: <https://www.forbes.com/sites/trevornace/2017/10/27/idyllic-caribbean-island-covered-in-a-tide-of-plastic-trash-along-coastline/#6785f46b2524>.

OSKAM, I. C.; ROPSTAD, E.; DAHL, E.; LIE, E.; DEROCHER, A. E.; WIIG, O.; LARSEN, S.; WIGER, R.; SKAARE, J. U. "Organochlorines affect the major androgenic hormone, testosterone, in male polar bears (*Ursus maritimus*) at Svalbard". *Journal of Toxicology and Environmental Health. Part A*, v. 66, n. 22, pp. 2119-39, 28 nov. 2003. Disponível em: <https://www.ncbi.nlm.nih.gov/pubmed/14710596>.

272 Contagem regressiva

PARR, M. "We're losing birds at an alarming rate. We can do something about it". *The Washington Post*, 29 set. 2019. Disponível em: <https://www.washingtonpost.com/opinions/were-losing-birds-at-an-alarming-rate-we-can-do-something-about-it/2019/09/19/0c25f520-d980-11e9-a688-303693fb4b0b_story.html>.

PELTON, E. "Early Thanksgiving counts show a critically low monarch population in California". Xerces Society for Invertebrate Conservation, 29 nov. 2018. Disponível em: <https://xerces.org/2018/11/29/critically-low-monarch-population-in-california/>.

RENNER, R. "Trash islands are still taking over the oceans at an alarming rate". *Pacific Standard*, 8 mar. 2018. Disponível em: <https://psmag.com/environment/trash-islands-taking-over-oceans>.

ROSENBERG, M. "Marine life shows disturbing signs of pharmaceutical drug effects". Center for Health Journalism, 11 jul. 2016. Disponível em: <https://www.centerforhealthjournalism.org/2016/07/16/marine-life-show-disturbing-signs-pharmaceutical-drug-effects>.

SCHØYEN, M.; GREEN, N. W.; HJERMANN, D. Ø.; TVEITEN, L.; BEYLICH, B.; ØXNEVAD, S.; BEYER, J. "Levels and trends of tributyltin (TBT) and imposex in dogwhelk (*Nucella lapillus*) along the Norwegian coastline from 1991 to 2017". *Marine Environmental Research*, v. 144, pp. 1-8, fev. 2019. Disponível em: <https://www.ncbi.nlm.nih.gov/pubmed/30497665>.

"SCIENTISTS confirm the existence of another ocean garbage patch". ResearchGate, 19 jul. 2017. Disponível em: <https://www.researchgate.net/blog/post/scientists-confirm-the-existence-of-another-ocean-garbage-patch>.

STOKSTAD, E. "Zombie endocrine disruptors may threaten aquatic life". *Science*, v. 341, n. 6153, p. 1441, 27 set. 2013. Disponível em: <https://science.sciencemag.org/content/341/6153/1441>.

TOMKINS, P.; SAARISTO, M.; ALLINSON, M.; WONG, B. B. M. "Exposure to an agricultural contaminant, 17s-trenbolone, impairs female mate choice in a freshwater fish". *Aquatic Toxicology*, v. 170, pp. 365-70, jan. 2016. Disponível em: <https://www.ncbi.nlm.nih.gov/pubmed/26466515>.

10. INSEGURANÇAS SOCIAIS IMINENTES: DESVIOS DEMOGRÁFICOS E O DESMANCHE DAS INSTITUIÇÕES CULTURAIS [P. 173]

BANCO MUNDIAL. "Fertility rate, total (births per woman)". 2019. Disponível em: <https://data.worldbank.org/indicator/SP.DYN.TFRT.IN>.

BATUMAN, E. "Japan's rent-a-family industry". *The New Yorker*, 23 abr. 2018. Disponível em: <https://www.newyorker.com/magazine/2018/04/30/japans-rent-a-family-industry>.

BRICKER, D.; IBBITSON, J. *Empty Planet*. Nova York: Crown, 2019.

BRUCKNER, T. A.; CATALANO, R.; AHERN, J. "Male fetal loss in the U. S. following the terrorist attacks of September 11, 2001". *BMC Public Health*, v. 10, 273, 2010. Disponível em: <https://www.ncbi.nlm.nih.gov/pmc/articles/PMC2889867/>.

BUI, Q.; MILLER, C. C. "The age that women have babies: How a gap divides America". *The New York Times*, 4 ago. 2018. Disponível em: <https://www.nytimes.com/interactive/2018/08/04/upshot/up-birth-age-gap.html>.

DEL RIO GOMEZ, I.; MARSHALL, T.; TSAI, P.; SHAO, Y. S.; GUO, Y. L. "Number of boys born to men exposed to polychlorinated biphenyls". *Lancet*, v. 360, n. 9327, pp. 143-4, 13 jul. 2002. Disponível em: <https://www.ncbi.nlm.nih.gov/pubmed/12126828>.

Bibliografia selecionada 273

FUKUDA, M.; FUKUDA, K.; SHIMIZU, T.; MOLLER, H. "Decline in sex ratio at birth after Kobe earthquake". *Human Reproduction*, v. 13, n. 8, pp. 2321-2, ago. 1998. Disponível em: <https://www.ncbi.nlm.nih.gov/pubmed/9756319>.

FUKUDA, M.; FUKUDA, K.; SHIMIZU, T.; NOBUNAGA, M.; MAMSEN, L. S.; YDING, A. C. "Climate change is associated with male: Female ratios of fetal deaths and newborn infants in Japan". *Fertility and Sterility*, v. 102, n. 5, pp. 1364-70.e2, nov. 2014. Disponível em: <https://www.ncbi.nlm.nih.gov/pubmed/25226855>.

GBD 2017 POPULATION AND FERTILITY COLLABORATORS. "Population and fertility by age and sex for 195 countries and territories, 1950-2017". *Lancet*, v. 392, n. 10159, pp. 1995-2051, 10 nov. 2018. Disponível em: <https://www.thelancet.com/journals/lancet/article/PIIS0140-6736(18)32278-5/fulltext>.

HAMILTON, B. E.; MARTIN, J. A.; OSTERMAN, M. J. K.; ROSSEN, L. M. "Births: Provisional data for 2018". Relatório n. 007, maio 2019. US Departament of Health and Human Services, Centers for Disease Control and Prevention, National Center for Health Statistics, National Vital Statistics System. Disponível em: <https://www.cdc.gov/nchs/data/vsrr/vsrr-007-508.pdf>.

HAY, M. "Why are the Japanese still not fucking?". Vice.com, 22 jan. 2015. Disponível em: <https://www.vice.com/da/article/7b7y8x/why-arent-the-japanese-fucking-361>.

"JAPAN'S problem with celibacy and sexlessness". *Breaking Asia*, 19 mar. 2019. Disponível em: <https://www.breakingasia.com/360/japans-problem-with-celibacy-and-sexlessness/>.

JOZUKA, E. "Inside the Japanese town that pays cash for kids". *CNN Health*, 3 fev. 2019. Disponível em: <https://www.cnn.com/2018/12/27/health/japan-fertility-birth-rate-children-intl/index.html>.

LUTZ, W.; SKIRBEKK, V.; TESTA, M. R. "The low-fertility trap hypothesis: Forces that may lead to further postponement and fewer births in Europe". International Institute for Applied Systems Analysis, RP-07-001, mar. 2007. Disponível em: <http://pure.iiasa.ac.at/id/eprint/8465/1/RP-07-001.pdf>.

MATHER, M.; JACOBSEN, L. A.; POLLARD, K. M. "Aging in the United States". *Population Bulletin*, v. 70, n. 2, dez. 2015. Population Reference Bureau. Disponível em: <https://www.prb.org/wp-content/uploads/2016/01/aging-us-population-bulletin-1.pdf>.

MEOLA, A. "The aging population in the US is causing problems for our healthcare costs". *Business Insider*, 18 jul. 2019. Disponível em: <https://www.businessinsider.com/aging-population-healthcare>.

MOORE, C. "The village of the dolls: Artist creates mannequins and leaves them around her village in Japan as the local population dwindles". DailyMail.com, 22 abr. 2016. Disponível em: <https://www.dailymail.co.uk/news/article-3553992/The-village-dolls-Artist-creates-mannequins-leaves-village-Japan-local-population-dwindles.html>.

NATIONAL INSTITUTE OF POPULATION AND SOCIAL SECURITY RESEARCH. "Population Projections for Japan (2016-2065)". [S.d.]. Disponível em: <http://www.ipss.go.jp/pp-zenkoku/e/zenkoku_e2017/pp_zenkoku2017e_gaiyou.html>.

OBEL, C.; HENRIKSEN, T. B.; SECHER, N. J.; ESKENAZI, B.; HEDEGAARD, M. "Psychological distress during early gestation and offspring sex ratio". *Human Reproduction*, v. 22, n. 11, pp. 3009-12, nov. 2007. Disponível em: <https://www.ncbi.nlm.nih.gov/pubmed/17768170>.

PARKER, K.; HOROWITZ, J. M.; BROWN, A.; FRY, R.; COHN, D. V.; IGIELNIK, R. "Demographic and economic trends in urban, suburban and rural communities". Pew

Research Center, 22 maio 2018. Disponível em: <https://www.pewsocialtrends.org/2018/05/22/demographic-and-economic-trends-in-urban-suburban-and-rural-communities/>.

PAVIC, D. "A review of environmental and occupational toxins in relation to sex ratio at birth". *Early Human Development*, v. 141, 104873, fev. 2020. Disponível em: <https://www.ncbi.nlm.nih.gov/pubmed/31506206>.

PERLBERG, S. "World population will peak in 2055 unless we discover the 'elixir of immortality'". *Business Insider*, 9 set. 2013. Disponível em: <https://www.businessinsider.com/deutsche-population-will-peak-in-2055-2013-9>.

PETTIT, C. "Countries where people have the most and least sex". *Weekly Gravy*, 20 maio 2014. Disponível em: <https://weeklygravy.com/lifestyle/countries-where-people-have-the-most-and-least-sex/>.

PEW RESEARCH CENTER. "Population change in the US and the world from 1950 to 2015". 30 jan. 2014. Disponível em: <https://www.pewresearch.org/global/2014/01/30/chapter-4-population-change-in-the-u-s-and-the-world-from-1950-to-2050/>.

PRADHAN, E. "Female education and childbearing: A closer look at the data". World Bank Blogs, 24 nov. 2015. Disponível em: <https://blogs.worldbank.org/health/female-education-and-childbearing-closer-look-data>.

PROSSER, M. "Searching for a cure for Japan's loneliness epidemic". HuffPost, 15 ago. 2018. Disponível em: <https://www.huffpost.com/entry/japan-loneliness-aging-robots-technology_n_5b72873ae4b0530743cd04aa>.

RANDERS, J. *Earth in 2052*. TEDxTrondheimSalon, 2014. Disponível em: <https://www.youtube.com/watch?v=gPEVfXVyNMM>.

SIN, Y. "Govt aid alone not enough to raise birth rate: Minister". *Straits Times*, 2 mar. 2018. Disponível em: <https://www.straitstimes.com/singapore/govt-aid-alone-not-enough-to-raise-birth-rate-minister>.

"6 REASONS why the Japanese aren't having babies". YouTube, 1 jul. 2018. Disponível em: <https://www.youtube.com/watch?v=4pXSJ35_v2M>.

STRITOF, S. "Estimated median age of first marriage by gender: 1890 to 2018". The Spruce, 1 dez. 2019. Disponível em: <https://www.thespruce.com/estimated-median-age-marriage-2303878>.

"'THE BEST role for women is at home'. Is this the solution to Singapore's falling birth rate?". *Asian Parent*, 17 jul. 2019. Disponível em: <https://sg.theasianparent.com/singapores_falling_birth_rates>.

"THE 2017 ANNUAL report of the Board of Trustees of the Federal Old-Age and Survivors Insurance and Federal Disability Insurance Trust Funds". 13 jul. 2017. Disponível em: <https://www.ssa.gov/oact/TR/2017/tr2017.pdf>.

UNITED NATIONS. "WORLD Population Prospects 2019". [S.d.]. Disponível em: <https://population.un.org/wpp/Graphs/Probabilistic/POP/TOT/900>.

UNITED STATES CENSUS BUREAU. "Older people projected to outnumber children for first time in U. S. history". 8 out. 2019. Disponível em: <https://www.census.gov/newsroom/press-releases/2018/cb18-41-population-projections.html>.

UNIVERSITY OF MELBOURNE. "Women's choice drives more sustainable global birth rate". *Futurity*, 1 nov. 2018. Disponível em: <https://www.futurity.org/global-fertility-rates-1901352/>.

WALDMAN, K. "The XX factor: Young people in Japan have given up on sex". *Slate*, 22 out. 2013. Disponível em: <https://slate.com/human-interest/2013/10/

celibacy-syndrome-in-japan-why-aren-t-young-people-interested-in-sex-or-relationships.html>.

WEE, S.-L.; MYERS, S. L. "China's birthrate hits historic low, in looming crisis for Beijing". *The New York Times*, 16 jan. 2020. Disponível em: <https://www.nytimes.com/2020/01/16/business/china-birth-rate-2019.html>.

11. UM PLANO DE PROTEÇÃO PESSOAL: ELIMINANDO NOSSOS HÁBITOS NOCIVOS [P. 191]

AL-JAROUDI, D.; AL-BANYAN, N.; ALJOHANI, N. J.; KADDOUR, O.; AL-TANNIR, M. "Vitamin D deficiency among subfertile women: Case-control study". *Gynecological Endocrinology*, v. 32, n. 4, pp. 272-5, 11 dez. 2016. Disponível em: <https://www.ncbi.nlm.nih.gov/pubmed/?term=26573125>.

BAE, J.; PARK, S.; KWON, J.-W. "Factors associated with menstrual cycle irregularity and menopause". *BMC Women's Health*, v. 18, n. 36, 6 fev. 2018. Disponível em: <https://www.ncbi.nlm.nih.gov/pmc/articles/PMC5801702/>.

BEST, D.; AVENELL, A.; BHATTACHARYA, S. "How effective are weight-loss interventions for improving fertility in women and men who are overweight or obese? A systematic review and meta-analysis of the evidence". *Human Reproduction Update*, v. 23, n. 6, pp. 681-705, 1 nov. 2017. Disponível em: <https://www.ncbi.nlm.nih.gov/pubmed/28961722>.

CITO, G.; COCCI, A.; MICELLI, E.; GABUTTI, A.; RUSSO, G. I.; COCCIA, M. E.; FRANCO, G.; SERNI, S.; CARINI, M.; NATALI, A. "Vitamin D and male fertility: An updated review". *World Journal of Men's Health*, v. 38, n. 2, pp. 164-77, 17 maio 2019. Disponível em: <https://wjmh.org/DOIx.php?id=10.5534/wjmh.190057>.

EFRAT, M.; STEIN, A.; PINKAS, H.; UNGER, R.; BIRK, R. "Dietary patterns are positively associated with semen quality". *Fertility and Sterility*, v. 109, n. 5, pp. 809-16, maio 2018. Disponível em: <https://www.fertstert.org/article/S0015-0282(18)30010-4/fulltext>.

"EWG's consumer guide to seafood". [S.d.]. Disponível em: <https://www.ewg.org/research/ewgs-good-seafood-guide/executive-summary>.

GASKINS, A. J.; MENDIOLA, J.; AFEICHE, M.; JØRGENSEN, N.; SWAN, S. H.; CHAVARRO, J. E. "Physical activity and television watching in relation to semen quality in young men". *British Journal of Sports Medicine*, v. 49, n. 4, pp. 265-70, 4 fev. 2013. Disponível em: <https://www.ncbi.nlm.nih.gov/pmc/articles/PMC3868632/>.

GUDMUNDSDOTTIR, S. L.; FLANDERS, W. D.; AUGESTAD, L. B. "Physical activity and fertility in women: The North-Trondelag Health Study". *Human Reproduction*, v. 24, n. 12, pp. 3196-204, 3 out. 2009. Disponível em: <https://academic.oup.com/humrep/article/24/12/3196/647657>.

JALALI-CHIMEH, F.; GHOLAMREZAEI, A.; VAFA, M.; NASIRI, M.; ABIRI, B.; DAROONEH, T.; OZGOLI, G. "Effect of vitamin D therapy on sexual function in women with sexual dysfunction and vitamin D deficiency: A randomized, double-blind, placebo controlled clinical trial". *Journal of Urology*, v. 201, n. 5, pp. 987-93, maio 2019. Disponível em: <https://www.auajournals.org/doi/10.1016/j.juro.2018.10.019>.

JENSEN, T. K.; PRISKORN, L.; HOLMBOE, S. A.; NASSAN, F. L.; ANDERSSON, A.-M.; DALGÅRD, C.; HOLM PETERSEN, J.; CHAVARRO, J. E.; JØRGENSEN, N. "Associations of fish oil supplement use with testicular function in young men". *JAMA Network Open*, v. 3, n. 1, 17 jan. 2020. Disponível em: <https://jamanetwork.com/journals/

jamanetworkopen/fullarticle/2758861?widget=personalizedcontent&previousaticle=27 58855#editorial-comment-tab>.

KARAYIANNIS, D.; KONTOGIANNI, M. D.; MENDOROU, C.; DOUKA, L.; MASTROMINAS, M.; YIANNAKOURIS, N. "Association between adherence to the Mediterranean diet and semen quality parameters in male partners of couples attempting fertility". *Human Reproduction*, v. 32, n. 1, pp. 215-22, 1 jan. 2017. Disponível em: <https://academic.oup.com/humrep/article/32/1/215/2513723>.

LI, J.; LONG, L.; LIU, Y.; HE, W.; LI, M. "Effects of a mindfulness-based intervention on fertility quality of life and pregnancy rates among women subjected to first *in vitro* fertilization treatment". *Behaviour Research Therapy*, v. 77, pp. 96-104, fev. 2016. Disponível em: <https://www.sciencedirect.com/science/article/abs/pii/S0005796715300747>.

LUQUE, E. M.; TISSERA, A.; GAGGINO, M. P.; MOLINA, R. I.; MANGEAUD, A.; VINCENTI, L. M.; BELTRAMONE, F. et al. "Body mass index and human sperm quality: Neither one extreme nor the other". *Reproduction, Fertility and Development*, v. 29, n. 4, pp. 731-9, 18 dez. 2015. Disponível em: <https://www.publish.csiro.au/rd/RD15351>.

NATT, D.; KUGELBERG, U.; CASAS, E.; NEDSTRAND, E.; ZALAVARY, S.; HENRIKSSON, P.; NIJM, C. et al. "Human sperm displays rapid responses to diet". *PLoS Biology*, v. 17, n. 12, 26 dez. 2019. Disponível em: <https://www.ncbi.nlm.nih.gov/pmc/articles/ PMC6932762/pdf/pbio.3000559.pdf>.

ORIO, F.; MUSCOGIURI, G.; ASCIONE, A.; MARCIANO, F.; VOLPE, A.; LA SALA, G.; SAVASTANO, S.; COLAO, A.; PALOMBA, S.; MINERVA, S. "Effects of physical exercise on the female reproductive system". *Endocrinology*, v. 38, n. 3, pp. 305-19, set. 2013. Disponível em: <https://www.ncbi.nlm.nih.gov/pubmed/24126551>.

PARK, J.; STANFORD, J. B.; PORUCZNIK, C. A.; CHRISTENSEN, K.; SCHLIEP, K. C. "Daily perceived stress and time to pregnancy: A prospective cohort study of women trying to conceive". *Psychoneuroendocrinology*, v. 110, 104446, dez. 2019. Disponível em: <https://www. sciencedirect.com/science/article/abs/pii/S0306453019303932>.

RAMARAJU, G. A.; TEPPALA, S.; PRATHIGUDUPU, K.; KALAGARA, M.; THOTA, S.; CHEEMAKURTHI, R. "Association between obesity and sperm quality". *Andrologia*, v. 50, n. 3, 19 set. 2017. Disponível em: <https://onlinelibrary.wiley.com/doi/abs/10.1111/ and.12888>.

RAMPTON, J. "20 Quotes from Jim Rohn putting success and life into perspective". *Entrepreneur*, 4 mar. 2016. Disponível em: <https://www.entrepreneur.com/ article/271873>.

RICCI, E.; NOLI, S.; FERRARI, S.; LA VECCHIA, I.; CASTIGLIONI, M.; CIPRIANI, S.; PARAZZINI, F.; AGOSTONI, C. "Fatty acids, food groups and semen variables in men referring to an Italian fertility clinic: Cross-sectional analysis of a prospective cohort study". *Andrologia*, v. 52, n. 3, e13505, 8 jan. 2020. Disponível em: <https://www.ncbi. nlm.nih.gov/pubmed/31912922>.

ROSETY, M. A.; DÍAZ, A. J.; ROSETY, J. M.; PERY, M. T.; BRENES-MARTÍN, F.; BERNARDI, M.; GARCÍA, N.; ROSETY-RODRÍGUEZ, M.; ORDOÑEZ, F. J.; ROSETY, I. "Exercise improved semen quality and reproductive hormone levels in sedentary obese adults". *Nutricion Hospitalaria*, v. 34, n. 3, pp. 603-7, 5 jun. 2017. Disponível em: <https://www. ncbi.nlm.nih.gov/pubmed/28627195>.

RUSSO, L. M.; WHITCOMB, B. W.; SUNNI, L.; MUMFORD, L.; HAWKINS, M.; RADIN, R. G.; SCHLIEP, K. C. et al. "A prospective study of physical activity and fecundability in women with a history of pregnancy loss". *Human Reproduction*, v. 33, n. 7, pp. 1291-8, 10 abr. 2018. Disponível em: <https://www.ncbi.nlm.nih.gov/pmc/articles/PMC6012250/pdf/dey086.pdf>.

SALAS-HUETOS, A.; BULLÓ, M.; SALAS-SALVADÓ, J. "Dietary patterns, foods and nutrients in male fertility parameters and fecundability: A systematic review of observational studies". *Human Reproduction Update*, v. 23, n. 4, pp. 371-89, 1 jul. 2017. Disponível em: <https://www.ncbi.nlm.nih.gov/pubmed/28333357>.

SILVESTRIS, E.; LOVERO, D.; PALMIROTTA, R. "Nutrition and female fertility: An interdependent correlation". *Frontiers in Endocrinology*, v. 10, 346, 7 jun. 2019. Disponível em: <https://www.ncbi.nlm.nih.gov/pmc/articles/PMC6568019/>.

"SMOKING and infertility". Ficha técnica. ReproductiveFacts.org, 2014. Disponível em: <https://www.reproductivefacts.org/globalassets/rf/news-and-publications/bookletsfact-sheets/english-fact-sheets-and-info-booklets/smoking_and_infertility_factsheet.pdf>.

SUN, B.; MESSERLIAN, C.; SUN, Z. H.; DUAN, P.; CHEN, H. G.; CHEN, Y. J.; WANG, P. et al. "Physical activity and sedentary time in relation to semen quality in healthy men screened as potential sperm donors". *Human Reproduction*, v. 34, n. 12, pp. 2330-9, 1 dez. 2019. Disponível em: <https://www.ncbi.nlm.nih.gov/pubmed/31858122>.

TOLEDO, E.; LÓPEZ-DEL BURGO, C.; RUIZ-ZAMBRANA, A.; DONAZAR, M.; NAVARRO-BLASCO, Í.;MARTÍNEZ-GONZÁLEZ, M. A.; DE IRALA, J. "Dietary patterns and difficulty conceiving: A nested case-control study". *Fertility and Sterility*, v. 96, pp. 1149-53, 2011. Disponível em: <https://www.sciencedirect.com/science/article/abs/pii/S001502821102485X>.

VUJKOVIC, M.; DE VRIES, J. H.; LINDEMANS, J.; MACKLON, N. S.; VAN DER SPEK, P. J.; STEEGERS, E. A.; STEEGERS-THEUNISSEN, R. P. "The preconception Mediterranean dietary pattern in couples undergoing *in vitro* fertilization/intracytoplasmic sperm injection treatment increases the chance of pregnancy". *Fertility and Sterility*, v. 94, n. 6, pp. 2096-101, nov. 2010. Disponível em: <https://www.ncbi.nlm.nih.gov/pubmed/?term=20189169>.

WELLS, D. "Sauna and pregnancy: Safety and risks". *Healthline: Parenthood*, 21 jul. 2016. Disponível em: <https://www.healthline.com/health/pregnancy/sauna>.

12. REDUZINDO AS PEGADAS QUÍMICAS EM CASA: TRANSFORMANDO SEU LAR EM UM REFÚGIO MAIS SEGURO [P. 199]

AMERICANAN CHEMICAL SOCIETY. "Keep off the grass and take off your shoes! Common sense can stop pesticides from being tracked into the house". *ScienceDaily*, 27 abr. 1999. Disponível em: <https://www.sciencedaily.com/releases/1999/04/990427045111.htm>.

"COSMETICS, body care products, and personal care products". National Organic Program, abr. 2008. Disponível em: <https://www.ams.usda.gov/sites/default/files/media/OrganicCosmeticsFactSheet.pdf>.

FOOD AND WATER WATCH. "Understanding food labels". 12 jul. 2018. Disponível em: <https://www.foodandwaterwatch.org/about/live-healthy/consumer-labels>.

HAGEN, L. "Natural method to get rid of common garden weeds". *Garden Design*, [s.d.]. Disponível em: <https://www.gardendesign.com/how-to/weeds.html>.

HARLEY, K. G.; KOGUT, K.; MADRIGAL, D. S.; CARDENAS, M.; VERA, I. A.; MEZA-ALFARO, G.; SHE, J.; GAVIN, Q.; ZAHEDI, R.; BRADMAN, A.; ESKENAZI, B.; PARRA, K. L. "Reducing phthalate, paraben, and phenol exposure from personal care products in adolescent girls: Findings from the HERMOSA Intervention Study". *Environmental Health Perspectives*, v. 124, n. 10, pp. 1600-7, out. 2016. Disponível em: <https://www.ncbi.nlm.nih.gov/pmc/articles/PMC5047791/>.

HEALTHY STUFF. "New study rates best and worst garden hoses: Lead, phthalates & hazardous flame retardants in garden hoses". Ecology Center, 20 jun. 2016. Disponível em: <https://www.ecocenter.org/healthy-stuff/new-study-rates-best-and-worst-garden-hoses-lead-phthalates-hazardous-flame-retardants-garden-hoses>.

HYLAND, C.; BRADMAN, A.; GERONA, R.; PATTON, S.; ZAKHAREVICH, I.; GUNIER, R. B.; KLEIN, K. "Organic diet intervention significantly reduces urinary pesticide levels in U. S. children and adults". *Environmental Research*, v. 171, pp. 568-75, abr. 2019. Disponível em: <https://www.sciencedirect.com/science/article/pii/S0013935119300246>.

"INERT ingredients of pesticide products". Environmental Protection Agency, 10 out. 1989. Disponível em: <https://www.epa.gov/sites/production/files/2015-10/documents/fr54.pdf>.

KINCH, C. D.; IBHAZEHIEBO, K.; JEONG, J. H.; HABIB, H. R.; KURRASCH, D. M. "Lowdose exposure to bisphenol A and replacement bisphenol S induces precocious hypothalamic neurogenesis in embryonic zebrafish". *Proceedings of the National Academy of Sciences USA*, v. 112, n. 5, pp. 1475-80, 3 fev. 2015. Disponível em: <https://www.ncbi.nlm.nih.gov/pubmed/25583509>.

KOCH, H. M.; LORBER, M.; CHRISTENSEN, K. L.; PÄLMKE, C.; KOSLITZ, S.; BRÜNING, T. "Identifying sources of phthalate exposure with human biomonitoring: Results of a 48h fasting study with urine collection and personal activity patterns". *International Journal of Hygiene and Environmental Health*, v. 216, n. 6, pp. 672-81, nov. 2013. Disponível em: <https://www.sciencedirect.com/science/article/abs/pii/S1438463912001381>.

MITRO, S. D.; DODSON, R. E.; SINGLA, V.; ADAMKIEWICZ, G.; ELMI, A. F.; TILLY, M. K.; ZOTA, A. R. "Consumer product chemicals in indoor dust: A quantitative meta-analysis of U. S. studies". *Environmental Science & Technology*, v. 50, n. 19, pp. 10661-72, 4 out. 2016. Disponível em: <https://www.ncbi.nlm.nih.gov/pmc/articles/PMC5052660/>.

"NAPHTHALENE: Technical fact sheet". National Pesticide Information Center, Oregon State University, [s.d.]. Disponível em: <http://npic.orst.edu/factsheets/archive/naphtech.html>.

STOIBER, T. "What are parabens, and why don't they belong in cosmetics?". Environmental Working Group, 9 abr. 2019. Disponível em: <https://www.ewg.org/californiacosmetics/parabens>.

U. S. FOOD AND DRUG ADMINISTRATION. "Where and how to dispose of unused medicines". 11 mar. 2020. Disponível em: <https://www.fda.gov/consumers/consumer-updates/where-and-how-dispose-unused-medicines>.

VARSHAVSKY, J. R.; MORELLO-FROSCH, R.; WOODRUFF, T. J.; ZOTA, A. R. "Dietary sources of cumulative phthalate exposure among the U. S. general population in NHANES 2005-2014". *Environment International*, v. 115, pp. 417-29, jun. 2018. Disponível em: <https://www.ncbi.nlm.nih.gov/pmc/articles/PMC5970069/>.

13. IMAGINANDO UM FUTURO MAIS SAUDÁVEL: O QUE PRECISA SER FEITO [P. 213]

ALLEN, J. "Stop playing whack-a-mole with hazardous chemicals". *The Washington Post*, 15 dez. 2016. Disponível em: <https://www.washingtonpost.com/opinions/stop-playing-whack-a-mole-with-hazardous-chemicals/2016/12/15/9a357090-bb36-11e6-91ee-1adddfe36cbe_story.html>.

Bibliografia selecionada 279

BORNEHAG, C. G.; CARLSTEDT, F.; JÖNSSON, B. A. G.; LINDH, C. H.; JENSEN, T. K.; BODIN, A.; JONSSON, C.; JANSON, S.; SWAN, S. H. "Prenatal phthalate exposures and anogenital distance in Swedish boys". *Environmental Health Perspectives*, v. 123, n. 1, pp. 101-7, jan. 2015. Disponível em: <https://www.ncbi.nlm.nih.gov/pmc/articles/PMC4286276/>.

CONSTABLE, P. "Pakistan moves to ban single-use plastic bags: 'The health of 200 million people is at stake'". *The Washington Post*, 13 ago. 2019. Disponível em: <https://www. washingtonpost.com/world/asia_pacific/pakistan-moves-to-ban-single-use-plastic-bags-the-health-of-200-million-people-is-at-stake/2019/08/12/6c7641ca-bc23-11e9-b873-63ace636af08_story.html>.

"CPSC prohibits certain phthalates in children's toys and child care products". US Consumer Product Safety Commission, 20 out. 2017. Disponível em: <https://www.cpsc.gov/Newsroom/News-Releases/2018/CPSC-Prohibits-Certain-Phthalates-in-Childrens-Toys-and-Child-Care-Products>.

EDITOR. "Endangered animals saved from extinction". *All About Wildlife*, 16 maio 2011.

"ENHANCING sustainability". Walmart.org, 2020. Disponível em: <https://walmart.org/what-we-do/enhancing-sustainability>.

"GREEN chemistry". Wikipedia, [s.d.]. Disponível em: <https://en.wikipedia.org/wiki/Green_chemistry>.

"IS oxybenzone contributing to the death of coral reefs?". SunscreenSafety.info, [s.d.]. Disponível em: <https://www.sunscreensafety.info/oxybenzone-coral-reefs/>.

LI, D.-K.; ZHOU, Z.; MIAO, M.; HE, Y.; WANG, J.-T.; FERBER, J.; HERRINTON, L. J.; GAO, E.-S.; YUAN, W. "Urine bisphenol-A (BPA) level in relation to semen quality". *Fertility and Sterility*, v. 95, n. 2, pp. 625-30.e1-4, fev. 2011. Disponível em: <https://pubmed.ncbi.nlm.nih.gov/21035116/>.

PERARA, F.; VISHNEVETSKY, J.; HERBSTMAN, J. B.; CALAFAT, A. M.; XIONG, W.; RAUH, V.; WANG, S. "Prenatal bisphenol A exposure and child behavior in an inner-city cohort". *Environmental Health Perspectives*, v. 120, n. 8, pp. 1190-4, ago. 2012. Disponível em: <https://pubmed.ncbi.nlm.nih.gov/22543054/>.

REACH. Comissão Europeia, 8 jul. 2019. Disponível em: <https://ec.europa.eu/environment/chemicals/reach/reach_en.htm>.

"SPECIES directory". World Wildlife Fund, [s.d.]. Disponível em: <https://www.worldwildlife.org/species/directory?sort=extinction_status&direction=desc>.

STANTON, R. L.; MORRISSEY, C. A.; CLARK, R. G. "Analysis of trends and agricultural drivers of farmland bird declines in North America: A review". *Agriculture, Ecosystems & Environment*, v. 254, pp. 244-54, 15 fev. 2018. Disponível em: <https://www.sciencedirect.com/science/article/abs/pii/S016788091730525X>.

STEFFEN, A. D. "Australia came up with a way to save the oceans from plastic pollution and garbage". *Intelligent Living*, 10 fev. 2019. Disponível em: <https://www.intelligentliving.co/australia-plastic-ocean/>.

STEFFEN, L. "Costa Rica set to become the world's first plastic-free and carbon-free country by 2021". *Intelligent Living*, 10 maio 2019. Disponível em: <https://www.intelligentliving.co/costa-rica-plastic-carbon-free-2021/>.

"THE HOME Depot announces to stop selling carpets treated with toxic stain-resistant PFAS chemicals". Environmental Defence, 18 set. 2019. Disponível em: <https://environmentaldefence.ca/2019/09/18/home-depot-announces-stop-selling-carpets-treated-toxic-stain-resistant-pfas-chemicals/>.

VANDENBERGH, L. N. "Non-monotonic dose responses in studies of endocrine disrupting chemicals: Bisphenol A as a case study". *Dose Response*, v. 12, n. 2, pp. 259-76, maio 2014. Disponível em: <https://www.ncbi.nlm.nih.gov/pmc/articles/PMC4036398/>.

VANDENBERG, L. N.; COLBORN, T.; HAYES, T. B.; HEINDEL, J. J.; JACOBS JR., D. R.; LEE, D.-H.; SHIODA, T. et al. "Hormones and endocrine-disrupting chemicals: Low-dose effects and nonmonotonic dose responses". *Endocrine Reviews*, v. 33, n. 3, pp. 378-455, jun. 2012. Disponível em: <https://www.ncbi.nlm.nih.gov/pmc/articles/PMC3365860/>.

"WALMART releases high priority chemical list". ChemicalWatch, 2020. Disponível em: <https://chemicalwatch.com/48724/walmart-releases-high-priority-chemical-list".

WATSON, A. "Companies putting public health at risk by replacing one harmful chemical with similar, potentially toxic, alternatives". CHEM Trust, 27 mar. 2018. Disponível em: <https://chemtrust.org/toxicsoup/>.

"WINGSPREAD Conference on the Precautionary Principle". Science & Environmental Health Network, 26 jan. 1998. Disponível em: <https://www.sehn.org/sehn/wingspread-conference-on-the-precautionary-principle>.

CONCLUSÃO [P. 229]

"CLEAN Air Act overview". US Environmental Protection Agency, [s.d.]. Disponível em: <https://www.epa.gov/clean-air-act-overview/progress-cleaning-air-and-improving-peoples-health>.

"DISEASES you almost forgot about (thanks to vaccines)". Centers for Disease Control and Prevention, 3 jan. 2020. Disponível em: <https://www.cdc.gov/vaccines/parents/diseases/forgot-14-diseases.html>.

PIRKLE, J. L.; BRODY, D. J.; GUNTHER, E. W. et al. "The decline in blood lead levels in the United States". *JAMA*, 27 jul. 1994. Disponível em: <https://jamanetwork.com/journals/jama/article-abstract/376894>.

"REPORT: Cleaning up Great Lakes boosts economic development". *Grand Rapids Business Journal*, 13 ago. 2019.

"THIRTY years of a smallpox-free world". College of Physicians of Philadelphia, 8 maio 2010. Disponível em: <https://www.historyofvaccines.org/content/blog/thirty-years-smallpox-free-world>.

WHORTON, M. D.; MILBY, T. H. "Recovery of testicular function among DBCP workers". *Journal of Occupational Medicine*, v. 22, n. 3, pp. 177-9, mar. 1980. Disponível em: <https://pubmed.ncbi.nlm.nih.gov/7365555/>.

ÍNDICE REMISSIVO

A

aborto
  espontâneo 59, 108, 132–134, 145
    recorrente 117
  riscos de 44
acetato de trembolona 167
ácido fólico 112, 158
ácido ribonucleico (RNA) 150
agentes estressores 148
  ambientais 181
álcool 20, 32, 53
  efeitos do 100
  ingestão moderada de 110
  uso excessivo de 103–110
alimentação deficitária 114
alimentos 106, 111
  contaminados 136
  disponibilidade de 153
  embalagens de 121
  escolhas dos 106
  frescos 201
  hábitos alimentares 111
  orgânicos 93
Allen, Joseph 218
alterações neurológicas 169
amianto 213. Consulte câncer
    mesotelioma
andrógenos 82, 88, 131

B

anomalias
  cromossômicas 59
  genitais 155
  interespécies 20
anovulação 130–132, 147
ansiedade 40, 79, 100, 118, 197
antidepressivos 118–119, 168
apocalipse dos insetos 164
Asimov, Isaac 229
atividade física 106, 113
atração sexual 70
Atwood, Margaret 47
autoconscientes 73
aves 166–169, 223–224
azoospermia 31, 118

Balasch, Juan 60
banco de sêmen 32, 104
  doador 33
  Fairfax Cryobank 27, 119
barreira placentária 94
Berenbaum, Sheri 80
bifenilos policlorados (PCBs) 84, 100,
    123, 137–140
biologia do desenvolvimento 221
bisfenol A (BPA) 129, 131–133, 158,
    200

282 Contagem regressiva

composto estrogênico 222
Bolt, Usain 77
bomba-relógio demográfica 21, 178
BPA 217. Consulte bisfenol A (BPA)
Bricker, Darrell 179

C

cadeias alimentares 165
câncer 111, 132, 170
 de mama 54, 147
 de ovário 66, 147
 de próstata de alto grau 146
 endometrial 54
 mesotelioma 213
 testicular 22, 92, 146, 155
 uterino 66, 147
 vaginal e cervical raro 95
características sexuais secundárias 75, 98
Carlsen, Elisabeth 23
Carlson, Alison 76
causas subjacentes 20
Chand, Dutee 76
CHEM Trust 218
Chouinard, Yvon e Malinda 226
cigarros 98, 107–108, 192
 eletrônicos 109
cisgênero 74, 80
Collins,Terry 220
comportamento reprodutivo 167
concepção 35, 54, 88, 154
contaminantes 201–210
 ambientais 111, 167
 químicos 25, 171
conto da aia, O 18, 47, 66
COVID-19 49, 173
Covington, Sharon 42
criopreservação 45, 65
criptorquidia 92
crise demográfica iminente 173
curva dose-resposta não monotônica
 (NMDR) 222
curva monotônica 222

D

Daniels, Cynthia 42
Deane, Lucy 213

depressão 79, 118
desenvolvimento
 do cérebro 100
 reprodutivo 101
desistência 80
desregulação endócrina 20, 83, 97, 124,
 156, 199
desreguladores endócrinos (DEs) 20,
 72, 106, 125
 androgênicos 167
deterioração do ímpeto sexual 19
Deutsche Bank, relatório do 176
dicloro-difenil-tricloroetano (DDT) 123
dietilestilbestrol (DES) 95, 155
diisononil ftalato (ou ftalato de
 diisononilo, DINP) 140
diminuição da reserva ovariana (DRO)
 49, 57, 156
dioxinas 137–140
disforia de gênero 22, 70–79
disfunção erétil (DE) 20, 40, 110,
 132–134
distância anogenital (DAG) 91, 96, 214
 redução da 130–132
distúrbios de diferenciação sexual,
 DDS 81
distúrbios reprodutivos 55, 145
DNA
 espermático 156
 danos ao 107, 117
 essencial 149
 fragmentação do 38, 62
 metilação do 150
 subjacente 148
Dodds, Edward Charles 131
Domar, Alice 58
Drescher, Jack 67
drogas 117
 recreativas 53, 109
 uso de 20, 40, 103

E

efeitos
 ativacionais 99
 de desregulação hormonal 217

intergeracionais 149
multigeracionais 149
organizacionais 99
transgeracionais 149
Ehrensaft, Diane 69
Einstein, Albert 22
Elkin, Eric 24
endometriose 55, 137, 145
Environmental Working Group (EWG) 200
epidemia de solidão 182
epidídimo 28
epigenética 148–158
espermatogênese, ciclo de 28
espermatozoides
  baixa contagem de 145
  concentração, motilidade e morfologia 31
  declínio da contagem de 18, 47, 174, 187, 199, 217
  envelhecimento dos 44
  padrões de movimento 28
estilo de vida 20, 32, 57, 91, 148, 166
  características de 103
  hábitos de 211
  saudável 192
estresse 116, 196
  distresse 196
  durante a gravidez 186
  eustresse 196
  transtorno de estresse pós-traumático (TEPT) 152
estrogênio 20, 75, 90, 132–135
  ambiental 157
  níveis de 105
  receptores de 163
éteres difenílicos polibromados (PBDEs) 134, 140, 164, 207
exercícios físicos 192, 222
  moderados 115
  prática diária exagerada de 115
  prática excessiva de 105
  prática regular de 32
exposições ambientais 24, 100

F
fatores
  ambientais 63–66, 184
    efeitos dos 12
    papel dos 18
  não hereditários 100
fecundidade reduzida 48
Fenster, Laura 23
fertilidade 19, 30, 34
  fatores de risco 35
  feminina 112
  queda nas taxas de 47
fertilização in vitro (FIV) 33, 43, 55, 101, 156, 194
fluidez de gênero 22
  gene gay 68
  identidade de gênero 70
  nasci assim 68
  variações intersexuais 81
ftalatos 95, 121, 129–131, 156, 161, 199, 214, 225
  antiandrogênicos 129–131
  redutores de testosterona 214
função reprodutiva 20, 42, 105–117, 134, 195
  danos à 199
  das mulheres
    mudanças na 48
  declínio da 220
  proteger sua 199

G
gene: Uma história íntima, O 68
genitália ambígua 81
Gore, Al 12
Grande Mancha de Lixo do Pacífico 159
gravidez 34, 44, 72, 147.
    Consulte ácido fólico
  em idades mais avançadas 48
  primeiro trimestre da 87
  tubária 108
Guillette, Lou Jr. 163

H
habitat
  destruição, modificação ou redução 188

284 Contagem regressiva

Hayes, Tyrone 162
Hedaya, Robert 71
hemocitômetro 29
Henrique VIII, rei da Inglaterra 63
hermafrodita 81. Consulte intersexo
hiperplasia adrenal congênita (HAC)
    82–84
hipogonadismo 118
hipospadia 92, 155
hormônio antimülleriano (AMH) 49,
    110
hormônio folículo-estimulante (FSH)
    49, 89
hormônio gonadotrofina coriônica
    humana (hCG) 60
hormônio luteinizante (LH) 50, 89

I
identidade de gênero 67–77.
    Consulte fluidez de gênero e
    disforia de gênero
imposex 162
impotência 41
infecções sexualmente transmissíveis
    50, 103
infertilidade 59, 92, 197, 222
    feminina 54
    masculina 145
    proporção de casos de 34
influências ambientais na saúde
    22
Inhorn, Marcia C. 41
inibidores seletivos da recaptação da
    serotonina (ISRS) 118
injeção intracitoplasmática de
    espermatozoides (ICSI) 194
inseminação intrauterina (IIU) 33
insuficiência ovariana primária (IOP)
    131–133
intersexo 81–82

J
janela
    de programação 96
    de vulnerabilidade 101
Jenssen, Bjørn Munro 170

K
Kinsey, Alfred C. 67
kit de teste de ovulação 51
kit Detox Me 211

L
Lei de Controle de Substâncias Tóxicas
    (TSCA) 122
Lei de Espécies Ameaçadas (ESA) 224
Levine, Hagai 24
libido 116, 182
    baixa 51
    diminuição da 19
Lourie, Bruce 127
Lutz, Wolfgang 176

M
MacKendrick, Norah 124
maconha 109
Malassez, Louis-Charles 29
mecanismos regulatórios 188
medicamentos 168
    agentes antineoplásicos 117
    agentes hormonais 117
    anticonvulsivantes 119
    antipsicóticos 119
meio ambiente 123–128, 160, 200
    danos ao 19
    produtos químicos no 25, 71
    substâncias químicas no 94–99
memória celular 149
menopausa 57, 132–134
    precoce 66
menstruação 132–134
    ciclo menstrual 50, 115, 130, 147
    irregular 50
método de
    controle de natalidade 40
    injeção intracitoplasmática de
        espermatozoides (ICSI) 37
miomas 55, 162, 171
modelo de dois eventos de
        desenvolvimento de doença 100
mudanças climáticas 165–170,
        185–188
Mukherjee, Siddhartha 68

mutação genética 100
Myers, Pete 157

N
natimorto 108–110
nicotina 109
nutrição 94, 111

O
Obama, Michelle e Barack 61
obesidade 35, 50, 106–107, 140, 151, 193
obesogênios 106.
    Consulte desreguladores
    endócrinos (DEs)
orientação sexual 67–70
Ottey, Michelle 27
ovulação 50–56, 133
  problemas de 193–196
óvulos 56–58, 63–66, 91
  congelamento de 45.
    Consulte criopreservação
  danos aos 140
  número e qualidade dos 49
  perda de 34
    prematura 66
  recuperados 101
  viáveis
    reserva de 156.
    Consulte diminuição da reserva
    ovariana (DRO)

P
Paracelso 220–222
paracetamol (acetaminofeno ou
    Tylenol) 72, 118
Parr, Michael 166
perfluoroquímicos, PFCs 137–140
Perrin, Daniel 180
persistência 80
pesticidas 40, 82, 111, 122, 129,
    134–137, 200
  organoclorados 162–166
Pew Research Center, relatório do 177
Phelps, Michael 77
plástico 121–129, 201–203, 225–226
  partículas de 159–160

partículas de microplástico 127
  recipientes de 202
policloreto de vinila (PVC) 121, 161, 202
  cortina de vinil 207
  mangueira sem 211
poluentes orgânicos persistentes
    (POPs) 123, 185
potencial reprodutivo
  perda de 30
princípio da precaução 216
problemas de fertilidade 133–135
produtos de higiene e cuidados
    pessoais 205
produtos orgânicos 200
produtos químicos 91, 121, 148
  de desregulação endócrina 199, 217
  eternos 166
  exposição a 164
  furtivos 219
  inexistência de regulamentação 122
  tóxicos 185, 217
progesterona 51, 90
proporção de homens e mulheres 184
Protocolo em Camadas para
    Desregulação Endócrina
    (TiPED) 219
puberdade 28
puberdade precoce 52, 140

Q
qualidade do esperma, parâmetros de 31
queda das taxas de fertilidade 21
queda das taxas de natalidade 173
química verde 220

R
Randers, Jørgen 176
regulamentação 214, 219
  escassa 121–122
  REACH 217
Reineke, Ninja 218
reprodução assistida 18
Restar, Arjee Javellana 79
retardantes de chama 124, 133–134.
    Consulte éteres difenílicos
    polibromados (PBDEs)

risco de aborto espontâneo 49
risco de extinção 188
Rohn, Jim 191
Rudel, Ruthann 140

S
Sandin, Stuart 230
Saperstein, Aliya 74
saúde reprodutiva 97, 105–112,
    145–148, 170–171, 192
  da mulher 132
  das gerações futuras 154
  masculina 136
  pesquisas sobre 49
  problemas de 25
Savin-Williams, Ritch 69
Semenya, Caster 76
sexo-padrão 88
síndrome de Down 44, 59–61
síndrome do celibato 181
síndrome do ftalato 96, 214
síndrome do ovário policístico (SOP)
    54, 98, 130–132, 145
Skakkebaek, Niels 18
Smith, Rick 127
Stahl, Lesley 199
subfertilidade 42
  em homens 118
substâncias perfluoroalquil (PFASs)
    208, 224
substâncias químicas 73
  nocivas 20
  persistentes 161
substituição desastrosa 140, 217
suscetibilidade genética 126

T
tabagismo 20, 40, 103–108
  da mãe ou do pai 98
talidomida 221
tamoxifeno 222
taxas de fecundidade e fertilidade
    174–175
taxas de natalidade
  queda nas 175–178

tecnologia de reprodução assistida
    (TRA) 43, 57
Teflon 203
testículos 28, 82, 88–96, 114–118
  fibrose testicular 157
  não descidos 155
testosterona 20, 75, 90
  baixos índices de 39
  queda nos níveis de 19
  suplementação de 118
Tobia, Jacob 69
transgênero 74
transmissão intergeracional 151
transtorno alimentar 79
transtorno do déficit de atenção com
    hiperatividade (TDAH) 79
transtorno do espectro autista (TEA)
    72, 79
tratamentos para infertilidade
  índices de sucesso dos 64
tríade da mulher atleta 114

U
urbanização 175
utensílios de cozinha 203

V
van Leeuwenhoek, Antoni 29
vaping devices 109
varicocele 36
verdade inconveniente, Uma 12
vitalidade econômica 181
vórtice de lixo 159

W
Waddington, Conrad 148
Wegmans, rede de supermercados 226
Weiss, Bernie 126
Wilson, Edward O. 165

Y
Yehuda, Rachel 152

Projetos corporativos e edições personalizadas
dentro da sua estratégia de negócio. Já pensou nisso?

CONHEÇA OUTROS LIVROS DA **ALTA BOOKS**

Todas as imagens são meramente ilustrativas.

Coordenação de Eventos
Viviane Paiva
viviane@altabooks.com.br

Contato Comercial
vendas.corporativas@altabooks.com.br

A Alta Books tem criado experiências incríveis no meio corporativo. Com a crescente implementação da educação corporativa nas empresas, o livro entra como uma importante fonte de conhecimento. Com atendimento personalizado, conseguimos identificar as principais necessidades, e criar uma seleção de livros que podem ser utilizados de diversas maneiras, como por exemplo, para fortalecer relacionamento com suas equipes/ seus clientes. Você já utilizou o livro para alguma ação estratégica na sua empresa?

Entre em contato com nosso time para entender melhor as possibilidades de personalização e incentivo ao desenvolvimento pessoal e profissional.

PUBLIQUE
SEU LIVRO

Publique seu livro com a Alta Books.
Para mais informações envie um e-mail
para: autoria@altabooks.com.br

 /altabooks   /alta-books   /altabooks   /altabooks

Este livro foi impresso nas oficinas gráficas da Editora Vozes Ltda.,
Rua Frei Luís, 100 – Petrópolis, RJ.